수산의 이해

이 책의 판매수익금은 수협재단에 기부됩니다.
www.shfoundation.or.kr(수협은행 026-01-201297)

수산의 이해

초판 1쇄 발행 2012년 12월 31일
초판 6쇄 발행 2022년 6월 10일

지 은 이 | 김병호 · 강일권 · 조영제 · 오철웅
발 행 인 | 김은희
발 행 처 | 수산경제연구원BOOKS · BN 블루&노트

등 록 | 제313-2009-201호(2009.9.11)
주 소 | 서울시 양천구 남부순환로 48길 1(1층)
전 화 | 02)718-6258 팩스 | 02)718-6253
E-mail | bluenote09@chol.com

정가 25,000원
ISBN 978-89-967462-6-3 93520

수산의 이해

김병호 · 강일권 · 조영제 · 오철웅

수산경제연구원BOOKS · BN 블루&노트

발간사

우리나라가 수산업에 관한 전문적인 교육을 시작한 것은 인류가 어로작업을 하기 시작한 세월에 비하면 일천한 역사에 불과합니다.

옛날에는 단순히 수산물을 필요한 만큼 획득하고, 이를 위해 채포하는 방법 정도만 알면 되었습니다. 그러나 점차 사회가 산업화되면서 수산물 포획 차원을 넘어 수익을 창출하기 위해 수산물을 기르는 형태로까지 발전하게 되었습니다. 그리고 수산물의 부패를 방지하고, 장기간 보관하는 가공기술이 발달하였습니다. 내륙지역까지 수산물 이동을 위한 유통이 활발해졌고, 심지어 외국으로 수출하기에 이르렀습니다.

오늘날 이런 일들이 가능했던 것은 어로기술이나, 양식기술, 가공기술, 수산 관리 및 경영 등, 아주 넓은 영역에 이르는 다양한 교육이 이루어졌기 때문이라고 할 수 있습니다. 즉, 수산관련 전문교육기관이 있었기에 가능했습니다. 수산학이 초창기에는 사회과학과 자연과학분야의 이질적인 내용으로 교육이 이루어졌고 이를 통합해야만 종합 수산학으로 정리되었을 것입니다. 그러나 이제는 저자 교수님들의 수고로 사회과학과 자연과학이 융합된 종합학문으로 수산학이 체계를 갖추어가고 있는 것 같아 수산인의 한사람으로 매우 기쁘게 생각합니다.

그 시작에는 수협중앙회에서 발간한 수산지식 나눔시리즈 3호가 있습니다. 수산업에 대한 기초적이고 종합적인 교육이 필요하다는 데 의견을 같이하신 부경대학교의 김병호 · 강일권 · 조영제 · 오철웅 교수님의 고민과 열정으로 『수산의 이해』는 탄생하였습니다. 특히 본 책자의 저자 중 한분인 김병호 교수님은 수산경제연구원의 객원연구원으로 2010년부터 활동하셨습니다. 그리고 그동안 쌓아온 지식과 노하우를 수산업의 발전에 기여하고자 여러 교수님들과 뜻을 같이 하여 이번 책 발간에 동참해 주셨습니다. 수산분야에 관련서적이 많지 않은 상황에서 수산관련 전문서적이자 교양서적이라 할 수 있는 『수산의 이해』를 발간하게 되어 매우 뜻 깊게 생각합니다.

우리 수협중앙회는 수산업의 중요성과 함께 수산관련 지식과 정보를 널리 알리는 데 앞장서고자 지난해 '수산지식 나눔시리즈'를 기획하였습니다. 본 책자는 이 취지에 잘 부합한 서적이기도 합니다.

그동안 수산지식 나눔시리즈는 장수호 교수님의 저서인 『조선시대 말 일본의 어업침탈사』가 1호로 발간되었고, 올해 8월에는 양세식 · 배영길 교수님의 『수산업법론』, 그리고 이번 발간되는 『수산의 이해』가 3호로 이어지게 되었습니다.

이를 통해 전문가들은 독자들과 지식을 나누게 되고, 독자들은 도서 구입 시 '소비자 기부'를 통해 '어업인 교육문화복지재단'을 후원하고 나아가 어촌 및 어업인과 사랑을 나누는 효과를 가져오게 됩니다.

수산의 전반에 관하여 한눈에 전망할 수 있도록 노고를 아끼지 않으신 저자 교수님들께 감사의 인사를 전합니다. 또한 우리나라 수산업을 이끌고 갈 수산관련 학생들과 수산에 관심을 가지고 있는 일반인, 그리고 어려운 여건 속에서도 묵묵히 생활하고 계시는 수산관련 종사자 여러분에게도 이 책이 많이 활용되었으면 하는 바램입니다.

앞으로도 우리 수산의 중요성과 필요한 내용들을 수산지식 나눔시리즈를 통해 보급할 수 있도록 최선의 노력을 다하겠습니다. 감사합니다.

2012년 12월

수협중앙회장 이종구

• 머리말 •

수산업은 고도로 발전된 오늘날의 산업사회에 있어서도 여전히 수렵 및 채취라는 원시적 생산양식을 근간으로 하는 특이한 산업이다. 그런 만큼 생산은 자연의 영향을 직접적으로 받게 되고, 인간의 관리활동이 가지는 중요성은 여타 산업에 비해서 작다.

수산업의 생산활동은 변화무상한 자연의 변화에 적응하면서 자연물인 수산자원을 여하히 능률적으로 채포(採捕)할 것인가를 주된 관심사로 해 왔다. 한편에서는 인위적인 관리활동을 강화함으로써 자연이 가지는 수산자원 배양능력을 인간 중심으로 집약화하고, 생산에 대한 자연의 영향을 줄이고자 양식이 시도되어 이미 100여 년이 경과되었다.

하지만, 이러한 생산활동이 독자적인 산업으로 자리매김 되기 위해서는 판매를 목적으로 하는 시장생산이 이루어져야 하는데, 이를 위해서는 생산과 소비 사이의 시간적 간격 동안에 상품적 가치를 유지하고, 나아가서 부가가치를 창조하는 가공처리 기술과 함께, 수익성을 확보하기 위한 경영기술이 요구된다.

요컨대, 수산업은 어로 및 양식 기술과 더불어 가공 및 경영 기술이 밑받침되어야 비로소 가능하며, 이들 기술에 대한 이해를 통해서 수산업을 이해할 수 있다고 하겠다. 이러한 점은 우리나라 최초의 수산업 전문의 정규 대학이 이들 4개 전공의 학과를 기본구성으로 하여 설립되었고, 수산학의 기초 교과인 '수산학 개론'이 이들 교과 내용으로 구성되어 있다는 사실로부터도 알 수 있다.

저자들이 소속하고 있는 부경대학교 수산과학대학에서는 어언 70년 동안 '수산학 개론' 교과목이 개설되어 왔는데, 2000년대에 들어서 교과목 명칭을 '수산의 이해'로 개칭하고, 종래에 1명의 교수가 담당해 왔던 것을 전공별로 4명의 교수가 릴레이식으로 강의하는 형태로 교과목을 운영하고 있다.

교과목 운영에 있어서 여러 가지 어려움이 있었지만, 전공별 관점의 차이에 기인하여 동일한 내용이 중복된다거나 또는 설명이 부분적으로 상충되는 일이 가장 큰 문제였다. 그래서 처음에는 전공별 강의 내용을 단순히 결합하는 형태의 교재를 만들어 강의했지만, 그러한 문제는 근원적으로 해결되지 않았다.

하지만, 교육방법이나 평가방법 등의 메뉴얼화를 위한 노력을 통해 교과목 운영에 상당한 개선이 이루어지게 되었고, 그 결과, 2008년도부터는 '수산의 이해'가 수산과학대학의 필수 교과목으로 되었다. 이는 수산을 전공하는 학생이라면 반드시 이수해야 하는 교과목으로 인정받게 되었음을 의미하는 일이었다.

이후 전공분야별 담당 교수들이 확정되고, 교과목의 운영 개선을 위한 노력을 본격화하게 되었는데, 그 첫째가 필수 교과목에 걸 맞는 교재의 개발이었다. 마침 수협중앙회 수산경제연구원에서 실시하는 수산지식나눔운동의 일환으로 도서 발간에 따른 지원을 받게 되어 본 책자의 간행이 시도될 수 있었다. 수차례의 편집회의를 통해 목차나 내용, 분량 등에 대한 협의가 이루어지는 가운데에서 집필자들 간에 서로의 전공에 대한 이해를 심화할 수 있었다고 생각되며, 이질적 관점을 가진 전공자들 간의 컨센서스 확대는 융합학문인 수산학의 발전에 큰 도움이 될 것이라 감히 말씀드리고 싶다.

본 책자는 수산학을 공부하는 모든 전공분야의 학생들에 있어서 수산에 대한 시야를 넓히는 데에 유용할 것이라 생각되며, 또한 일반인들에게도 수산업을 이해하는 데에 큰 도움을 줄 수 있다고 생각된다.

끝으로 '수산의 이해'라는 교과목이 네 분야 교수들에 의해 운영되도록 길을 열어 주시고 본 책자 발간의 기초를 만들어 주신 김진건 명예교수님의 헌신적인 노력에 고개 숙여 감사의 말씀을 드립니다. 또한 수산분야 연구라면 늘 아낌없는 지원과 힘찬 응원을 보내주시는 수협중앙회 이종구 회장님과 본 책자가 발간되기까지 남다른 애정을 갖고 격려해주신 김영태 대표이사님, 서기환 이사님 그리고 수산지식나눔시리즈로 탄생되게 기획해 주신 수산경제연구원 정만화 원장님께도 경의와 감사의 뜻을 전하고 싶다.

2012년 12월

대연동 편집회의장에서 집필진 일동

• 차례 •

발간사 / 5

머리말 / 7

제1편 총론

제1장 수산업의 정의 ········· 17

제2장 국민 식생활과 수산업 ········· 19

제3장 수산업의 다면적 기능 ········· 22

제2편 어업기술

제1장 어업과 어선 ········· 31

1절. 어업의 의의 ········· 31

2절. 어업의 분류 ········· 32

3절. 어로의 수단과 방법 ········· 38

4절. 어선의 종류 ········· 40

5절. 선박의 주요 치수 ········· 42

6절. 흘수와 건현 및 만재흘수선 ········· 46

제2장 어구 재료 ········· 51

1절. 섬유의 종류와 형태 ········· 51

2절. 그물실(망사)의 종류와 구조 ········· 52

3절. 그물실의 규격 ········· 54

4절. 그물실의 꼬임 ········· 56

5절. 그물감(망지)의 종류와 규격 ········· 57

제3장 주요 어업의 종류와 어법 ········· 63

1절. 오징어 채낚기 ········· 63

2절. 꽁치 유자망 68
3절. 기선권현망 70
4절. 연근해 선망 72
5절. 기선저인망 74
6절. 저층 트롤 78
7절. 중층 트롤 82
8절. 통발 84
9절. 안강망 88
10절. 다랑어 주낙(참치 연승) 90
11절. 다랑어 선망 94
12절. 꽁치봉수망 99
13절. 정치망 101
14절. 죽방렴(竹防簾) 103

제3편 수산 양식

제1장 수산 양식의 개념과 발달 과정 109
1절. 수산 양식의 개념 109
2절. 수산 양식의 발달 과정 110
제2장 양식 품종과 양식 방법 113
1절. 주요 종의 양식 113
2절. 양식의 주요 방법 126
제3장 양식장 환경과 먹이 및 영양 131
1절. 양식장 적지 선정 및 환경 관리 131
2절. 먹이 생물과 사료 139
제4장 양식의 현황 및 문제점과 향후 전망 142
1절. 양식의 현황과 문제점 142
2절. 향후 양식업의 전망 143

제4편 수산 가공

제1장 수산물의 특성과 주요 성분 ········· 147
1절. 수산가공원료의 특성 ········· 147
2절. 수산물의 주요 성분 ········· 149
3절. 수산물의 맛과 그 변화 ········· 152
4절. 어패류의 근육 과학 ········· 155
제2장 어획물의 처리와 사후 변화 ········· 161
1절. 어획물 처리 ········· 161
2절. 어획물의 처리와 위생 ········· 167
3절. 어패류의 사후 변화 ········· 174
4절. 어패류의 선도 판정 ········· 176
제3장 어패류의 저온저장 ········· 178
1절. 저온저장의 원리 및 방법 ········· 178
2절. 저온의 생성방법 ········· 180
3절. 어패류의 저온저장법 ········· 182
4절. 식품의 해동 ········· 184
5절. 저온과 미생물 ········· 187
제4장 수산물의 영양 및 기능성 ········· 191
1절. 수산물의 영양 및 기능성 성분 ········· 191
2절. 어패류의 지방 ········· 194
3절. 기타 기능성 성분 ········· 204
제5장 주요 수산물의 종류 및 특성 ········· 210
1절. 어류 ········· 210
2절. 두족류 ········· 237
3절. 패류 ········· 241
4절. 갑각류 ········· 247
5절. 기타 ········· 252

6절. 해조류 ······ 255
제6장 수산가공품 ······ 260
1절. 수산가공품의 개요 ······ 260
2절. 주요 수산가공품 ······ 264

제5편 수산경제 및 경영

제1장 수산업의 산업적 특성 ······ 293
1절. 생산의 불확실성 ······ 293
2절. 생산물의 강부패성 ······ 296
3절. 수산자원 및 어장의 공유재산적 성격 ······ 298
4절. 노동 및 자본의 비유동성 ······ 301
제2장 수산업을 규정하는 요인 ······ 303
1절. 인위적 요인 ······ 303
2절. 자연적 요인 ······ 305
3절. 시장적 요인 ······ 307
제3장 어업 제도 ······ 310
1절. 면허어업 ······ 310
2절. 허가어업 ······ 326
제4장 수산경영 ······ 349
1절. 수산경영의 형태 ······ 349
2절. 어가경영과 어촌, 어업인 단체 ······ 355
3절. 기업경영 ······ 372

찾아보기 / 389

제1편 총론

제1장 수산업의 정의

생산활동을 그 성격에 따라 1차 산업과 2차 산업, 그리고 3차 산업으로 구분할 때, 1차 산업이란 직접 자연을 대상으로 생산활동이 이루어지는 산업으로, 수산업을 비롯하여 농업과 광업이 이에 속한다. 그런데 같은 1차 산업이라 하더라도 농업 생산은 땅을 일구고 거름을 주며 씨앗을 뿌리고 그것이 자랄 때까지 돌봄으로써 비로소 수확이 이루어지는 데에 비해, 수산업 생산은 바다가 길러 놓은 수산자원을 오로지 채취하는 일에 불과하다. 물론 양식업의 경우에는 농업과 유사하므로, 이를 '농업화된 어업' 또는 재배어업이라고 부르고 있지만, 아직도 수산업 생산의 중심은 여전히 채취형 어업이라고 할 것이다. 따라서 수산업은 1차 산업 가운데에서도 '채취형 산업'이라고 불린다.

우리나라 수산업법에 의하면, "수산업이라 함은 어업과 어획물운반업 및 수산물가공업을 말한다"라고 하고, 어업 속에 양식업을 포함하는 것으로 정의하고 있다. 따라서 수산업법에서는 소위 '잡는 어업'과 '기르는 어업'을 중심으로 해서, 이것과 밀접 불가분의 관계를 가진 어획물운반업 및 수산물가공업까지를 포함한 것을 수산업이라고 하고 있다.

어획물운반업 및 수산물가공업은 원래대로라면 3차 산업이나 2차 산업에 포함되어야 할 것임에도 불구하고, 이들 생산활동을 수산업에 포함한 것은 어업과 밀접한 관련성을 가지기 때문이다. 즉, 어업은 생산량의 변동이 크고 어획물은 부패성이 크기 때문에 시장으로의 신속한 운반이나 가공을 통해 부패성을 극복하지 않는다면, 판매가 매우 곤란하여 생산활동 자체가 성립하기 어렵다. 따라서 어업의 보완적인 생산활동으로서 어획물운반 및 수산물가공을 어업과 함께 수산업이라는 범주 속에 두게 된 것이다.

수산업은 '경제적 이익을 목적으로 물속에 서식하는 동식물을 대상으로 이루어지는 생산활동'이라고 정의할 수 있다. 여기서 경제적 이익을 목적으로 한다는 것은 판매를 통해 수입을 얻기 위한 것이라는 의미이며, 또 그 수입은 생산활동에 소요된 비용보다 클 것이라는 기대하에서 생산활동이 이루어진다. 이러한 점에서 수산업은 취미활동으로서의 유어 또는 낚시 등과 구별된다.

한편 '물속'이라 할 때의 '물'이란 바다는 물론, 내륙지의 강이나 호소 등을 포함하는데, 전자를 해면이라 하고 후자를 내수면이라 한다. 또한 조수간만에 의해 나타나는 간석지나, 인공적으로 조성된 저수지 및 호수, 육상의 수조 등도 이에 포함된다.

그리고 생산활동의 내용은 채취 및 포획과 증·양식이 되며, 주로 먹거리로 이용되는 것이므로 이에 적합하도록 품질의 유지 및 관리가 병행되는 것이다.

제2장 국민 식생활과 수산업

수산업이 국민경제에서 갖는 가장 중요한 역할이 먹거리로서 수산물을 원활하게 공급하는 것이라는 사실에 의문을 가질 사람은 없을 것이며, 수산정책의 제1의 목표도 이것에 두어지고 있다.

국가별로 국민 한 사람이 1년간 섭취하는 수산물의 양에 있어서, 우리나라는 포르투갈과 일본에 이어서 제3위(노르웨이와 같음)를 차지하고 있을 정도로 식생활에 있어서 수산물에 대한 의존도가 크다. 이러한 사실은, 먹거리가 풍부해진 오늘날의 현실을 감안해 볼 때, 우리나라 국민들이 수산물을 좋아한다는 것을 의미하는데, 그러한 수산물에 대한 기호는 한반도의 지리적인 여건에 따른 것이었다.

수산물에 대한 기호는 어릴 적부터 자주 먹어 왔다는 식습관(食習慣)에서 비롯되는데, 그러한 어릴 적의 식경험은 부모들의 수산물에 대한 기호에 결정적으로 좌우된다. 그리고 부모들의 식경험 역시 그 부모들의 수산물에 대한 기호에서 비롯된 것이라면, 결국 현재와 같은 수산물에 대한 기호는 먼 옛날 우리 선조들이 수산물을 자주 먹었던 사실에서 그 근원을 찾아야 할 것인데, 그것은 우리나라의 지리적 여건 때문이었다고 할 것이다.

한반도에 정착하기 시작한 우리 선조들은 벼농사를 중심으로 생산활동을 하게 되었고, 따라서 벼농사에 적합한 큰 강 하류의 평야지역에서 농경사회가 형성되었다. 하지만 당시의 농업은 생산성이 낮았기 때문에 먹거리를 충족하기 어려웠을 것이며, 또한 농한기가 길었던 관계로 부족한 먹거리를 보충하기 위한 노력이 이루어졌으리란 사실은 쉽게 추측된다. 그런데 이들 농경사회가 입지한 큰 강 하류역은 수산자원이 풍부한 곳이었으므로, 자연히 수산물을 먹게 되는 기회가 많았고, 그 결과 수산물에 대한 기호가 생겨나게 되었으며, 또한 자주 먹게 되는 과정에서 더욱 맛있게 먹는 방법이 개발됨으로써 그러한 기호가 한층 커지게 되었을 것이다.

먹거리라고는 하지만, 수산물은 단지 허기를 채우거나 활동을 위한 에너지를 공급한다는 점에서 중요성을 갖는 것은 아니다. 수산물은 정상인으로서의 체위를 유지하는 데에 필수적인 영양소로서 단백질을 공급하며, 또한 육상의 먹거리로부터 보충받기 어려운 각종의 특수 영양소를 다량으로 공급하는 원천이다.

아래의 표 1-1은 우리나라 국민 한사람이 하루에 섭취하는 단백질의 양을 공급원별로 나타낸 것이다.

표 1-1. 국민 한 사람당 하루에 섭취하는 단백질 (단위:g)

	1977년	1987년	1997년	2007년
동물성	20.14	30.72	40.14	48.46
수산물	13.12	15.96	15.56	19.86
축산물	7.02	14.81	24.58	28.59
식물성	53.76	57.72	56.89	52.32
합 계	73.90	88.44	97.03	100.78

자료: 한국농촌경제연구원, 식품수급표

단백질 섭취량 전체로 보면, 최근 30년간 73.9g에서 100.78g으로 1.4배 정도 증가하였는데, 동물성 단백질의 섭취량은 2.4배 정도 증대되어, 단백질 섭취량 증대는 동물성 단백질 섭취량 증대에 의해 이루어졌음을 알 수 있다.

이와 같은 단백질 섭취량 증대가 국민의 건강 증진에 결정적으로 기여하였음은 명백한 사실이지만, 현재에도 단백질 공급이 충분히 이루어지고 있다고는 할 수 없다. 그리고 식물성 식품으로부터 섭취하는 단백질은 앞으로도 계속해서 동물성 식품에 의해 대체되어 갈 것으로 생각되는데, 동물성 식품에 있어서도 축산물에 의한 섭취가 1980년대 말을 기점으로 수산물에 의한 섭취량을 넘어서기 시작하여 최근에 올수록 그 차이가 점차 커지고 있다. 이러한 사실은 축산물을 통해 섭취하는 단백질이 수산물의 그것보다 우월하기 때문에 나타난 결과인 것은 아니며, 수산물 공급 증대가 충분히 이루어지지 않았던 결과라고 이해하는 것이 타당할 것이다.

그런데 현재 우리나라 국민에 있어서 단백질 공급원으로서 중요성이 증대되고 있는 축산물은 수입 의존도가 클 뿐 아니라, 국내산이라 하더라도 사료의 거의 전량을 수입에 의존하고 있는 실정이어서 공급에 있어서 안정성이 결여되어 있다. 반면, 수산물의 경우에는 최근 수입에 대한 의존도가 크게 증가하고는 있지만, 국내산의 비중이 여전히 크고, 축산물과 같은 사료의 문제도 없으므로, 단백질 공급원으로서 중요성은 매우 크다. 그뿐 아니라, 수산물은 기호식품이면서 동시에 '건강식품'으로서 이용되고 있으므로, 국민의 식생활에 있어서 특별한 의미를 갖는다.

제3장 수산업의 다면적 기능

1절. 외화 획득

일정한 금액의 수출에 의해 실질적으로 얻어지는 외화의 크기는 수출품의 생산을 위해 얼마만큼의 수입이 이루어지는가에 따라 달라지게 된다. 수출액 가운데 실질적으로 얻어지는 외화액의 비율을 외화가득율이라 하는데, 수산물은 공산품 등에 비해 외화가득율이 매우 높은 품목이다.

수출할 공산품을 생산하기 위해서는 각종 원재료 등의 수입이 수반되며, 수출을 통해 외화를 얻게 되더라도 그러한 수입에 의해 외화를 잃게 되는 것이므로, 실질적으로 얻어지는 외화는 수출액에서 그러한 수입액을 뺀 나머지가 된다. 그런데 수산물의 경우에는, 원재료를 사용하여 제조하는 공산품과 달리, 자연에 서식하는 수산자원을 단순히 포획 · 채취함으로써 생산되는 것이므로 원재료가 거의 필요하지 않으며, 따라서 그 생산에 수반되는 수입은 매우 적다. 그 결과, 수산물의 경우에는 총수출액 가운데 실질적으로 획득되는 외화의 비율, 즉 외화가득율이 높게 되는 것이다.

예를 든다면, 외화가득율이 자동차의 경우에 40%이고, 수산물의 경우에는 90%라면, 100억불 수출을 통해 실질적으로 얻어지는 외화의 크기는 자동차 40억불, 수산물 90억불로 된다. 따라서 외화 획득이라는 점에서 수산물 100억불 어치의 수출은 자동차 225억불 어치의 수출과 마찬가지인 셈이다.

공산품을 중심으로 총 수출액이 증대하는 과정에서 수산물 수출이 점하는 비중이 점차 저하되고는 있지만, 외화 획득이라는 점에서 수산물 수출이 가지는 중요성은 수출액에서 차지하는 비중보다는 훨씬 크다고 할 수 있다. 최근 우리나라가 경험하였던 '외환위기'의 상황에서 수산업이 '효자산업'이라고 불려진 것도 이러한 사실 때문이다.

2절. 취업기회 제공

'외환위기' 이후 경제사정이 악화되고 실업이 증대되는 가운데, 도시 인구가 농어촌으로 회귀하는 현상이 빚어지고 있으며 수산업으로의 노동력 유입도 나타나고 있다. 그림 1-1은 1984년~2008년의 기간 동안 우리나라의 어가 수, 어가인구 수, 어업종사자 수의 변동을 나타낸 것이다.

1984년을 기준으로 할 때, 이 기간 동안 어가 수는 55%로 감소되었음에 비해 어가인구 수는 31%로 대폭 감소되었는데, 이는 가구당 인구가 평균 4.9명에서 2.7명으로 감소된 사실에 기인한다. 이러한 가구당 인구 감소의 이유로는 고령화 및 핵가족화를 들 수 있다.

한편, 어업 종사자 수는 이 기간 동안 50% 정도로 감소되었는데 이는 어가 수 감소율과 거의 비슷한 수준이다. 그 결과, 가구당 어업종사자 수는 1.9명에서 1.7명으로 거의 감소되지 않았다.

가구당 인구가 4.9명에서 2.7명으로 대폭 감소하였음에도 불구하고, 가구당 어업 종사자 수가 거의 줄지 않았다는 사실은 어업노동력 부족 현상이 심화되는 과정에서 노동을 할 수 있는 가족 구성원이라면 누구라도 어업에 종사하도록 되었다는 것을 의미한다. 젊은 층을 중심

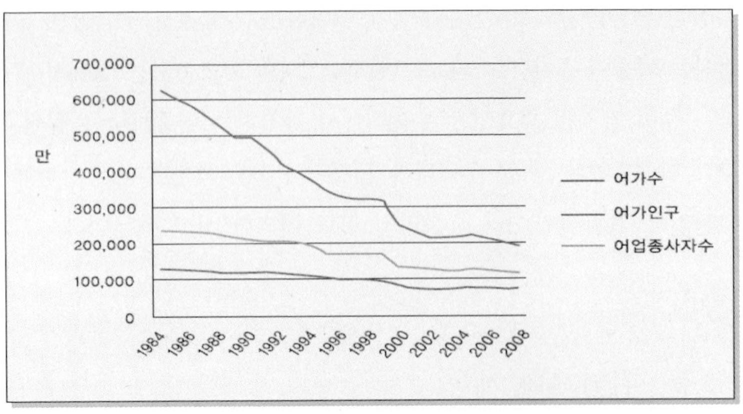

그림 1-1. 어가 수, 어가인구 수, 어업종사자 수 변동 추이

으로 '탈어업 현상'이 진행되는 과정에서 예전 같으면 어업에 종사하지 않았을 고령자나 부녀자들도 부득이하게 어업에 종사하게 되었다. 그런데 이러한 사실을 다른 한편에서 보면, 어업은 고령자나 부녀자 등과 같이 여타 산업에서는 취업 기회를 가질 수 없는 노동력에 대해서도 그들의 노동을 활용하여 소득을 얻을 수 있는 기회를 부여하는 산업이라는 사실을 의미한다.

이상에서 살펴본 것은 어가에 있어서의 어업 종사자에 관한 것인데, 근해어업 및 원양어업에 고용된 어업 종사자들에 대해서는 별도의 통계자료에서 다루고 있다.

표 1-2에서 보는 바와 같이, 원양어업(해외취업 어선을 포함)에 종사하는 어선원 수는 원양어업의 축소와 외국인 어선원 증가 등에 따라 지속적으로 감소 추세에 있는데, 2009년의 어선원 수는 2,161명으로 2000년 대비 약 35% 수준이 되었다. 또한 한국해양수산연수원의 조사에 의하면, 근해어업 어선원 수는 2000년 현재 41,967명으로 추정되며, 향후 국가간 어업협정이나 자원감소 등에 따라 어선세력의 변화를 예상하여 표 1-3에서와 같이 어선원 수를 추정하고 있다.

그리고 이와 같이 직접 어업에 종사하는 사람 외에도 수협 계통조직의 직원, 중도매인을 비롯한 수산물 시장의 관련자, 산지의 수산물가공업 종사자 등도 수산업과 불가분의 관계를 가지고 취업하고 있는 사람들이라고 할 수 있다.

표 1-2. 원양어업 및 해외취업어선의 어선원 수 추이 (단위:명)

년도	원양어업	해외취업 어선	합계	년도	원양어업	해외취업 어선	합계
2000	5,403	736	6,139	2005	2,535	294	2,829
2001	5,099	564	5,663	2006	2,339	265	2,604
2002	3,891	426	4,317	2007	2,145	242	2,387
2003	3,460	424	3,884	2008	1,897	208	2,105
2004	2,859	365	3,224	2009	1,928	233	2,161

표 1-3. 근해어업 어선원 수의 실태와 향후 동향

	2000년	2005년	2010년	2015년	2020년
어선원수	41,967명	35,048명	34,068명	33,091명	32,124명

3절. 지역사회 및 지역문화의 유지 · 보전

경제 발전 및 소득 수준의 향상에 따라 안락한 생활과 고소득 확보를 위하여 인구의 도시 집중이 이루어지고 도시문제가 야기되고 있는 가운데, 도시와 동떨어져 왕래가 불편한 도서 지역이나 벽지 어촌은 젊은 층을 중심으로 급격히 인구가 유출되어 더욱 생활하기 어려운 곳으로 되고 있다.

표 1-4에서 보는 바와 같이, 우리나라 도서 지역의 인구는 약 30년

간에 60% 정도로 격감되었고, 그 결과 유인 도서의 수는 1980년 577개에서 2009년 470개로 되었다.

표 1-4. 우리나라 도서에 있어서 인구 변동

	도서의 수			도서인구
	계	유인도	무인도	
1980년	3,441	577	2,864	410,320
1990년	3,240	517	2,723	337,647
1998년	3,139	470	2,669	295,777
2009년	3,237	470	2,767	244,427

이와 같이, 도서를 비롯한 연안 벽지는 인구의 과소화 현상이 빠르게 진행되고 있어서, 소중한 우리의 국토임에도 불구하고 급속히 황폐화되어 가고 있는 실정이다. 그나마 인구 유출이 억제되고 있는 지역을 보면, 수산업이 발전되어 여타 산업에 못지않은 소득을 확보할 수 있는 곳이다. 그리고 이러한 지역을 중심으로 주변 지역의 인구가 집중됨으로써 지역사회가 유지 · 발전되고 있다.

수산업은 연안 벽지의 인구 유출을 억제하고, 지역사회를 유지하는 데에 커다란 역할을 하며, 나아가서는 국토의 균형적인 발전에 기여하고 있는 것이다. 또한, 어촌 지역으로부터의 인구 유출이 '도시문제'로 그대로 이어지게 된다는 사실을 생각할 때, 수산업은 '도시문제' 해결을 위해 부담해야 할 사회적 비용을 절감시키는 역할도 수행하고 있는 것이다.

한편, 지역사회가 유지될 때, 독특한 지리적 · 사회적 여건을 기반으로 형성된 다양한 전통문화가 계승 · 보전될 수 있으며, 국민들의 삶의 질을 제고시킬 수 있게 된다.

4절. 해양환경의 지킴이

근래에 들어서 인간의 각종 활동은 오염물질을 다량으로 발생시키고, 이것은 강이나 하천을 통해 최종적으로는 해양에 모이게 된다. 그 결과, 오염물질 배출에 따른 악영향은 주로 해양에서 나타나게 되는데, 그러한 증상을 가장 먼저 또한 가장 예민하게 알 수 있는 사람들은 바다를 생계 터전으로 하는 어업인들이다.

어업인들은 해양오염에 따른 피해를 직접 입게 되므로 이에 적극적으로 대처한다. 육상의 오염물질이 해양에 축적됨으로써 기형어의 출현이나 갯녹음, 적조, 자원 감소 등의 현상이 나타나게 되는데, 이러한 변화는 어업소득 저하에 직결되므로 어업인들은 민감하게 반응하게 되는 것이다.

1990년대 이후에 발생한 몇 차례의 대규모 해양 유류방출 사고에서 경험한 바와 같이, 그러한 사고를 가장 먼저 인지하여 초동방제를 가능하게 하였던 것은 사고해역 인근의 어업인들이었고, 그러한 사고에 따른 폐해의 심각성도 이들 어업인들의 피해에 의해 일반국민들에게 널리 알려지게 되었다. 또한 무분별한 연안의 간척매립도 그 곳을 생계 터전으로 하는 어업인들에 의해 다소간 억제될 수 있었고, 시화호 오수방출 사고를 사회문제화 하여 간척매립에 대한 국민의 경각심을 불러일으키게 한 사람도 어업인이었다.

바다를 생계 터전으로 하는 어업인들은 생산활동과 생활을 통해 아무런 보상 없이 해양오염을 감시하고 억제하는 역할을 수행하고 있다고 할 수 있는데, 이러한 일도 수산업이 있음으로써 가능한 것이다.

제2편 어업 기술

제1장 어업과 어선

1절. 어업의 의의

일반적으로 수산동식물을 포획(捕獲, capturing)하거나 채취(採取, gathering)하는 일을 어로(漁撈, fish catching)라 하며, 사업을 목적으로 하는 어로를 어업(漁業, commercial fishing 또는 fishery)이라 하고, 오락을 목적으로 하는 어로를 유어(遊漁, sports fishing 또는 game fishing)라고 한다.

넓은 뜻의 어업은 수산동식물을 포획(捕獲) · 채취(採取) 또는 양식(養植)하는 사업으로 정의하고 있고, 보통의 뜻으로는 수산동식물을 포획 · 채취하는 사업만을 어업(漁業)이라 하고, 좁은 뜻으로는 수산동식물 중 어류만을 채포하는 사업을 어업이라고 하는 경우도 있다.

또한, 어업의 개념에는 어업생산(漁業生産)과 경영관리(經營管理)라는 두 가지 요소가 포함되어 있다. 그러나 이 중에서 중요한 부분은 역시 어업생산이므로 어업에 관한 연구는 주로 어업생산에 대한 것으로 이루어진다.

일반적으로 한 나라가 선진국 대열에 진입해 가면서 어업이 국가 경제에서 차지하는 비중은 상대적으로 떨어진다. 그러나 국민 소득의 증대와 더불어 수산물의 선호도는 더욱 높아지는 게 보통이며, 수산물이 건강식품으로서 우수하기 때문에 어업은 여전히 중요한 식량 산업의 하나임에 틀림없다.

2절. 어업의 분류

1. 어장에 의한 분류

어업이 이루어지는 수면은 크게 해면(海面, sea water)과 내수면(內水面, inland water)으로 분류할 수 있는데, 그 경계는 만조해안선(滿潮海岸線)이며 그 바깥쪽 수면을 해면, 그 안쪽 수면을 내수면이라 한다.

내수면어업(內水面漁業, inland water fishery)은 내수면 즉, 담수(淡水)나 기수(汽水)에서 하는 어업이며, 하천에서 하는 하천어업(河川漁業, river fishery)과 호소에서 하는 호소어업(湖沼漁業, lake fishery)으로 분류할 수 있다.

해면어업(海面漁業, sea fishery)은 해양어업(海洋漁業)이라고도 하며, 보통 근거지로부터 어장에 이르는 거리에 따라 연안어업(沿岸漁業, coastal fishery), 근해어업(近海漁業, offshore fishery 또는 adjacent sea fishery), 원양어업(遠洋漁業, deep sea fishery)으로 분류할 수 있다.

일반적으로는 沿岸漁業이란 소형 선박으로 근거지로부터 왕복 1일 이내의 가까운 어장에서 조업하는 어업이고, 近海漁業은 우리나라 동·서해 및 북위 25도선 이북, 동경 140도선 이서의 태평양 해역을 제외한 해역에서 행해지는 어업이며, 원양어업은 연안어업과 근해어업 이외의 먼 어장에서 조업하는 어업을 말한다. 원양어업 중에는 해외에 기지를 둔 해외어업도 있다.

2. 대상물과 어법(漁法)에 의한 분류

어업은 대상물의 종류와 어로방법을 알면 그 특징을 파악하기가 쉬운 경우가 많으므로 이것을 결합시켜서 분류하는 경우가 있다. 또 때로는 이 앞에 해역을 붙여서, 예를 들면, 남태평양 다랑어 주낙어업, 대서양 문어 트롤어업 등으로 분류하는 경우도 있다.

(1) 동해의 어업 :

명태 걸그물 · 주낙어업, 꽁치 걸그물어업, 오징어 낚기어업, 멸치 걸그물어업, 방어 기타 각종 어족을 대상으로 하는 정치망어업, 포경어업, 기선저인망어업, 근해 트롤어업 등이 있다.

(2) 남해의 어업 :

멸치 걸그물 · 챗배 · 들망 · 정치망 · 낭장망 · 기선권현망어업, 갈치 주낙 · 안강망어업, 삼치 걸그물어업, 고등어 · 전갱이 걸그물 · 건착망어업, 기선저인망어업 등이 있다.

(3) 서해의 어업 :

고등어 · 전갱이 걸그물어업, 조기 걸그물 · 안강망어업, 기선저인망어업 등이 있다.

(4) 해외 기지어업 :

대서양 트롤어업, 남태평양 · 인도양 · 대서양 다랑어 주낙어업 등이 있다.

3. 법규에 따른 분류

행정관청에서 어업을 관리하기 위한 제도에 따라 분류한 것이며, 면허어업, 허가어업, 신고어업의 세 가지로 분류한다.

면허어업(免許漁業)은 행정관청의 면허에 의하여 일정한 수면을 구획(區劃)하여 어업권(漁業權)을 설정하고 독점 · 배타적(獨占 · 排他的)으로 영위하는 어업이다.

허가어업(許可漁業)은 행정청으로부터 허가를 받아서 행하는 어업이며, 근해 및 원양어업이 대표적인 것이며, 면허어업을 제외한 것은 대부분 이에 속한다.

신고어업(申告漁業)은 어업자가 행정 관청에 신고하여 어업 감찰을 받아서 행하는 영세한 어업이다.

표 2-1. 면허어업의 종류 (수산업법 제8조)

어업의 종류	어업의 정의
(1) 정치망어업 (定置網漁業)	일정한 수면을 구획하여 대통령이 정하는 어구를 정치하여 포획하는 어업
(2) 해조류양식어업 (海藻類養植漁業)	일정한 수면을 구획하여 그 수면의 바닥을 이용하거나 수중에 필요한 시설을 하여 해조류를 양식하는 어업
(3) 패류양식어업 (貝類養植漁業)	일정한 수면을 구획하여 그 수면의 바닥을 이용하거나 수중에 필요한 시설을 하여 패류룰 양식하는 어업
(4) 어류등양식어업 (魚類等養植漁業)	일정한 수면을 구획하여 그 수면의 바닥을 이용하거나 수중에 필요한 시설을 하여 패류룰 양식하는 어업
(5) 복합양식 어업 (複合養植漁業)	제2호 내지 제4호 및 제6호의 양식어업을 제외한 어업으로서 양식어장의 특성을 고려하여 제2호 내지 제4호의 서로 다른 양식어업 대상품종을 2종 이상 복합적으로 양식하는 어업
(6) 협동양식 어업 (協同養植漁業)	일정한 수심 범위 안의 수면을 구획하여 제2호 내지 제5호의 방법으로 양식하는 어업
(7) 마을어업	일정한 수심 이내의 수면을 구획하여 패류 · 해조류 또는 정착성 수산동물을 관리 · 조성하여 포획 · 채취하는 어업

표 2-2. 근해어업의 명칭과 어선의 규모 (규칙 제3조 제1항)

어업의 종류	어업의 명칭	어선의 규모	비고
대형기선저인망어업	외끌이대형기선저인망어업	60톤 ~ 140톤	
	쌍끌이대형기선저인망어업		
중형기선저인망어업	동해구기선저인망어업	20톤 ~ 60톤	
	외끌이서남해구기선저인망어업		
	쌍끌이서남해구기선저인망어업		
근해트롤어업	대형트롤어업	70톤 ~ 140톤	
	동해구트롤어업	20톤 ~ 60톤	
기선선망어업	대형선망어업	50톤 ~ 130톤	※1
	소형선망어업	8톤 ~ 20톤	
근해채낚기어업	근해채낚기어업 (자동조획기 포함)	8톤 ~ 90톤	
	근해외줄낚기어업	8톤 ~ 90톤	
기선선인망어업	기선권현망어업	40톤 미만	
근해자망어업	근해유망어업	8톤 ~ 70톤	
	근해고정자망어업	8톤 ~ 70톤	
근해안강망어업	근해안강망어업	8톤 ~ 90톤	※2
근해봉수망어업	근해봉수망어업	8톤 ~ 70톤	
	근해자리돔들망어업	8톤 ~ 70톤	
잠수기어업	잠수기어업	8톤 ~ 70톤	※3
근해통발어업	장어통발어업	8톤 ~ 70톤	
	기타통발어업	8톤 ~ 70톤	
	문어단지어업	8톤 ~ 70톤	※4
근해형망어업	패류형망어업	20톤 미만	
근해연승어업	근해연승어업	8톤 ~ 70톤	

※1 : 등선은 통당 2척 이내로 제한

※2 : 어구 사용량이 50톤 이상의 어선은 3통 이내, 50톤 미만의 어선은 2통 이내로 제한

※3 : 콤프레셔 또는 천칭기는 어선당 1대 (잠수부 1명)로, 제5구에서 조업하는 경우에는 잠수기 호스 길이는 120미터 미만으로 제한

※4 : 패류형망의 갈퀴 간격은 4센티미터 이상, 망목 내경 5.7센티미터 이상, 사용 어구 수는 어선당 4통 이내로 제한

표 2-3. 원양어업의 명칭과 어선의 규모 (규칙 제3조 제23항)

어업의 종류	어업의 명칭	어선의 규모	
		독항식	해외기지식
원양연승어업	참치연승어업	110톤 이상	60톤 이상
	저연승어업	110톤 이상	
원양기선저인망어업	원양기선저인망어업		60톤 이상
원양트롤어업	북양트롤어업	220톤 이상	110톤 이상
	해외트롤어업		
	원양새우트롤어업		
원양선망어업	원양선망어업	본선350톤 이상	60톤 이상
원양유자망어업	원양유망어업	110톤 이상	60톤 이상
	원양자망어업	110톤 이상	본선 75톤 이상
원양봉수망어업	원양봉수망어업	110톤 이상	60톤 이상
원양채낚기어업	가다랭이채낚기어업	150톤 이상	60톤 이상
	오징어채낚기어업	60톤 이상	60톤 이상
원양통발어업	통발어업	60톤 이상	37톤 이상
원양안강망어업	원양안강망어업	70톤 이상	
원양모선식어업	모선식유망어업	부속선 30톤 이상, 탑재식어로선 7톤 이상	
	모선식자망어업	〃 〃	37톤 이상
	모선식저인망어업	〃 〃	
	모선식저인망어업	〃 〃	
	모선식트롤어업	〃 〃	
	모선식참치연승어업	〃 〃	

표 2-4. 연안어업의 명칭과 어선의 규모 (규칙 제3조 제3항)

어업의 종류	어업의 명칭	어선의 규모
연안유자망어업	연안유자망어업	무동력선, 8톤 미만의 동력선
	연안자망어업	무동력선, 8톤 미만의 동력선
연안안강망어업	연안안강망어업	무동력선, 8톤 미만의 동력선
	해선망어업	무동력선, 8톤 미만의 동력선
	낭장망어업	무동력선, 8톤 미만의 동력선
연안형망어업	연안형망어업	무동력선
연안선망어업	연안선망어업	무동력선
	석조망어업	무동력선
	양조망어업	무동력선
연안연승어업	연안연승어업	무동력선, 8톤 미만의 동력선
연안채낚기어업	연안채낚기어업	8톤 미만의 동력선
	연안외줄낚기어업	8톤 미만의 동력선
연안통발어업	연안통발어업	무동력선, 8톤 미만의 동력선
	문어단지어업	8톤 미만의 동력선
분기초망어업	분기초망어업	무동력선, 8톤 미만의 동력선
	연안들망어업	무동력선, 8톤 미만의 동력선
연안조망어업	새우망어업	8톤 미만의 동력선

3절. 어로의 수단과 방법

1. 어로의 과정

어로는 보통 다음의 3 과정을 거쳐서 이루어진다.

- 탐어(探魚, fish locating or fish detecting) : 대상물의 소재 및 위치를 파악하는 과정
- 집어(集魚, fish gathering) : 대산물을 효율적으로 잡을 수 있도록 좁은 범위에 집결시키는 과정
- 어획(漁獲, fish catching) : 대상물을 물에서 잡아 올리는 과정

이와 같은 어로의 과정을 수행하기 위해서는 대상생물의 습성에 따라 알맞은 도구와 적절한 방법을 사용해야 하는데, 이러한 일련의 수단 방법을 넓은 의미로 어법(漁法, fishing method)이라 하고, 그에 쓰이는 도구를 어구(漁具, fishing gear)라 한다.

2. 어법의 종류

1) 소극적 또는 수동적 어법(passive method)

① 맨손어법(素手漁法 : fishing without gears)
② 낚기어법(針漁法 : angling(or lining) methods)
③ 걸그물어법(刺網漁法 : gill net methods)
④ 얽애그물어법(纏絡網漁法 : tangling methods)
⑤ 들그물어법(敷網漁法 : lift net methods)
⑥ 몰잇그물어법(drive-in net methods)

⑦ 함정어법(陷穽漁法 : trap methods)

2) 적극적 또는 능동적 어법(active method)

① 채취어법(採取漁法 : piking methods) :
활동이 둔한 수산동물을 강제로 따내어 잡는 어법으로, 전복, 멍게를 따는 것이나 조개 방틀이 이것에 해당한다.

② 마비어법(麻痺漁法 : stupefying methods) :
어류를 마비시켜 행동을 제어한 후 어획하는 방법으로, 전기나 독극물, 폭발물 등을 사용하는 것이 이것에 해당하지만, 우리나라에서는 대부분 금지되어 있다.

③ 살상어법(殺傷漁法 : wounding methods) :
예리한 도구를 사용하여 꽂아 대상물을 어획하는 것으로, 작살이나 포경이 이것에 해당한다.

④ 채그물어법(抄網漁法 : scoop net methods) :
그물을 대상물의 밑으로 이동시켜 떠올려서 잡는 어법.

⑤ 덮그물어법(掩網漁法 : fall net methods) :
그물을 고기 위에 덮어 씌워서 잡는 어법.

⑥ 두릿그물어법(旋網漁法 : surrounding net methods) :
어군을 커다란 그물로 둘러싼 후 그물을 좁혀서 잡는 어법.

⑦ 후릿그물어법(引寄網漁法 : seine net methods) :
외끌이기선저인망, 기선권현망, 인기망, 지인망 등이 해당한다.

⑧ 끌그물어법(曳網漁法 : dragged net methods) :
어구를 저층이나 중층에서 수평으로 끌어서 잡는 어법.

⑨ 기계적 수확어법(機械的 收穫漁法 : mechanical harvesting methods): Fish pump를 이용하여 잡는 어법.

4절. 어선의 종류

1. 어업에 전용(專用)되는 선박

① 외줄낚기어선(一本釣漁船, pole and line fishing boats)

② 주낙어선(延繩漁船, long liner or long line fishing boats)

③ 쌍끌이기선저인망어선(two boat trawler or bull trawler)

④ 트롤어선(trawler)

⑤ 선망어선(旋網 또는 巾着網漁船, purse seiner)

⑥ 안강망어선(鮟鱇網漁船, stow net fishing boats)

⑦ 유자망어선(流刺網漁船, drift gill netter or drift gillnet fishing boats)

⑧ 기선권현망어선(機船權現網漁船, anchovy drag net fishing boats)

⑨ 통발어선(trap fishing boats)

2. 어획물의 보장(保藏) 또는 제조 설비를 갖춘 선박

① 가공선(加工船, factory ship) :

고래 가공선(whale factory ship), 연어 · 송어 가공선(salmon & trout factory ship), 게 가공선(crab factory ship), 통조림 가공선(canning factory ship)

② 모선(母船, mother ship) :

포경 모선(捕鯨母船, whale mother ship), 연어 · 송어 모선(salmon & trout mother ship), 게잡이 모선(crab mother ship)

3. 어획물 또는 그 제품을 운반하는 선박

① 선어운반선(鮮魚運搬船, fresh fish carrier)

② 활어운반선(活魚運搬船, live fish carrier)

③ 냉동운반선(冷凍運搬船, refrigerated fish carrier)

4. 어업의 시험, 조사, 지도, 단속 또는 교습에 종사하는 선박

① 어업시험선(漁業試驗船, fishing examination vessel)

② 어업조사선(漁業調査船, fishing research vessel)

③ 어업지도선(漁業指導船, fishing guidance vessel)

④ 어업단속선(漁業團束船, fishing inspection vessel)

⑤ 어업경비선(漁業警備船, fishing guard vessel),

⑥ 어업교습선 또는 어업실습선(漁業教習船 또는 漁業實習船, fishing training vessel)

5절. 선박의 주요 치수

선박의 주요 치수(principal dimension)란 선박을 조종하거나 선체를 정비할 때, 또는 선박 구성 재료의 치수와 배치 등을 결정하는 데에 필요한 배의 길이, 폭, 깊이 및 흘수를 말한다.

1. 선박의 길이

1) 전장(全長)

선체에 고정적으로 부착되어 있는 모든 돌출물을 포함하여, 선수의 최전단부터 선미의 최후단까지의 수평거리를 말한다. 부두 접안이나 입거 등의 선박 조종에 사용된다.

2) 수선간장(垂線間長)

계획만재흘수선(計劃滿載吃水線, designed load water line)상의 선수재의 전면(fore perpendicular ; FP)으로부터 타주(타를 지지하는 선체의 일부, 현재의 선박은 타주가 없는 경우가 많다)의 후면(aft perpendicular ; AP)까지, 타주가 없는 선박은 타두재 중심선까지의 수평거리로서, 선박만재흘수선규정, 강선구조규정, 선박구획규정 등에 사용되는 길이이다.

3) 수선장(水線長)

임의의 흘수선상의 물에 잠긴 선체의 선수재 전면부터 선미 후단까지의 수평 거리를 말한다. 배의 저항, 추진력 계산 등에 이용된다.

2. 선박의 폭

1) 전폭(全幅)

선체의 폭이 가장 넓은 부분에서, 외판의 외면부터 맞은편 외판의 외면까지의 수평 거리를 말한다.

2) 형폭(型幅)

선체의 폭이 가장 넓은 부분에서 늑골의 외면으로부터 맞은편 늑골의 외면까지의 수평 거리이다.

3. 선박의 깊이

1) 형심(型深) 또는 깊이(depth)

선체 중앙에서 용골의 상면(基線, base line)부터 건현 갑판(또는 상갑판 보)의 현측 상면까지의 수직 거리이다.

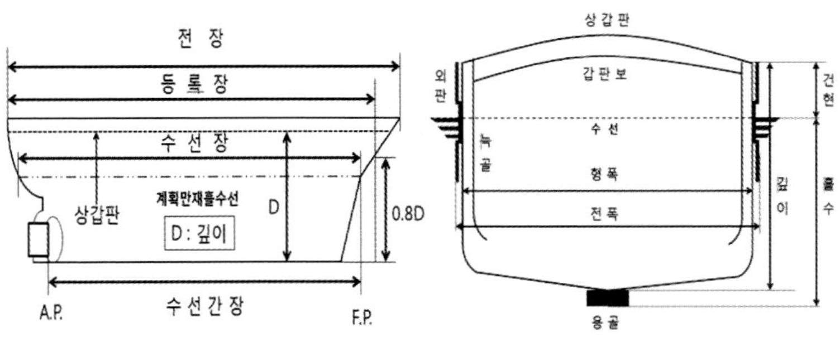

그림 2-1. 선박의 길이, 폭, 깊이

4. 선박의 톤수

선박의 크기를 표시하는 데에는 오래전부터 톤수(Tonnage)가 사용되어 왔다. 화물을 실을 수 있는 능력은 중량이나 용적으로 나타낼 수 있으므로 선박의 톤수는 크게 용적톤수와 중량톤수로 나눌 수 있다.

1) 용적톤수(容積噸數)

선박의 容積을 톤으로 표시하는 것으로, 용적 2.832m^3 또는 100ft^3를 1톤으로 한다. 용적 산출 대상을 어디까지 잡는가에 따라 총톤수와 순톤수로 나눈다.

① 총톤수(總噸數)

■ 국제 총톤수(國際總噸數)

국제 항해에 종사하는 선박에 대하여 그 크기를 나타내는 데에 사용되는 톤수로서, 국내에서 사용되고 있는 총톤수와 구별되며, 선내에 폐위된(closed-in) 전용적에서 해수에 개방된 장소 등을 제외한 용적을 로그함수를 사용하여 다음과 같이 계산한다. 이는 국제톤수증서(international tonnage certification)에 기재된다.

$$IGT = V \times K_1 = V(0.2 + 0.02\,log_{10} V)$$

K_1 : 계수, V : 선박 내의 밀폐된 장소의 총용적(m^3)

■ (국내) 총톤수(總噸數)

우리나라 내에서 선박의 크기를 나타내기 위해 사용되는 지표로서, 국제 총톤수를 사용한 다음의 식에 의해 계산된 값에 용적톤을 붙인 것이다.

$$GT = IGT \times (0.6 + \frac{IGT}{10,000}) \times (1 + \frac{30 - IGT}{180})$$

여기서, IGT는 국제총톤수이고, $(0.6 + \frac{IGT}{10,000})$ 의 값이 1 이상이면 그 값을 1로 하며, $(1 + \frac{30 - IGT}{180})$ 의 값이 1미만이면 그 값을 1로 한다.

위의 계산에 의하면 4,000ton 이하에서는 국내 총톤수가 국제총톤수보다 적게 측정되고, 4,000톤 이상이 되면 양자는 같아진다.

② 순톤수(純噸數)

순톤수는 총톤수에서 선원 상용실, 밸러스트 탱크, 갑판장 창고, 기관실 등을 뺀 용적으로서, 실제로 화물이나 여객 운송을 위하여 쓰이는 용적이다. 따라서 화물적재장소 용적에 대한 톤수와 여객 정원수에 대한 톤수의 합으로 표현되는 다음의 식에 의해 계산된 값에 용적톤을 붙인 것이다.

이 톤수는 직접 상행위를 위한 용적이므로 입항세, 톤세, 항만 시설 사용료 등의 산정 기준이 된다.

2) 중량톤수(重量噸數)

선박의 重量을 톤으로 표시하는 것으로서, 나라에 따라서 1,000kg (metric ton, kg ton, 2,204lbs), 1,016kg(long ton, 2240lbs)는 907.18kg(short ton, 2,000lbs)을 1톤으로 한다.

① 배수톤수(排水噸數)

배수량이란, 선박이 물에 잠기면서 밀어 낸 물의 무게를 말하며, 그

것은 선박의 무게와 같다. 배수량에 톤수를 붙인 것이 배수톤수이며, 군함의 크기를 표시하는 데에 이용된다.

② 재화중량톤수(載貨重量噸數)

선박이 화물, 연료, 청수, 식량 등을 적재하지 않은 상태를 경하상태라고 하며, 이때의 배수량을 경하배수량(light loaded displacement)이라 하고, 만재흘수선까지 화물, 연료 등을 적재한 상태를 만재상태라 하는데, 이때의 배수량을 만재배수량(full loaded displacement)이라고 한다.

재화중량톤수는 선박이 적재할 수 있는 최대의 무게를 나타내는 톤수로, 만재배수량에서 경하배수량을 뺀 것이다. 이것은 상선의 매매와 용선료 산정의 기준이 된다.

6절. 흘수와 건현 및 만재흘수선

1. 흘수(吃水, draft or draught)

흘수란 물 속에 잠긴 선체의 깊이를 말하며, 용골의 상면에서 수면까지의 수직 거리를 형흘수(型吃水, moulded draft)라 하고, 용골의 하면에서 수면까지의 수직 거리를 용골흘수(龍骨吃水, keel draft)라 한다. 일반적으로 흘수란 용골흘수를 가리키며, 선박의 조종이나 재화중량톤수를 구하는 데에 사용된다.

2. 흘수표(吃水標, draft mark)

흘수표는 용골의 하면에서부터 계획만재흘수선과의 수직 거리를 숫자로 표시해 놓은 것이며, 선수와 선미 그리고 선체 중앙부 양쪽에 표시한다.

미터 단위의 흘수표는 높이 10cm의 아라비아 숫자를 20cm 간격으로, 피트 단위의 흘수표는 높이 6인치의 아라비아 숫자나 로마 숫자를 12인치(1피트) 간격으로 표시하며, 숫자의 下端이 그 수치의 흘수이다.

선수흘수(df ; fore draft)와 선미흘수(da ; aft draft)의 평균값을 평균흘수(dm ; mean draft)라고 하며, 이는 중앙흘수(d⊗ ; midship draft)와 같다.

3. 트림(trim)

선수흘수와 선미흘수의 차(差)를 트림이라 하고, 흘수의 差에 따라 다음과 같이 부른다.

1) 선수 트림(trim by the head)

선수흘수가 선미흘수보다 큰 상태로서, 선수보다 선미가 부상하여 타효와 추진효율이 나쁘므로 항해 상태로서는 좋지 않다. 호칭은 1m trim by the head와 같이 한다.

2) 선미 트림(trim by the stern)

선미흘수가 선수흘수보다 큰 상태로서, 타효가 좋고 선속이 증가되므로 선박에 따라 적당한 선미트림으로 운항하는 것이 좋다. 호칭은 1m trim by the stern과 같이 한다.

3) 등흘수(等吃水, even keel)

선수흘수와 선미흘수가 같은 상태로, 수심이 얕은 수역을 항해할 때나 입거할 때에 이용된다.

4. 건현과 만재흘수선

1) 건현(乾舷, freeboard)

선박이 안전한 항행을 하기 위해서는 어느 정도의 예비 부력(豫備浮力, reserve of buoyancy)을 가져야 한다. 이 예비부력은 선체가 물에 떠 있는 높이에 따라 결정되는데, 이 높이를 건현이라 한다. 즉, 선체 중앙부의 만재흘수선에서 갑판선(deck line) 상단까지의 수직 거리를 말한다. 국제만재흘수선협약에서는 선종, 항행구역, 계절 등에 따라 어느 정도의 건현을 확보하도록 규정하고 있다.

2) 만재흘수선(滿載吃水線, load draft line or plimsoll mark)

항행구역 내에서 선박의 안전상 허용된 최대의 흘수선을 만재흘수선이라 한다. 만재흘수선은 선체 중앙부의 양 현에 표시되며, 선박의 종류, 크기, 적재하는 화물 및 항행 구역에 따라 구별된다.

5. 선명과 선적항(船籍港, port of registry)

1) 선명과 고유번호

① 선명(船名)

선수의 양현과 선미에 선명(ship's name)을 표시한다. 우리나라 국적선의 대부분은 위쪽에 한글, 아래쪽에 알파벳으로 선명을 표시하고 있다.

② 선박 번호(船舶 番號, official number)

선박의 동일성을 식별하기 위한 보조 수단으로 선박마다 고유 번호가 있는데, 이것이 선박 번호이다. 선박 번호는 신호부자, 총톤수, 순톤수, 건조일자 등과 같이 판에 새겨서 잘 보이는 장소에 게시해야 하는데, 주로 브리지 바깥쪽 전면 중앙부에 취부되어 있다.

③ 호출부호(呼出符號, signal letter or call sign)

호출부호는 무선통신에서 상대국을 호출하기 위해 쓰이는 각 무선국 고유의 부호이며, 신호부자(信號符字)라고도 한다. 선박법에 따라 총톤수 100톤 이상의 선박에 부가하도록 규정되어 있다.

무선 전신국을 가진 선박의 호출부호는 네 문자, 무선 전화를 사용하는 선박은 두 문자 또는 세 문자 및 그 다음에 네 숫자를 붙인다. 예를 들면, 무선 전신인 경우의 호출부호는 D8WK, 3FTV와 같이, 무선 전화인 경우에는 KS4380, HLP2460과 같이 정해진다.

2) 선적항(船籍港)

사람의 본적처럼 선박에도 선박을 관할하는 선적항을 정하여 선미에 표시한다. 우리나라 국적선의 대부분은 위쪽에 한글, 아래쪽에 영문으로 선적항을 표기한다.

제2장 어구 재료

1절. 섬유의 종류와 형태

섬유는 그물 어구 재료 중에서 가장 중요하게 쓰여 왔으며, 그물실과 그물감, 그리고 줄 등을 구성하는 데에 사용된다.

합성섬유가 나오기 전에는 천연섬유가 어구 재료로서 많이 쓰였지만, 제2차 세계대전 이후 합성섬유(synthetic fiber)가 보급되고 난 후로는 합성섬유가 천연섬유를 대체하게 되었다.

합성섬유는 무한히 길게 뽑을 수 있으나, 필요에 따라 적당한 길이로 끊어서 면사와 비슷한 구조의 실로 만들기도 한다. 합성섬유로 된 실을 형태상으로 분류하면 다음과 같다.

1. 장섬유(continuous fiber)

무한섬유(endless fiber)라고도 하며, 무한히 긴 섬유이다. 형태에 따라 단일섬유, 복합섬유, 필름섬유 등으로 나눌 수 있다.

1) 단일 섬유(mono filament)

섬유가 상당히 굵어서 섬유 자체를 바로 실로 쓰는 경우로, 낚시줄이나 걸그물의 그물실로 쓰인다.

2) 복합 섬유(multi filament)

섬유가 가늘어서 1가닥으로는 제1단계의 실이 될 수 없기 때문에, 여러 가닥을 모아서 제1단계의 실로 쓰는 경우와, 비교적 굵은 섬유 1가닥을 바로 제1단계의 실로 쓰는 경우의 두 가지가 있다.

3) 필름 섬유(film fiber 또는 spilit fiber)

포장할 때 사용하는 넓적한 끈과 같은 섬유이다.

2. 단섬유(cut fiber 또는 discontinuous fiber)

짧게 끊은 섬유이며, 길이는 4~6인치이고, 방적섬유(spun fiber 또는 staple fiber)라고도 한다.

2절. 그물실(망사)의 종류와 구조

1. 꼰 그물실(twisted twine)

그물실을 만들기 위해서는 우선 꼬아서 제1단계의 기다란 실을 만들어야 하는데, 이것을 홑실(single yarn)이라 한다. 이 실은 섬유의 탄력성으로 인하여 꼬임이 풀리기 쉽기 때문에 바로 그물실로 쓰이지 않는 것이 보통이다.

홑실을 다시 몇 가닥 모아 제1단계의 실의 꼬임과는 반대 방향으로 꼬아서 제2단계의 실, 즉 겹실(folded yarn, plied yarn)을 만드는데, 이 실은 재봉용으로 주로 쓰이고, 그물실로는 유연성이 크게 요구되는 걸그물 등에는 보편적으로 쓰이지는 않는다.

그물실로 흔히 쓰이는 것은 제2단계의 실 2~4가닥(보통은 3가닥)을 제2단계와는 반대로 꼬아서 만든 제3단계의 실, 즉 겹겹실(cabled yarn)인데, 이것을 보통 그물실(netting twine)이라 한다.

2. 땋은 그물실(braided twine)

꼰 그물실(twisted twine)은 꼬임이 안정되지 않으면 어구의 성능에 좋지 못한 영향을 끼치는 수가 있어서 땋은 그물실(braided twine)이 개

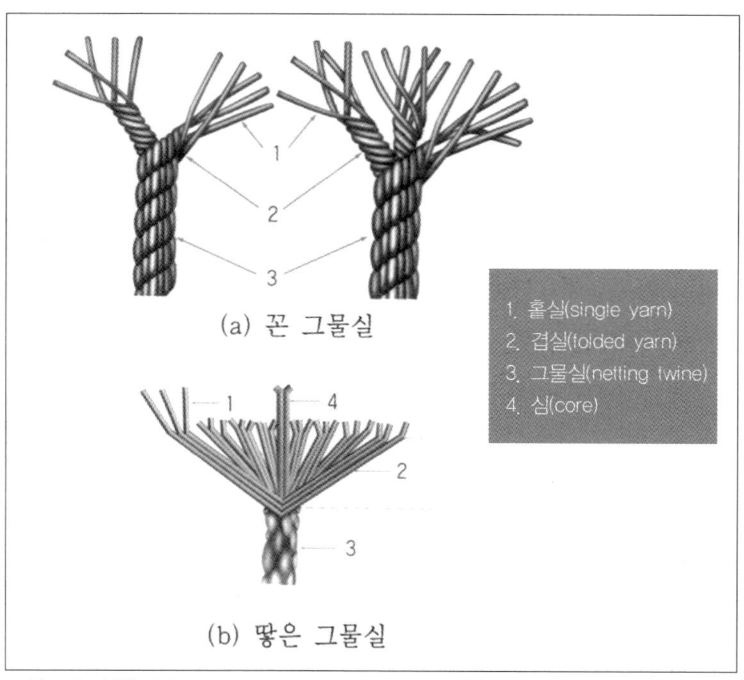

그림 2-2. 실의 구조

발되었는데, 이 실은 꼬임의 안정이 크게 요구되는 어구에 쓰인다.

땋은 그물실도 제2단계 실까지는 꼰 그물실과 구조가 같으나, 제3단계 실은 꼬지 않고 땋아서 만드는데, 보통은 8가닥으로 땋는다.

3절. 그물실의 규격

망사와 같이 가는 것은 지름이나 둘레를 재어서 그 굵기를 표시하기가 곤란하므로 옛날부터 관습적으로 길이와 무게의 관계로써 간접적으로 표시해 왔다. 합성섬유에는 데니이르식(denier 식)과 텍스(Tex)식이, 낚시 힘줄이나 단일섬유에서는 호수식이 사용되고 있다.

1. 항중법

일정한 무게를 기준으로 해서, 그 무게에 상당하는 단사의 길이가 기준이 되는 길이의 몇 배인가로 표시하는 방법이다.

항중법은 주로 영국 번수법(English count)이 쓰이는데, 무게의 기준을 파운드(1lb = 453.6g), 길이의 기준을 행크(1hank = 840yd = 768.1m)로 한다. 가령 무게 1파운드의 단사의 길이가 20행크이면 20번수이며, 20Nec로 표시한다.

2. 항장법

항중법과 반대로 일정한 길이를 기준으로 해서, 그 단사의 길이의 무게가 기준이 되는 무게의 몇 배인가로 표시하는 방법이다.

1) 데니이르(denier)식

단사의 길이 9,000m가 무게의 기준인 1g의 몇 배인가로 표시한다. 즉, 9,000m의 실의 무게가 100g이면 100Td이다. 관습적으로 많이 쓰고 있다.

2) 텍스(Tex)식

텍스는 길이의 단위로써 1km, 무게의 단위로써 1g으로 정한 것이다. 즉, 길이 1km인 실의 무게가 10g이면, 10Tex이다. 1961년 제1차 세계어구회의에서 국제적으로 모든 섬유의 단위로 쓰도록 결정되었다.

3) 호수식

본래는 천연산 낚시 힘줄의 굵기 표시에 쓰이던 것인데, 그 후 합성 힘줄 뿐만 아니라, 단일 섬유로 된 그물실에도 적용하게 되었다.

원래의 기준은 길이 5자(1.515m)되는 힘줄 100가닥의 무게가 몇 돈쭝(1돈쭝은 3.75g)인지로 정한 것인데, 이것을 환산하여 낚시 힘줄에서는 길이 40m인 실의 무게가 몇 g인지로써 몇 호라 하고, 단일 섬유에서는 원래의 기준을 데니어로 환산하면 223Td이므로 220Td를 1호로 하고 있다.

4) 데니어, 텍스, 호수 사이의 관계

데니어(Td), 텍스(T), 호수(N) 사이에는 다음과 같은 관계가 있다.

$$\frac{Td}{9000} \fallingdotseq \frac{T}{1000} \fallingdotseq \frac{220N}{9000}$$

4절. 그물실의 꼬임

꼬임의 방향을 표시하는 방법으로는 실의 꼬임이 오른쪽으로 처질 때를 오른꼬임(left-handed twist, S자 꼬임)이라 하고, 그 반대를 왼꼬임(right-handed twist, Z자 꼬임)이라 한다. 표현방법이 우리나라와 영어는 서로 반대가 된다.

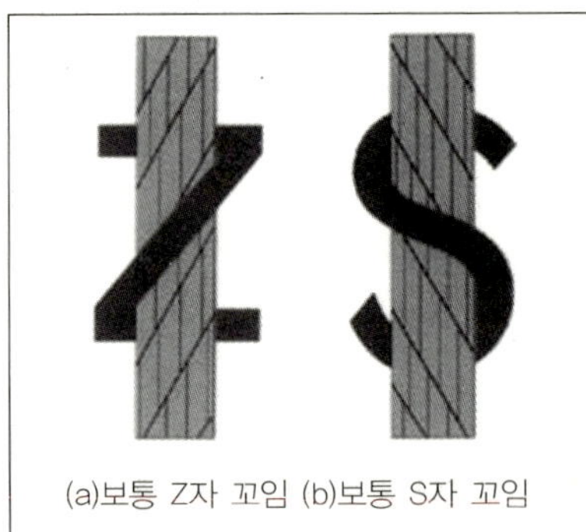

그림 2-3. 그물실의 꼬임에 따른 명칭

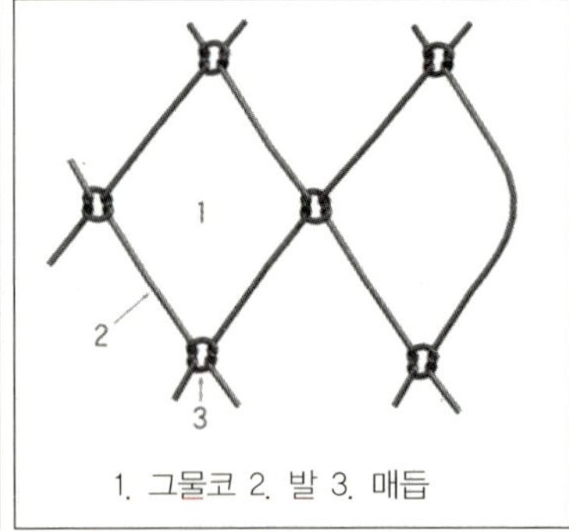

그림 2-4. 망지의 구조

5절. 그물감(망지)의 종류와 규격

1. 그물감(망지)의 종류

그물감은 마름모꼴의 그물코(mesh)가 연속된 것으로서 1개의 그물코는 4개의 발과 4개의 매듭(결절)으로 둘러싸여 있으나, 이웃 그물코와의 공통 부분이 있으므로 재료 자체는 2개의 발(leg)과 1개의 매듭(knot)으로 되어 있는 셈이다.

그물감은 짜는 방법에 따라 수공 편망지와 기계 편망지로 나눌 수 있고, 매듭의 유무에 따라 매듭 그물감(결절 망지)와 매듭없는 그물감(무결절 망지)으로 나눌 수 있다.

1) 매듭 그물감

그물코를 이루는 마름모꼴의 네 꼭지점마다 매듭을 맺어서 짠 것이며, 매듭을 맺는 방법에 따라 참매듭(flat knot, reef knot)과 막매듭(sheet bend knot, trawler knot)이 있는데, 매듭을 더욱 확실하게 하기 위하여 이중 매듭을 만들 때도 있다.

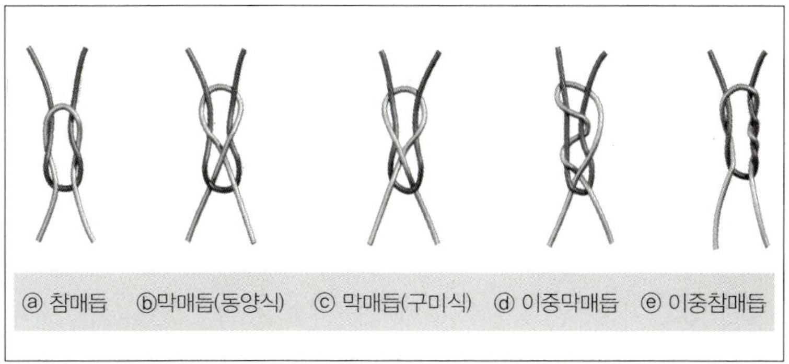

그림 2-5. 그물코의 종류

참매듭은 매듭이 잘 미끄러지므로 오늘날 트롤 그물에는 잘 쓰이지 않는다. 막매듭은 잘 미끄러지지 않으나 매듭이 커서 물의 저항이 다소 크고, 강도의 저하 또는 마모가 심하다는 결점이 있으나, 오늘날의 그물감은 대부분 막매듭으로 되어 있다.

2) 매듭없는 그물감

매듭없는 그물감(knotless webbing)은 매듭을 맺지 않고 그물감을 짜는 것이며, 직 망지(織網地, 엮은 그물감), 여자 망지, 관통형 망지, 라셀 망지, 접착 망지 등이 있다.

직 망지는 모기장처럼 씨줄과 날줄을 교대로 교차시켜 짠 것이며, 그물코가 잘 비뚤어지므로 보통의 어구에는 잘 쓰이지 않는다.

여자 망지는 씨줄과 날줄 2가닥씩을 꼬아 가면서 일정한 간격마다 서로 얽어 그물코가 직사각형이 되게 짠 것인데, 멸치 권현망 어구 등과 같이 작은 고기를 잡는 데에 많이 쓰인다.

관통형 망지는 저인망이나 트롤에서 그물감의 저항을 줄이기 위하여 고안된 것이며, 실을 꼬아 가면서 일정한 간격마다 서로 맞물리게 하여 짠 것이다.

라셀(Rachel) 망지는 실을 꼬아 가면서 그물감을 짜는 것이 아니고, 일정한 굵기의 실로 뜨개질하는 형식으로 짜는 것이다. 따라서 이것은 그물을 물에서 들어 올렸을 때 물은 잘 빠지지만, 실의 실질적인 굵기가 외관상 굵기의 반 이하로 가늘므로 파단력이 약하다는 결점이 있다.

접착 망지는 단일 섬유로 그물감을 짤 때 매듭에 해당되는 곳을 서로 접착시켜서 짜는 것이며, 최근 단일 섬유로 된 걸그물에 차츰 많이 쓰이고 있다.

매듭 없는 그물감은 어느 것이나 재료가 적게 들고, 물의 저항이 작은 장점이 있지만, 1개의 발이 끊어졌을 때 그 이웃에 있는 매듭 부분이 잘 풀리고, 수선하기가 힘들다는 결점이 있다.

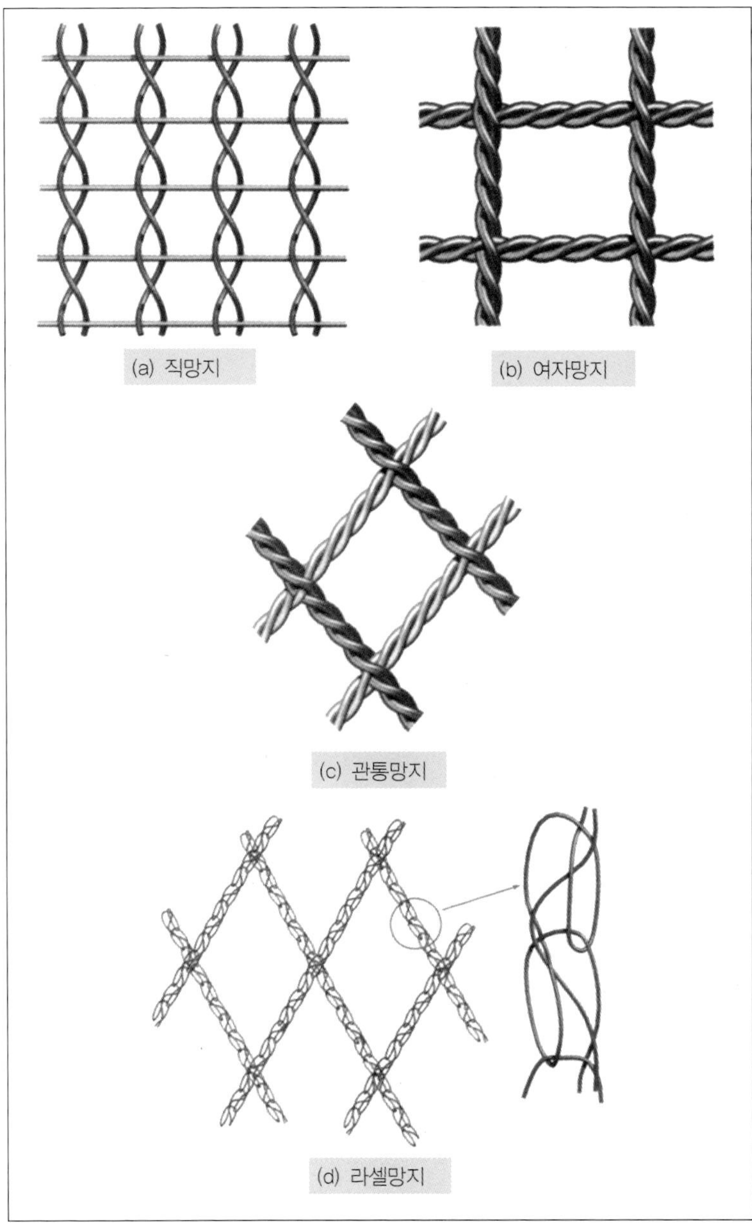

그림 2-6. 매듭없는 그물감의 종류

2. 망지의 규격

1) 그물코와 그물감의 규격

그물코의 크기를 표시하는 방법에는 다음과 같은 것들이 있다.

① 그물코의 뻗친 길이로 표시하는 방법

그물감을 뻗쳐 놓았을 때 1개의 그물코의 양쪽 끝 매듭의 중심 사이를 잰 길이로써 나타내며, 길이의 단위로는 mm를 쓴다.

② 1개의 발의 길이로 표시하는 방법

그물감을 펼쳐 놓았을 때 그물코 1개의 발의 양쪽 끝 매듭의 중심 사이를 잰 길이로써 나타낸다. 우리나라에서는 권현망의 날개그물, 정치망의 길그물 등과 같이 옛날에 주로 새끼로 짜던 그물감으로서 코의 크기가 150mm 이상 되는 것에만 쓰인다.

③ 기준 길이 안의 매듭의 수로 표시하는 방법

우리나라에서는 보통의 그물감은 15.15cm(5치) 안의 매듭의 열의 수로, 새끼처럼 굵은 실로 짠 코가 큰 그물감은 151.5cm(5자) 안의 매듭의 열의 수로 '몇 절'이라고 하며, 그 보다 한 단계 작은 단위를 '몇 모'라고 한다(1절=10모). 보통 n 절 그물감의 경우, 1개의 그물코의 뻗친 길이 k (mm)는

$$k\,(mm) = \frac{303}{n\,(\text{절}) - 1} \text{ 이 된다.}$$

④ 일정한 폭 안의 씨줄의 수로 표시하는 방법

여자 그물감의 경우에는 50cm 폭 안에 든 씨줄(위도 줄)의 수로 '몇 경'이라 한다. 이때, 양쪽가의 씨줄은 모두 헤아린다. 예를 들면, 100경인 그물감에서 1개의 발의 길이는 엄밀하게는 500 / 99mm이다. 보통 시판되고 있는 것은 90경, 105경, 120경, 140경, 160경 등이다.

⑤ 그물코의 내경으로 표시하는 방법

특별한 경우로서, 그물코를 형성하는 마름모꼴을 뻗쳐 놓았을 때의 내부의 길이를 재는 것이며, 자원 보호의 목적상 그물코 크기를 제한할 때 주로 쓴다.

2) 그물감의 단위

망지의 크기를 표시하는 방법에는 가로 · 세로의 망목 수로서 표시하는 방법과 가로의 망목 수와 뻗쳤을 때의 길이로써 표시하는 두가지 방법이 있다.

보통의 경우에는 망목의 크기에 관계없이 가로 100코, 세로 100장대(151.5m, 500尺)를 단위로 하며, 이것을 1필(匹)이라 한다. 그물감을 제망 공장에서 생산하여 판매할 때의 단위는 1필이다.

3) 그물감의 무게

망지의 중량은 망지를 매매할 때와 어구를 설계할 때에 필요하다. 섬유가 같고 실의 굵기나 망목의 크기가 비슷한 것은 재료의 중량에 의해 그 값을 결정한다. 특히 1필이 못되는 망지는 대체적으로 중량으로써 매매한다.

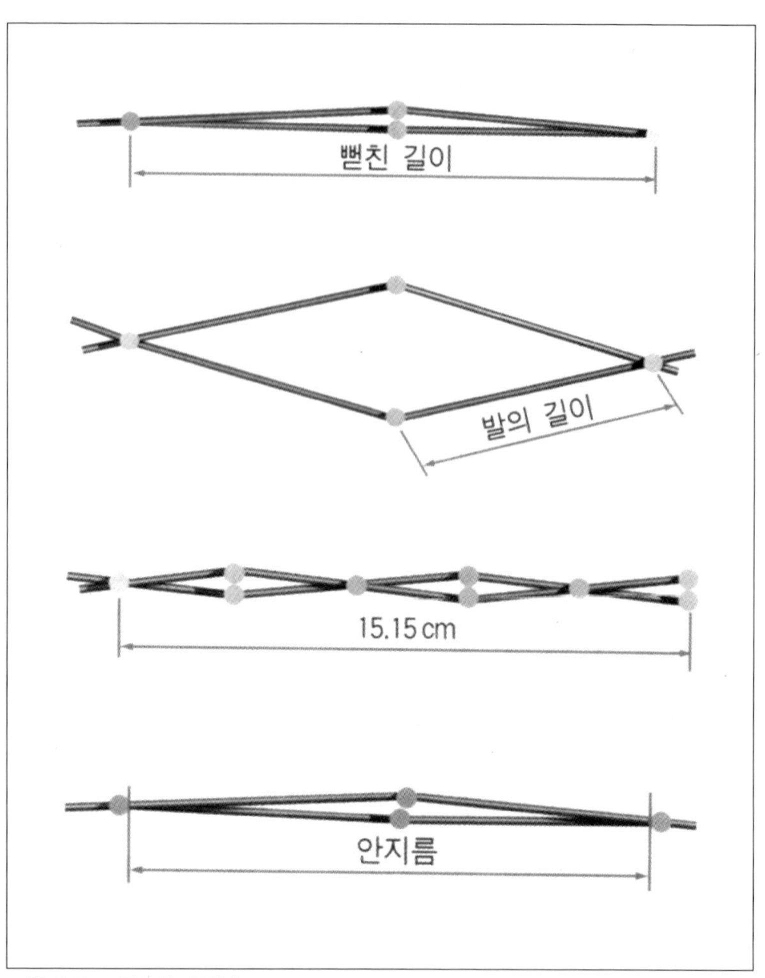

그림 2-7. 그물코의 측정법

제3장 주요 어업의 종류와 어법

우리나라 연근해에서 행해지고 있는 어업의 종류는 대형 선망, 근해 안강망, 유자망, 대형 기선저인망, 중형 기선저인망, 기선권현망, 대형 트롤, 동해구 트롤, 근해 채낚기, 정치망, 통발, 연승(주낚) 등이다.

1절. 오징어 채낚기

오징어(살오징어, common squid)는 우리나라 동해안에 많이 분포하고 있으며, 색이성과 추광성(주광성)이 강하고, 미끼를 발로 잡는 특성이 있다.

채낚기는 과거에는 Roll(1인 1대)식이 사용되었으나, 지금은 자동 조상기가 사용되어 인력을 줄일 수 있다. 자동 조상기는 100톤급 오징어 채낚기 어선에서는 20~30대를 양현에 1.5m 정도의 간격으로 설치하며, cam 장치에 의해 낚시줄을 상하 운동시켜 어획한다. 낚시의 수심은 어군탐지기 기록에 따라 약 200m까지 낚시를 드리울 수 있게 되어 있다. 어선의 크기는 연안어선은 8톤 미만, 근해어선은 30~50톤이며, 원양어선은 200~500톤(뉴질란드, 포크랜드) 정도이다.

오징어 채낚기어선은 물돛(sea anchor)을 선수에 설치하여 선박의 압류를 방지하거나 지연시켜 어획을 도와준다. 집어등(attracting fish lamp)은 소형어선에는 5~10kw 정도를 사용하고 있으나, 가능한 밝은 것을 사용하는 것이 좋다. 그러나 낚시의 정체를 드러나지 않도록 해야 효과적이다.

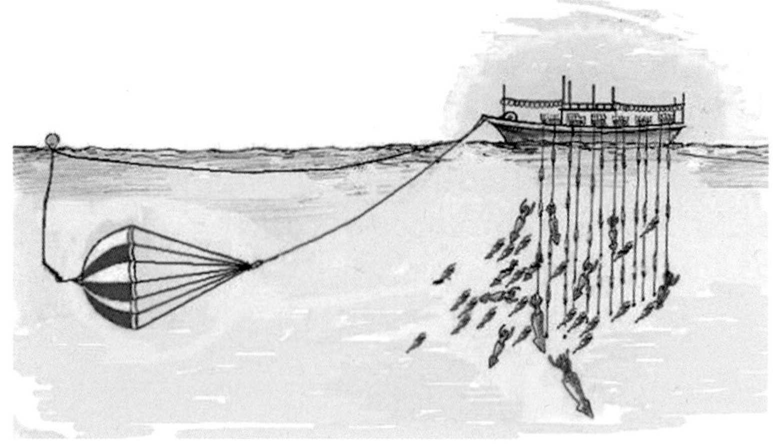

그림 2-8. 오징어 채낚기 어선의 조업도

1. 오징어 채낚기 어구 및 어법

1) 오징어 채낚시

오징어 채낚시는 미늘이 없는 것이 특징이다. 여러 개의 낚시를 한데 붙여 삿갓모양으로 만드는데, 이것을 오징어 채낚시 1개라 한다.

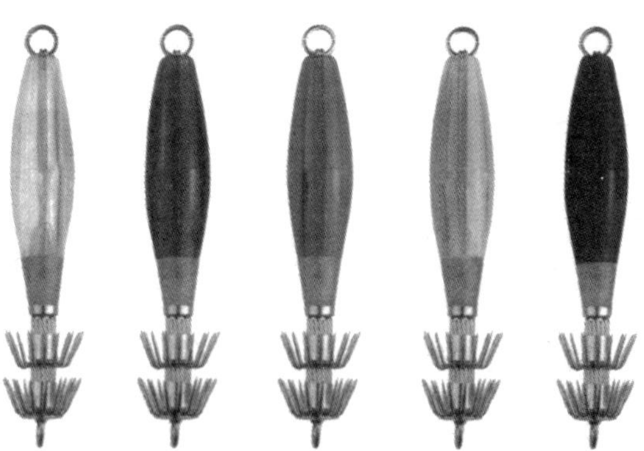

그림 2-9. 오징어 채낚시

2) 수동 롤러 채낚시

수동 롤러 채낚시 어구는 20~30개의 채낚시를 길게 연결하고, 맨 아래 끝에 추를 단 것이다. 이것을 사용할 때에는 롤러가 달린 받침대를 뱃전에 설치하고, 수동으로 자새를 돌려 채낚시를 감아올리면, 오징어는 채낚시가 롤러에서 자새로 가는 동안 갑판 위에 떨어진다.

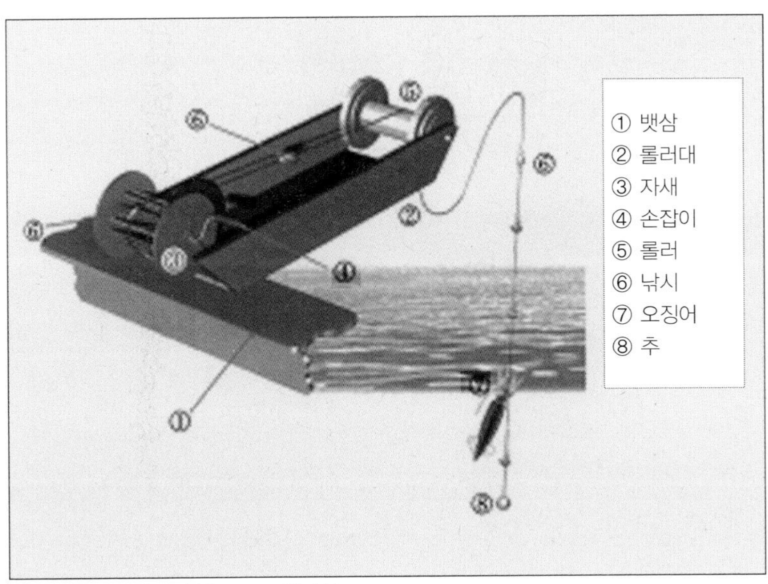

그림 2-10. 오징어 수동 rolller 채낚시

3) 자동 조상기

수동 롤러식은 한 사람이 롤러를 1대 밖에 사용할 수 없으므로, 이것을 동력으로 자동화함으로써 인력을 줄이도록 한 것이 자동 조상기이다.

자동 조상기는 100톤급 어선에서는 20~25대를 1.5m의 간격으로 양현에 배치하고, 보통 300~400W의 전동기 1대에 2개의 자새를 쓴다.

채낚시 줄은 캠 장치에 의하여 동력원은 역전시키지 않고 정전시키면서 낚시만 상하 운동을 할 수 있게 되어 있다. 낚시의 수심은 어군의 유영층에 따라서 150~180m까지 내리도록 조정할 수 있게 되어 있다.

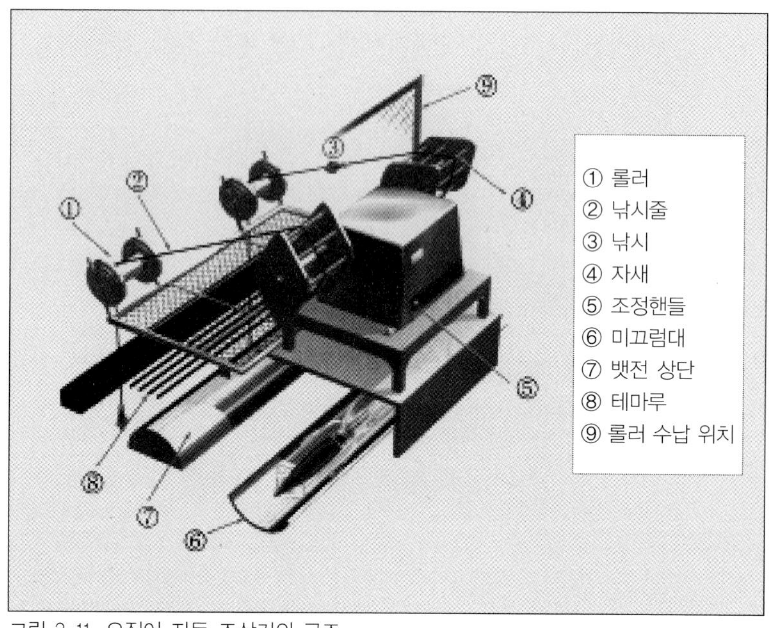

그림 2-11. 오징어 자동 조상기의 구조

2. 어선과 어로 장비

연근해 오징어 채낚기 어선은 크기나 구조상에서 큰 제약이 없고, 해황에 견딜 수 있으면 되기 때문에 보통 30~50톤 정도의 어선이 사용된다.

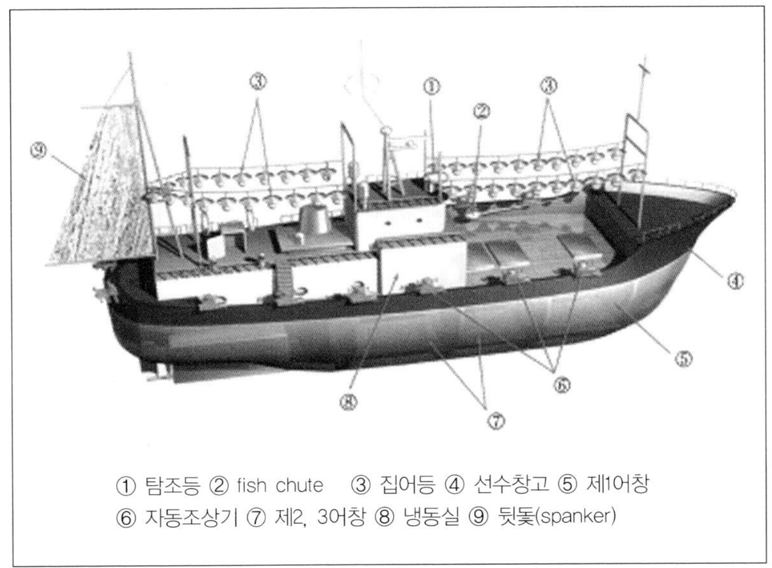

① 탐조등 ② fish chute ③ 집어등 ④ 선수창고 ⑤ 제1어창
⑥ 자동조상기 ⑦ 제2, 3어창 ⑧ 냉동실 ⑨ 뒷돛(spanker)

그림 2-12. 자동 조상기를 설치한 오징어 채낚기 어선

3. 물돛

어선은 원칙적으로 어군 위에 오랫동안 머물러 있어야 한다. 만일, 바람에 의해 어선이 어느 한쪽으로 떠밀리면, 바람을 받는 쪽의 낚시는 수면으로 떠올라 오징어가 잘 낚이지 않을 뿐 아니라, 낚시끼리 서로 얽혀 조업에 지장을 초래할 수 있다. 또한 반대쪽의 낚시는 선저 아래로 들어가서 걸리게 되므로 투 · 양승이 어려워질 수 있다. 따라서 오징어 채낚기 어선에서는 물속에서의 저항이 아주 큰 물돛을 선수 쪽에 매달아, 바람에 의하여 배가 떠밀려 가는 것을 방지한다. 물돛은 물속에서의 저항이 크고, 재료가 질기고 가벼워야 하며, 흡수성이 작아야 한다. 보통 사용하는 것은 나일론 천으로 낙하산 모양으로 만든 것이며, 크기는 배의 크기에 따라 달리 한다.

4. 집어등

집어등은 분산된 어군을 모으기 위해서 쓰는 장비이므로 되도록 광도가 클수록 유리하지만, 발전기는 설치 장소, 소요 경비 등의 사정으로 대형선에서는 200~300kW, 소형선에서는 50~100kW 정도의 것을 사용하고, 집어등은 220~380V, 2~3.5kW의 램프를 사용한다.

오징어는 주광성이 있으나, 너무 밝은 곳에서는 낚시의 정체가 드러나서 낚이지 않으므로, 집어등을 설치할 때에는 낚시가 선체의 그늘에 들어가도록 해야 한다. 따라서 광도가 강한 집어등을 가진 어선이 광도가 약한 집어등을 가진 어선에 접근하면, 광도가 약한 어선은 현 쪽이 밝아지므로 오징어가 잘 낚이지 않게 된다. 일반적으로, 광도가 강하고 흘수가 깊은 대형선에 오징어가 많이 모이는 경향이 있기 때문에, 소형선과 대형선이 같이 조업하면 소형선이 불리하게 된다.

2절. 꽁치 유자망

직사각형 모양의 그물을 연직으로 펼쳐 놓고 고기가 그물코에 와서 꽂히도록 해서 잡는 어구를 '걸그물' 또는 '자망(刺網)'이라고 하는데, 그물의 끝에 닻을 놓아 고정시키는 경우도 있지만, 그물을 고정하지 않고 조류에 따라 그물이 흘러가도록 하면서 잡는 것이 유자망이다.

1. 꽁치의 특성

꽁치(saury)는 우리나라 동해안 일대에서 4~7월과 10~12월에 주로 어획되는 어종이며, 우리나라 연근해 어장에서는 유자망으로, 태평양 어장에서는 봉수망으로 어획된다.

2. 어구

망지는 나일론 복합섬유(multi-filament)가 쓰였으나, 최근에는 단일섬유(mono-filament)로 된 투명한 것도 사용된다. 그물의 크기는 약 45m의 뜸줄과 발줄로 구성된 것을 1폭이라 하고, 약 350~450 폭을 사용한다.

3. 어선

어장이 해안으로부터 40~120마일 떨어진 비교적 먼 곳에 있으므로 선체가 견고하고, 복원성이 좋아야 한다.

4. 조업방법

일몰이 되기 전에 어장에 도착하여 어군을 탐색하게 되는데 어군이 표층에 떠오르기 때문에 어군탐지기가 별로 필요가 없고, 水色과 潮境 및 부유물, 물새 등으로 탐색한다.

어군의 진행방향에 수직으로 투망하는 것이 원칙이나, 직선형과 파상형 그리고 만곡형 등이 있다.

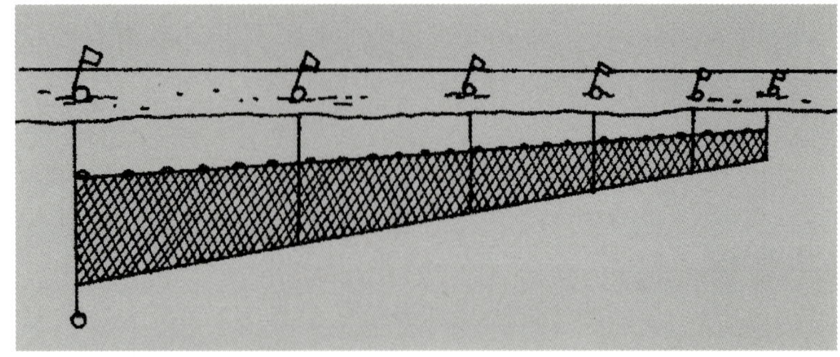

그림 2-13. 꽁치 유자망 조업도

3절. 기선권현망

1. 멸치의 특성

멸치는 우리나라 남해안 연안에 가까이 접근하는 군집성의 어종이기 때문에 이 어업의 발달 초기에는 갓후리로도 어획되었는데, 이것이 발달된 것이 권현망이다.

2. 어구

어구는 날개, 자루, 나팔그물로 구성되고, 날개의 앞쪽 부분에는 오비기라고 불리는 망목의 크기가 3,000~3,600mm인 큰 망목의 그물 500m 정도가 붙고, 그 뒤로 수비라고 하는 그물이 붙는데, 망목의 크기는 오비기 쪽이 1,800mm, 자루 쪽이 300mm 정도이다. 그 뒤로 자루그물이 붙으며, 자루그물은 등판, 밑판, 뒤판 그리고 2개의 옆판으로 구성된다. 나팔그물은 자루그물로 들어간 어군이 되돌아 나오는 것을 방지하기 위해 붙인 그물이다.

3. 어선의 구성

망선 2척, 어탐선 1척, 가공선 1척, 운반선 2척, 보조선 1척으로 구성된다.

4. 조업방법

어탐선(어로장 승선)이 어군을 발견하여 투망 방향을 지시하면, 망선에서 먼저 자루그물을 투망하고 양선의 교각을 약 60도로 전개하여, 0.5k't의 속력으로 약 30분~1시간 정도 예망 후 양선의 간격을 좁혀 양망한다.

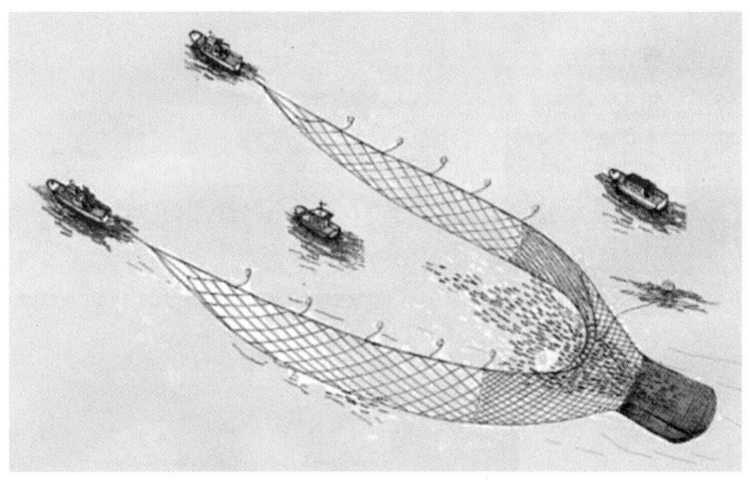

그림 2-14. 기선권현망 조업도

그림 2-15. 기선권현망 어선의 양망 모습

4절. 연근해 선망

1. 대상어종

고등어, 전갱이, 정어리, 말쥐치, 부세, 조기 등을 주로 어획한다.

2. 어선의 구성

망선(그물배) 1척, 등선(불배) 1척, 운반선 2~3척, 계 5~6척으로 구성되는 선단에 의해 조업을 하는 대규모의 어업이다. 어법도 대단히 정교하고, 어로 계측장비도 다양하며, 조업과정도 대체로 복잡하다.

3. 조업방법

① 등선은 투망 직전에 망선의 선미에 와서 그물의 앞 고삐줄과 죔줄

을 넘겨받고, 고삐줄을 등선의 선수에 맨 다음 망선에 예인된다.

② 투망 : 망선에서 안전핀을 뽑아 스토퍼를 벗기면 등선은 망선에서 분리되고, 망선에 끌려 그물이 전개되며, 이때 망선은 우현으로 반지름 약 130m의 원을 그리며 투망지점에 되돌아와 등선이 잡고 있는 고삐줄과 죔줄을 넘겨 받는다.

③ 죔줄죄기 : 망선은 앞 고삐줄은 선수에서, 뒷고삐줄은 선미에서 윈치를 사용하여 감으면서, 동시에 죔줄을 조인다.

④ 이때 망선이 그물쪽으로 들어가므로 등선은 반대쪽으로 망선을 끌어당긴다.

⑤ 양망 : 양망에 앞서 죔고리끈을 풀어서 그물과 분리하고, 양망이 진행되어 어군이 고기받이에 집결하면 반디그물을 사용하여 어류를 퍼 올린다.

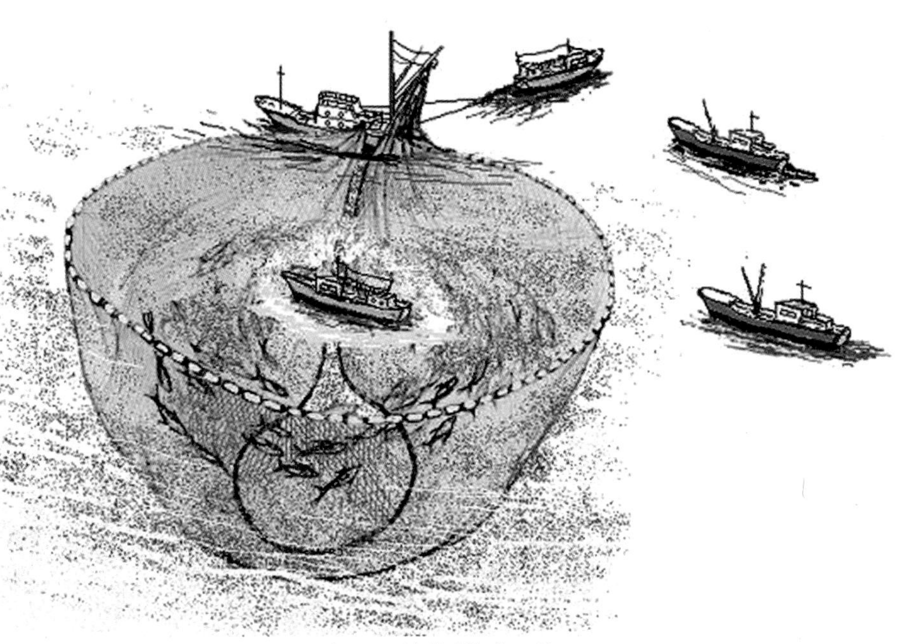

그림 2-16. 선망(건착망) 조업도

5절. 기선저인망

1. 어장과 대상 어종

우리나라 연안에 서식하는 저서 어족(底棲魚族, bottom fish or demersal fish)을 주 대상으로 하나, 중층 어족(中層魚族, pelagic fish)이라도 일시적으로 저층에 머무는 어족은 그 대상이 된다. 따라서 대상 어종이 매우 다양하며, 크게 납작 고기(flat fish)와 둥근 고기(round fish)로 나눌 수 있다.

2. 기선저인망 어업의 종류

기선저인망은 어법상으로는 외끌이와 쌍끌이로 나눌 수 있고, 어업 허가에 관한 규정상으로는 대형 기선저인망어업과 중형 기선저인망어업 그리고 원양 기선저인망어업으로 나뉜다.

3. 기선저인망 어구

그물의 모양은 외끌이와 쌍끌이 모두 같으며, 하나의 자루그물에 두 개의 날개그물이 붙어 있는 모양이다.

4. 조업 방법

1) 쌍끌이 기선저인망

끌그물(底引網)은 기본적으로 길다란 자루그물(囊網, bag net)과 그 앞 양쪽에 날개그물(抽網 또는 翼網, wing)을 가졌지만, 그 중 기선저인망은 주로 해저에 밀착해서 서식하거나 또는 해저 가까이에 있는 어종을 어획 대상으로 한다. 이런 어종은 항상 위쪽으로 향하여 도피할 우려가 있으므로 이것을 방지하기 위해 자루의 앞 끝, 위쪽에는 천정망(天井網, square)이 있고, 또 자루에 일단 들어 간 고기가 되돌아 나오는 것을 방지하기 위하여 자루의 중간에는 혀그물(漏斗網, flapper)이 있다.

그물의 위쪽 언저리, 즉 날개그물의 위쪽 언저리와 천정망 앞 끝에는 뜸줄(浮子綱, head rope)을 달아서 어선의 예망력을 그물에 전달함과 동시에 부양력(浮揚力, buoyancy)을 주어 그물의 높이를 유지하게 한다. 아래쪽 언저리 즉, 날개그물의 아래쪽 언저리와 자루그물 앞 끝에는 발줄(沈子綱, ground rope)을 달아서 예망력을 전달함과 동시에 침강력(沈降力, sinking force)을 주어 그물의 아래 언저리가 해저에 닿도록 한다.

예망중 자루에는 유체저항이 걸리고 또 어획물을 달아 올릴 때는 공기중 중량이 걸리므로 네모서리에는 힘줄(力綱, man rope)을 붙여서 망지가 받는 힘을 여러 줄에 분산시킨다.

날개 끝에서는 상하 2가닥의 그물목줄(net pendant)이 있고, 그 끝에 갯대(張木, spreader)가 있다. 갯대의 상하 끝에서 나가는 갯대줄(bridle)은 어군을 보다 광범하게 모우는 역할을 하는 후릿줄(sweep line or hand rope)에 연결되고, 후릿줄 끝은 어구 전체를 끌고 가기 위한 끌줄(曳綱, warp)에 연결되며, 두 척의 어선은 이 끌줄 끝을 각각 끌어서 어구 전체를 끈다.

2) 외끌이 기선저인망

외끌이 기선저인망의 조업방법은 그림 2-18과 같이 먼저 부표를 투하하고, 끌줄을 내어 주면서 예망 예정 방향에 대하여 150° 정도 오른쪽으로 돌려 전속 전진한다.

끌줄이 다 나가고 후릿줄과의 연결점이 오면, 선수를 약 90° 우선회시킨다. 후릿줄이 거의 다 투입될 무렵에 30° 정도 우선회하면서 기관을 정지하고, 타력으로 전진하면서 갯대부터 차례로 그물을 투입하여, 그물이 선미를 지나면 다시 기관을 전속 전진시켜 선수를 다시 30° 정도 우선회시킨다.

후릿줄과 끌줄 사이의 체인이 투입되고 난 다음, 선수를 약 120° 우선회시켜 전진하면 우현 쪽 끌줄이 거의 다 나갈 무렵에 부표에 도달하게 되는데, 우현 쪽 끌줄 끝의 고리는 미리 우현 쪽 스토퍼에 걸어 놓고, 부표를 건져 거기에 묶인 좌현 쪽 끌줄 끝의 고리를 끌러서 좌현 쪽 스토퍼에 건다.

투망이 끝나면 그물이 가라앉기를 기다려(그물 투입 후 대략 1분에 15m 정도 침강한다) 1.5~2노트의 속도로 끈다.

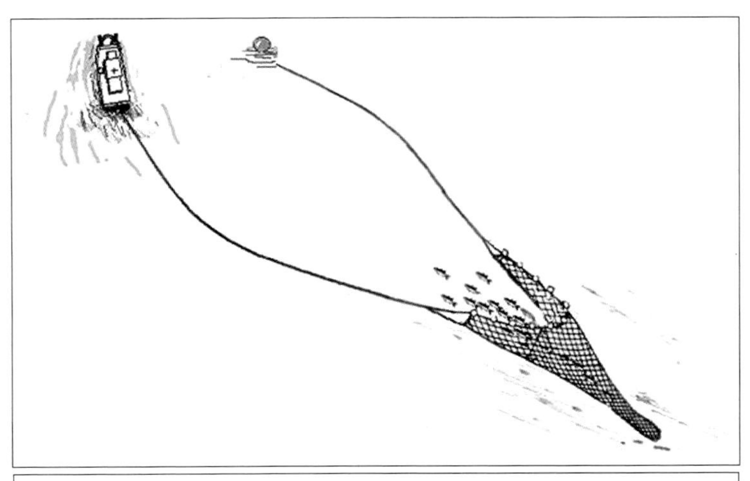

그림 2-17. 기선저인망 조업도 (상 : 외끌이, 하 : 쌍끌이)

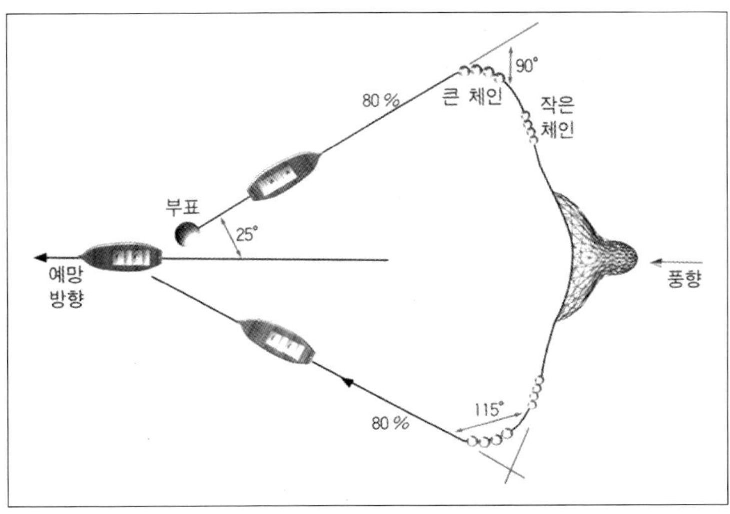

그림 2-18. 외끌이 기선저인망 투망 방법

6절. 저층 트롤

1. 어장과 대상 어종

트롤어업의 어획대상이 되는 어종은 기선저인망의 그것과 거의 같고, 어장의 구비 요건도 같다. 다만 쌍끌이기선저인망은 2척의 어선이 한조가 되어 조업해야 하므로 해상 상태에 따라 조업에 제약을 받게 되나, 트롤어선은 단독으로 조업하므로 대형화할 수 있고, 또한 원양으로 진출할 수 있다.

우리나라의 트롤어선은 북태평양어장, 뉴질랜드, 아프리카 서안 어장을 비롯하여 전 세계적으로 진출하고 있다.

2. 어구 · 어법

1) 어구

트롤 어구는 크게 그물, 전개판, 줄(그물을 구성하는 줄이 아닌 끌줄, 후릿줄, 그물 목줄 등)의 세 부분으로 구성된다.

① 어망

트롤에서 일반적으로 쓰고 있는 6폭짜리 그물의 기본 형상은 쌍끌이 대형기선저인망에서 쓰는 것과 거의 비슷하다. 다만, 트롤은 보다 거친 원양어장에서 조업하므로 망사가 굵고 망목이 크며, 부속구도 튼튼한 것을 쓴다.

② 전개판

트롤의 가장 큰 특징으로서, 전개판은 양쪽 끌줄에 매달려 끌려가면서 수압을 받아 좌우로 벌어지고, 또 무게에 의하여 해저에 닿음으로써 그 뒤에 연결되어 따라오는 그물이 좌우로 벌어지게 하는 장치이다. 전개판의 성능은 어획에 큰 영향을 미친다.

③ 각부 줄의 굵기와 길이

그물을 구성하는 줄 이외에 각부를 연결하는 줄로서는 그물 목줄, 후릿줄, 끌줄 등이 있는데, 이들은 모두 큰 힘을 받으므로 와이어 로프를 쓴다.

2) 어선과 어로장비

① 선미식(船尾式) 트롤어선의 선형(船型)

일반적인 트롤어선의 선형은 선미 쪽에서 어구를 다루기 위해 정 선미에 슬립웨이(slipway)가 있고, 그 바로 위에 육교형의 갤로스(gallows)가 있다. 작업 갑판은 가급적 긴 것이 좋은데, 그러기 위해 조타실 등의 상부 구조물은 선수 쪽에 배치하고 그 바로 뒤에 트롤윈치가 있으며, 트롤윈치와 갤로스 사이에 2~3개의 포스트가 있다.

② 어로장비

트롤의 주요장비로는 갤로스, 트롤 포스트, 트롤 윈치, 네트 리코더 등이 있다.

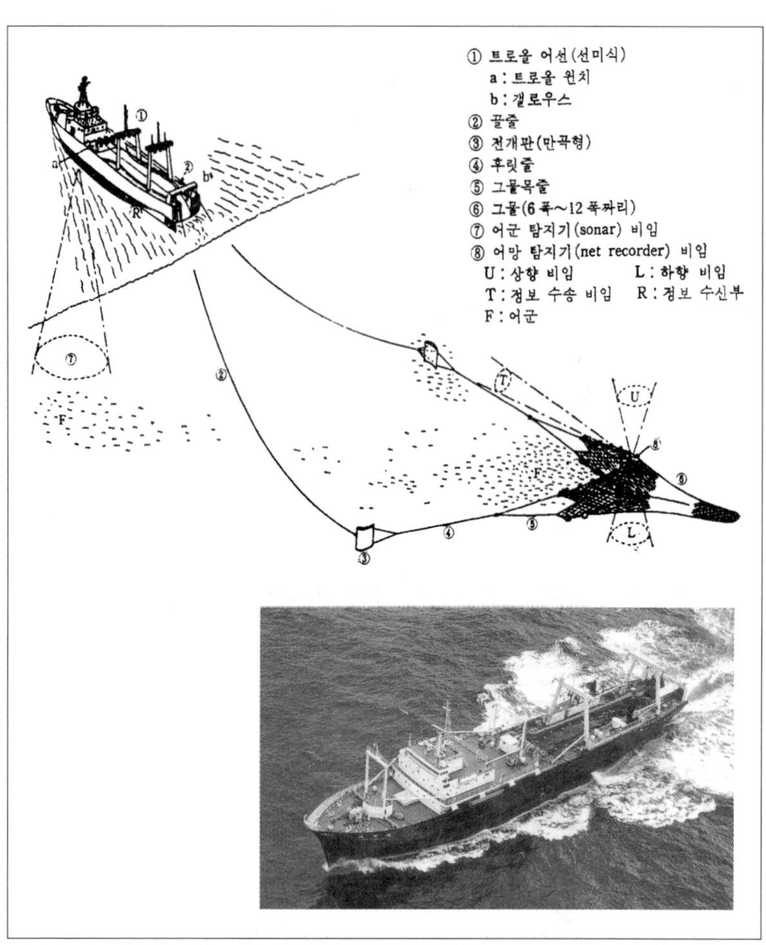

그림 2-19. 저층 선미식 트롤 어선의 조업도와 실제

갤로스(gallows)는 선미 슬립웨이 위쪽에 선수미선과 직각으로 설치된 육교형의 대들보이다. 이 대들보에는 커다란 톱 롤러(top roller)가 매달려 있는데, 트롤 어구 중 그물을 제외한 줄이나 전개판 등은 모두 이 톱 롤러를 거쳐 인양되므로 커다란 힘이 작용한다. 트롤 포스트(trawl post)는 어구를 조작하거나 하역하기 위한 것으로 마스트와 비슷한데, 트롤선에서는 보통 트롤 포스트라 하며 갑판의 앞뒤에 3개 정

도 있다. 트롤윈치(trawl winch)는 끌줄, 후릿줄, 그물 목줄 등을 감는 장치이며 큰 힘을 요하므로 대개는 유압으로 구동되고, 조업 갑판의 앞쪽 끝에 선수미선에 직각으로 장치한다.

네트 리코더(net recorder)는 여러 계측기 중 트롤어선에서 특히 널리 활용되는 것으로 그물의 천정망 뜸줄에 장치하며, 이것에 의하여 탐지부가 장치된 곳의 해저로부터의 높이, 수면으로부터의 깊이, 발줄과 어군의 동태, 수온 등의 여러 가지 정보를 얻고, 이것을 주파수가 다른 FM파에 실어 수신부에 보내고, 수신부는 이것을 받아 기록지에 지시하도록 되어 있다.

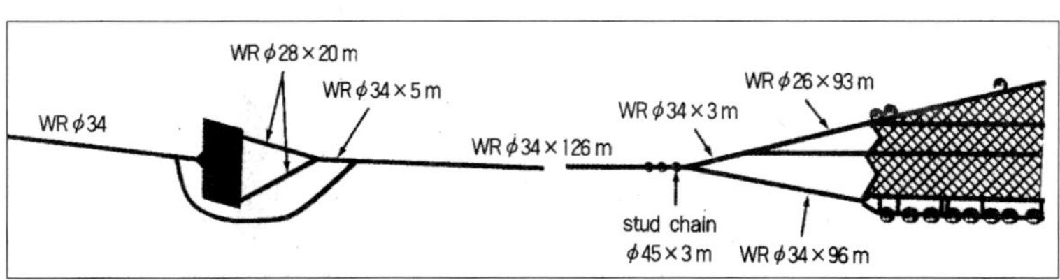

그림 2-20. 전개판과 그물의 연결

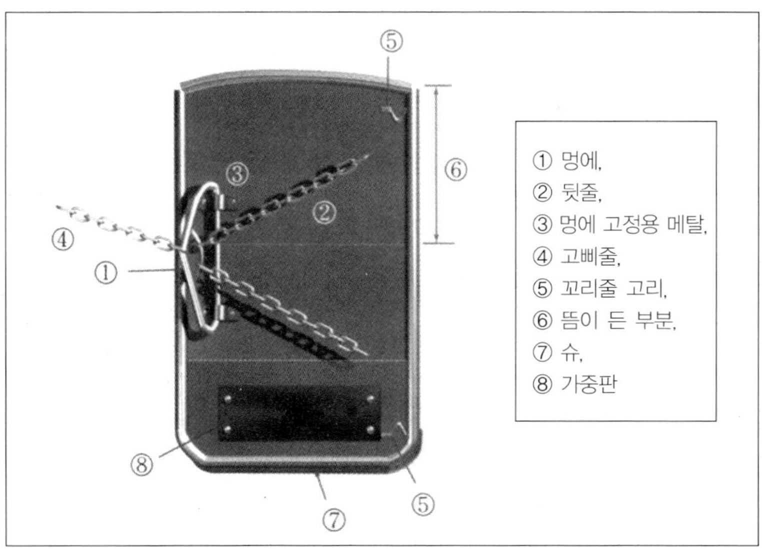

그림 2-21. 전개판의 각부 명칭

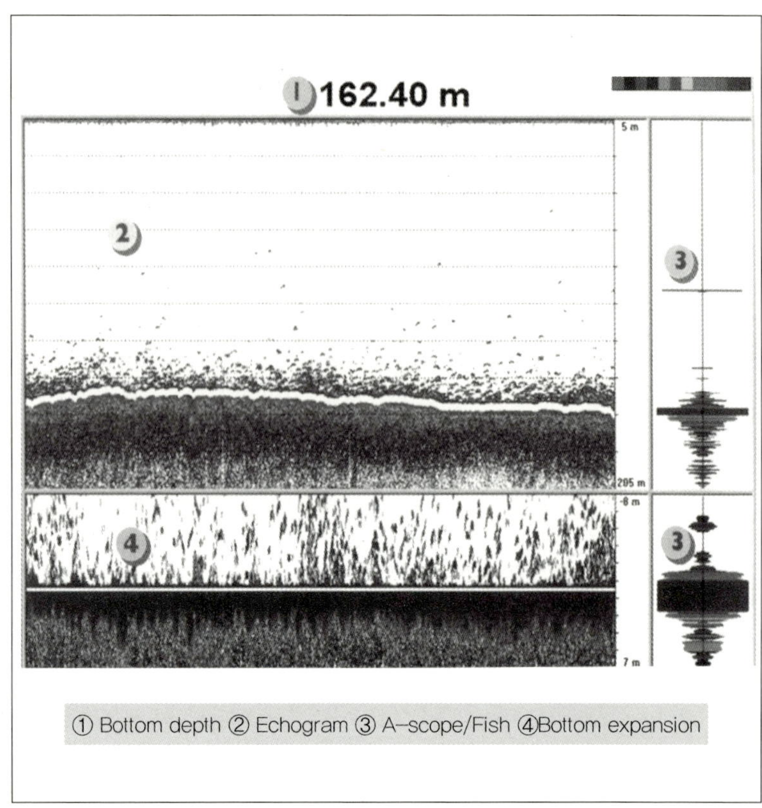

그림 2-22. 어군탐지기의 기록 화면

7절. 중층 트롤

1. 발달 과정

저서 어종이라도 때로는 중층에 떠오르는 경우가 많다는 것이 알려지고, 또한 중층에서 회유해 다니는 대형 어군에 대해서는 트롤 어법이 매우 효과적이라는 점에서 이것들을 대상으로 하는 중층 트롤 어법이 일찍부터 시도되었다.

우리나라에서는 북태평양 명태 어장에서 미국의 규제가 강화되고, 제한적인 쿼터량이 배정되는 등, 많은 제약을 받게 되자, 1981년부터 그러한 제약을 받지 않는 공해 어장에서의 중층 트롤 조업이 시작되었다. 한편, 북태평양 명태 중층 트롤의 성공은 근해 트롤에도 영향을 주어, 주 대상 어종인 쥐치가 계절에 따라서는 중층에 유영하므로 이것을 대상으로 하는 중층 트롤이 1986년경부터 본격화되었으며, 최근에는 오징어도 중요한 어획 대상의 하나가 되어, 불법이기는 하지만, 야간에 채낚기 어선이 집어한 어군을 중층 트롤 어선이 어획하는 일이 성횡하게 되었다. 그리고 근해에서 중층 트롤이 실용화되자 쌍끌이 기선저인망에서도 중층 조업이 시도되고 있다.

2. 어구의 특성

자루그물은 단면이 정사각형이거나 약간 납작한 직사각형인 것이 많다. 날개는 어군을 구집하는 목적보다는 그물에 걸리는 저항을 자연스럽게 그물 목줄에 전달해주는 것이 주된 역할이다. 따라서 각각의 면은 가운데가 오목한 포물선 형태이다.

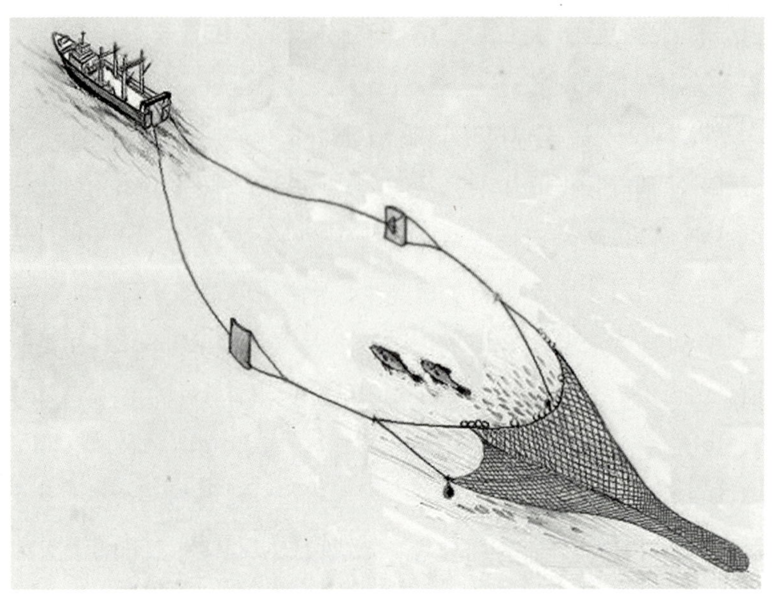

그림 2-23. 선미식 중층 트롤의 조업도

8절. 통발

통발 등의 함정 어구를 이용하는 어업은 어개류(魚介類)가 서식하는 장소에 어구를 설치하고 미끼로서 대상 어족을 유인하여 잡는 것인데, 어구의 구조가 비교적 간단하고 조업이 용이할 뿐 아니라, 어획 효과도 좋으므로 연안 가까이에서는 여러 가지 함정을 이용한 어업이 성행하고 있다.

1. 장어 통발

장어 통발은 붕장어, 먹장어 등의 장어류를 주 대상으로 하는 어법이다.

그림 2-24. 장어 통발의 조업도

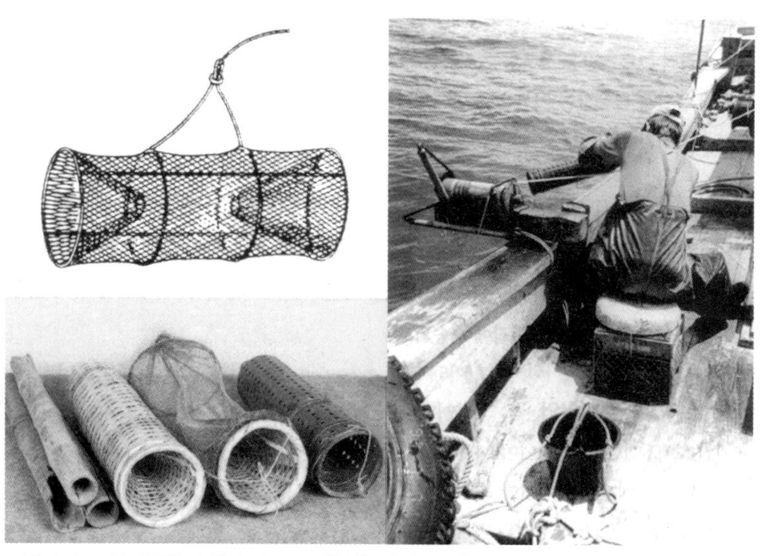

그림 2-25. 장어통발과 양승기로 모릿줄을 감아 들이는 모습

2. 게 통발

우리나라 연근해에서 게를 어획할 목적으로 조업하는 통발로는 동해 일원에서 붉은 대게를 어획하는 근해 통발과, 서해와 남해 연안에서 주로 꽃게와 민꽃게를 어획하면서, 붕장어나 볼락 등도 함께 어획하는 연안 통발이 있다.

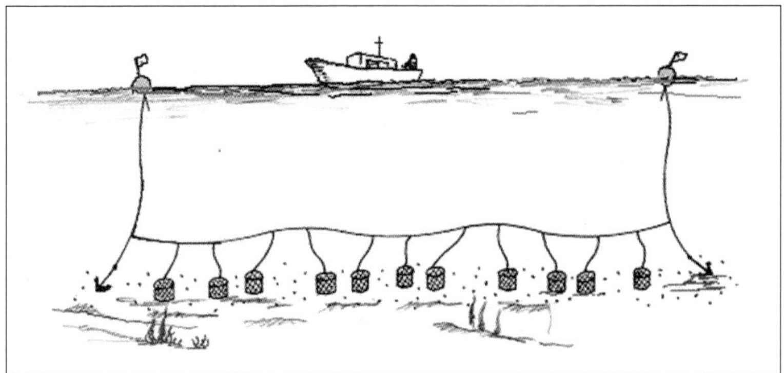

그림 2-26. 게 통발의 조업도

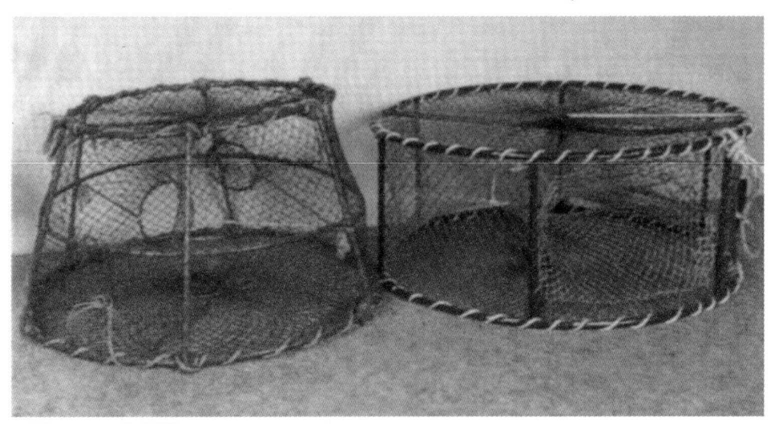

그림 2-27. 게 통발

3. 새우 통발

새우 통발은 동해안의 강원도 및 경북 연안에서 많이 행해지며, 주로 도화새우, 북쪽분홍새우를 어획 대상으로 한다. 연안어업의 범주에 속하는 소형 어선(8톤 미만)으로도 조업하지만, 동해안은 어장의 수심이 깊고 파도가 크기 때문에 어선은 근해어업에 속하는 10~20톤급이 대부분이다.

4. 문어 단지

문어는 암초 부근의 굴처럼 패인 곳이나 자갈밭 혹은 모래 속에 숨어서 사는 습성이 있으므로, 이러한 성질을 이용하여 과거에는 토기로 된 단지를 어구로 사용하였으나, 최근에는 플라스틱으로 된 단지를 사용하고 있으며, 미끼는 사용하지 않는다.

그림 2-28. 문어단지

9절. 안강망

1. 안강망 어법의 특성

안강망 어법의 원형은 1900년대 초에 일본으로부터 도입된 것이었지만, 우리나라에서 독자적인 발전을 보게 된 어법이다. 비슷한 어장에서 조업하는 기선저인망이나 트롤은 어선이 어구를 계속 끌고 가야 하므로 연료의 소모가 많은 데에 비하여, 안강망 어법은 조업 중이라 할지라도 선박이 어구와 함께 정박해 있으면 되므로 에너지 절약형 어업의 대표적인 것이라 할 수 있다. 그리고 조류가 너무 빨라서 다른 어업들이 조업할 수 없는 시기와 장소에서도 안강망은 어획활동을 할 수 있고, 선도가 좋은 상태로 어획할 수 있다는 장점이 있다.

2. 안강망의 기본 구조

안강망의 기본 형상은, 아궁이 쪽은 그물코가 크고 자루 끝으로 갈수록 점차 그물코가 작아지는 기다란 삼각형 모양으로 된 네 폭의 그물감을 서로 옆으로 붙여서 만든 사각뿔 모양의 자루그물이 본체이다.

안강망은 아궁이를 상하, 좌우로 전개시키는 것이 중요한 데, 그 방법으로서 처음에는 그물의 아궁이를 네모로 만든 목재의 틀을 부착하였지만, 중선과 재래식 안강망에서는 그물 아궁이의 등판 쪽에는 부력을 가진 수해를, 그리고 밑판 쪽에는 침강력을 가진 암해를 부착하였다.

그러나 현재는 연안 안강망에서만 수해와 암해가 쓰이고, 대형인 근해 안강망에서는 수해와 암해 대신에 뜸줄과 발줄을 붙여서 부력과 침강력을 유지하고, 양 옆판 쪽에 범포로 만든 전개 장치를 붙여서 조류의 저항에 따라 아궁이를 전개시키는 방법으로 개량되었다.

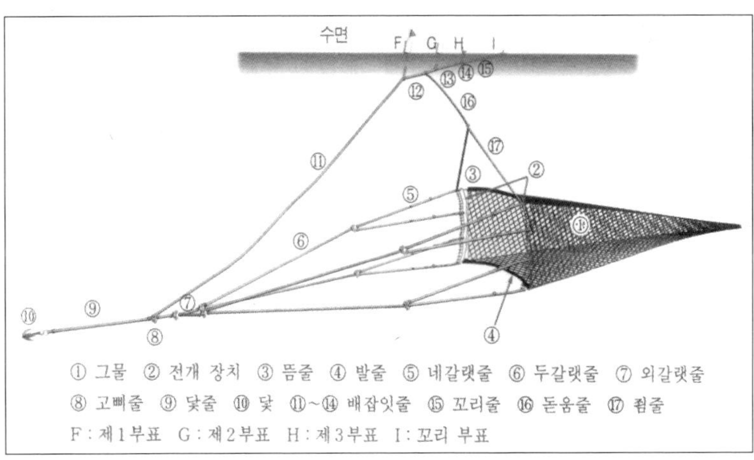

그림 2-29. 안강망 어선과 범포로 만든 전개 장치를 사용한 안강망 조업도

10절. 다랑어 주낙(참치 연승)

1. 대상어종

우리나라의 다랑어 주낙으로 어획되는 주요한 어종은 참다랑어, 날개다랑어, 눈다랑어, 황다랑어 등이다.

그림 2-30. 다랑어 주낙(참치 연승) 어선

2. 어구 · 어법

모릿줄의 재료로는 비중이 크고 파단력도 큰 비닐론이나 폴리에스테르 같은 것을 쓰고, 꼬는 방식은 보통의 실처럼 꼰 것을 3가닥 모아 다시 꼼으로써 줄이 뻣뻣하도록 하며, 지름은 6mm 내외의 것을 사용한다. 그러나 최근에는 나일론으로 된 경심(단일 섬유, mono-filament)을 쓴다.

그림 2-31. 다랑어 주낙의 조업 모형도

아릿줄은 윗 도막, 중간 도막, 아랫 도막의 3부분으로 구성되는데, 윗 도막은 모릿줄과 같은 재료로서 모릿줄보다는 조금 가늘게 꼰 것을 쓴다. 중간 도막과 아랫 도막은 와이어 소선을 쓰며, 그 끝에 낚시를 단다. 중간 도막과 아랫 도막에 와이어를 쓰는 이유는, 조류에 대한 저항이 작고 비중이 커서 아릿줄이 연직으로 잘 내려지도록 함과 동시에, 고기가 낚시에 걸려서 달아날 때의 당기는 충격에도 견디고 예리한 이빨에 끊어지지 않도록 하기 위해서이다.

그림 2-32는 재래식 주낙 1 광주리 분의 구성인데, 1 광주리 분에 14절(도막)짜리가 보편적으로 쓰이고 있다. 1 광주리 분의 연결부마다 뜸줄을 달고, 그 끝에 뜸과 표지기를 단다. 이와 같은 재래식의 어구는 여러 도막으로 구성되기 때문에 복잡하여 투 · 양승 작업의 기계화에 제약이 되었다. 따라서 최근에는 모릿줄을 여러 도막으로 만들지 않고 1가닥으로 길게 만들고, 아릿줄과 뜸줄은 스냅(snap)으로 떼었다 붙였다 하는 식으로 개량되었다. 예를 들어, 350 광주리를 사용하면, 1절의

모릿줄 1가닥 길이는 50m이므로, 전체 길이는 50×14절×350광주리 = 245,000m가 된다.

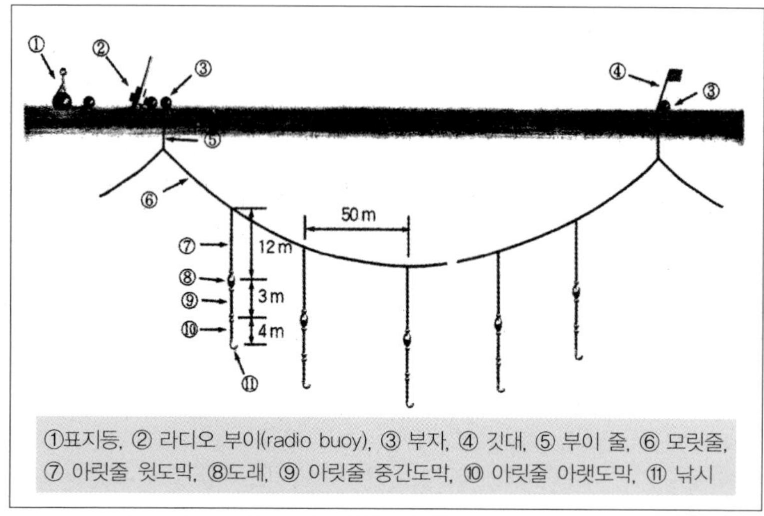

①표지등, ② 라디오 부이(radio buoy), ③ 부자, ④ 깃대, ⑤ 부이 줄, ⑥ 모릿줄, ⑦ 아릿줄 윗도막, ⑧도래, ⑨ 아릿줄 중간도막, ⑩ 아릿줄 아랫도막, ⑪ 낚시

그림 2-32. 다랑어 주낙 1 광주리분의 기본 구성도

3. 재래식 조업방법

투승 작업은 선미 갑판에서 하며, 투승할 때에는 8~9노트로 항주하면서 모릿줄의 길이가 항주 거리의 1.5~2배가 되도록 투입한다. 재래식 주낙을 투승할 때에는 먼저 뜸줄에 뜸과 표지기를 달아 투입하고, 모릿줄과 아릿줄을 차례로 투입한다. 1 광주리의 투승이 끝나면, 다음 광주리의 뜸줄을 투입하면서 모릿줄 끝을 서로 연결하여 투입한다.

야간에 양승하게 될 부분에는 미리 10~20 광주리마다 표지기 대신 표지등(light buoy)을 달아 놓으며, 또 마지막으로 양승하는 모릿줄 끝과 뻗쳐진 주낙의 중간점 부근에는 라디오 부이(radio buoy)를 달아 둔다. 투승 작업은 대개 새벽 3~4시부터 시작하여 아침 7~8시에 끝난다.

양승 작업은 선수 쪽 조업 갑판에서 하며, 맨 나중에 투입한 부표를 맨 먼저 건지고, 부표줄은 우현 현측에 설치된 현측 롤러를 거쳐 양승기로 감아 들이며, 모릿줄은 부표줄에 이어서 양승기를 통하여 갑판상에 자동적으로 사려진다. 한 도막의 모릿줄이 다 올라오고 나면 그 끝에 달린 아릿줄이 올라온다. 이때, 아릿줄에 고기가 낚였으면 아릿줄을 모릿줄에서 끌러서 작업 갑판의 현측 문으로 유도하여 끌어올리고, 아릿줄을 끌러 낸 자리에는 미리 준비된 여분의 아릿줄을 연결해 준다. 고기가 낚이지 않은 아릿줄은 다음 도막의 모릿줄과의 사이에 포개어, 결과적으로 모릿줄, 아릿줄, 모릿줄, 아릿줄의 순서가 되게 하고, 그 위에 뜸줄을 포갠다. 그리하여 1 광주리 분의 어구가 정비되면 묶음줄로 십자(+)형으로 묶은 다음, 컨베이어에 실어 선미 창고로 보낸다.

4. 어획물 처리

다랑어 주낙의 어획물은 어체가 크므로 어획물을 선상에 끌어올릴 때에는 쇠갈고리로 찍어서 끌어올린다. 고기를 찍는 부위는 눈에 잘 띄지 않는 머리나 가슴지느러미 밑동 부위를 찍어야 하며, 등이나 옆구리 등을 찍어서 상처를 내면 어획물의 가치가 저하되므로 주의해야 한다.

어획물은 꼬리를 절단하고 내장과 아가미를 제거하며, 지느러미나 새치의 주둥이 등은 적당히 절단한 다음 바닷물로 혈액과 점액을 깨끗이 씻어 냉동 저장한다. 다만, 날개다랑어나 가다랑어는 어체가 작으므로 내장을 제거하지 않는다. 상어는 대개 지느러미만 채취하고 어체는 버리는 경우가 많다.

횟감용 다랑어는 독항선에서 선상 처리, 동결, 저장을 어떻게 했느냐에 따라서 상품의 가치가 좌우되므로, 다랑어가 갑판위에 올라오면 신속히 ⓐ 꼬리 절단, ⓑ 가슴지느러미 뒷부분의 혈관 절단, ⓒ 심장동맥 절단, ⓓ 후두부에 스파이크(spike) 삽입, ⓔ 꼬리 절단 부분의 척추뼈 속에 강철선(피아노선 : Piano선) 삽입, ⓕ 복부 및 아가미 부분의 해부, ⓖ 세척, ⓗ 청수 목욕, ⓘ 동결, ⓙ 글레이징(grazing) 처리, ⓚ 필레(filet) 처리의 순서로 선상 처리하고, 동결, 저장한다.

갑판 위에서 어체 처리가 끝나고 저울에 올려 무게를 달기 전에 잡용수 펌프 호스를 통한 해수로 어체를 씻어 주는데, 이때 너무 심하게 씻으면 표피, 체색, 뱃속의 엷은 막 등의 원형을 해치는 경우가 있으므로 주의해야 한다.

11절. 다랑어 선망

1. 다랑어 선망의 어구 구조

대부분의 다랑어류는 대양을 회유하고 크게 어군을 이루지 않는 경우가 많으므로 일찍부터 어획을 위해 주낙 어법이 사용되어 왔으나, 1980년대부터 비교적 큰 어군을 형성하는 황다랑어와 가다랑어를 주대상으로 하는 다랑어 선망 어법이 발달하였다.

다랑어 선망의 그물감은 나일론을 쓰며, 실의 구조는 일반적으로 사용하는 3연사를 쓰지 않고 땋은 실(braided twine)을 쓰는 경우가 많다.

몸그물 중심부의 땋은 실 굵기는 #36 정도(보통 콘실의 108사 정도에 상당)이고, 코의 크기는 200mm 정도이다. 뜸줄의 길이와 설(성형

률을 70%로 보았을 때의 그물의 깊이)은 각각 2000m, 200~100m 정도여서 발줄이나 죔고릿줄이 체인으로 구성되어 있는 중장비이다.

다랑어 선망 어법은 대양의 표층이나 중층에 있는 어군을 둘러싸서 그물 왼쪽에 가둔 후, 차차 그 범위를 좁힌 후 어획물을 떠올려서 잡는 어법으로, 어체와 유영력이 큰 다랑어류를 주 대상으로 하므로 일반적인 선망과는 다른 특징이 있다.

그림 2-33. 참치 선망 어선과 전속으로 달리며 투망하는 모습

2. 다랑어 선망 어법의 특징

다랑어 선망 어선은 본선에 탑재 가능한 그물 앞잡이배(그물의 한쪽 끝을 잡아 주는 배, skip boat) 1척과 어군의 도피를 막기 위한 쾌속정 2~3척을 가지고 있으며, 어군 탐지를 위해 헬리콥터를 탑재한 경우도 있다.

다랑어 선망 어선은 조타실, 기관실 등이 선수 쪽에 있으며, 선미에는 슬립웨이(slipway)가 있어서 항해할 때에는 앞잡이배를 여기에 싣고 다니다가 투망할 때 간단하게 투입함으로써 앞잡이배에 연결되어 있는 그물이 쉽게 끌려 나가도록 한다.

탐어 방법은, 배가 어군 가까이에 접근했을 때 어군 탐지기, 소나 같은 과학적 장비를 사용하는 것은 물론, 멀리 있는 어군은 유목(流木), 바닷새의 행동, 물 표면의 파동과 색깔 등에 의해 판단해야 할 경우가 많으므로 선수 마스트의 망통에 사람이 올라가서 멀리까지 바라보면서 어군을 찾는다. 따라서 다랑어 선망에서는 어군의 발견에 커다란 영향을 끼치는 고성능 망원경과 바닷새를 감시할 수 있는 해조 레이더 역시 중요한 장비이다. 멀리 있는 어군을 발견하기 위해서는 높이 올라갈수록 유리하고, 기동성도 요구되므로, 헬리콥터를 이용하여 어군을 탐색하기도 한다.

다랑어 선망은 자연 상태의 어군을 그대로 포위하는 것이므로 별다른 집어 장치 없이 주로 주간에 조업한다. 때로는 유목과 같은 부유물

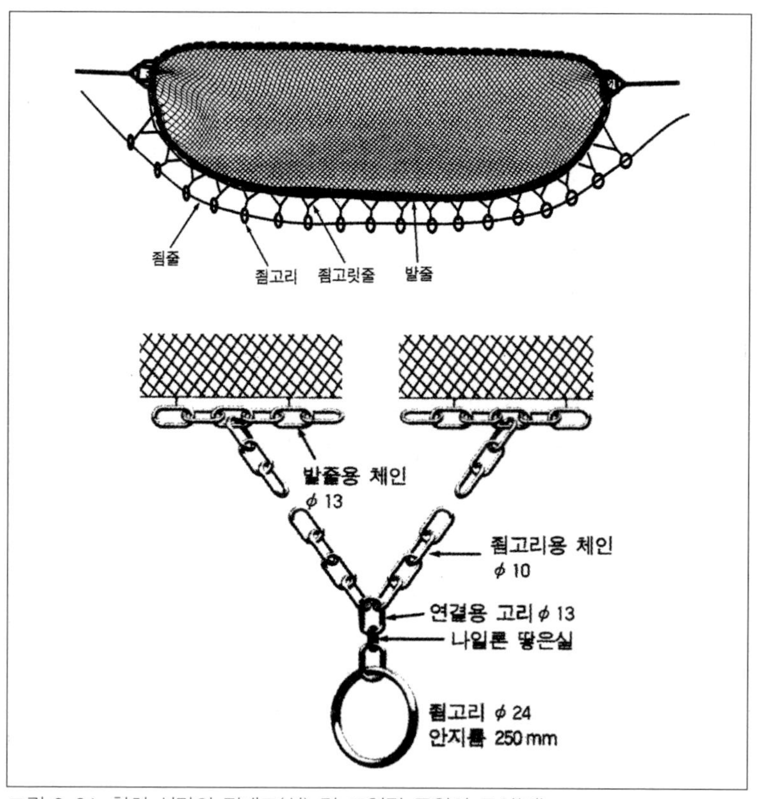

그림 2-34. 참치 선망의 전개도(상) 및 조임링 주위의 구성(하)

주위에 모여 있는 어군을 어획하는 경우도 있는데, 이때는 주간에 발견한 유목에 라디오 부이(radio buoy)를 부착하여 두었다가, 야간에 라디오 부이의 위치를 확인하여 선박을 유목 주위로 이동한 후, 본선의 모든 등을 밝혀 집어하다가 해가 뜨기 전에 투망한다.

3. 다랑어 선망 어선

다랑어 선망 어선은 다른 어선과는 달리 선속을 중시하여 외관이 매우 맵시 있게 생겼으며, 어선의 크기는 1,000~1,500톤 정도의 것이다. 유영 속도가 빠른 다랑어류를 어획하기 위해 선체의 길이는 길고 너비는 좁은 홀쭉한 선형이며, 빠른 속력을 낼 수 있도록 설계되어 있다.

그리고 어로 작업을 선미 갑판에서 하고 어획물도 쉽게 어창에 넣을 수 있게 하기 위하여 선교와 기관실, 선원 거주시설 등은 선수 쪽에, 작업 갑판과 어창은 선미 쪽에 배치한다.

다랑어 선망은 어선에 파워 블록 등과 같은 어로 장비와 기관의 원격 조종, 냉동 방식의 개선 등을 통하여 철저하게 생력화가 이루어져서 1,500톤급의 어선도 16~18명 정도의 어선원으로 조업할 수 있다.

4. 어획물 처리

다랑어 선망은 열대 해역에서 주로 조업하므로 어획물인 다랑어류는 어획 즉시 어체의 온도를 낮추어야 한다. 어획물은 본선에 최대한 빨리 적재하여 미리 준비해 둔 예냉수(-1.7℃)에 저장하고, 예냉을 한 다음에는 충분한 양의 소금과 깨끗한 해수를 혼합한 브라인액(-17.8~

-12.2℃)에서 냉각시킨 후 냉동 보관한다.

그림 2-35. 참치 선망의 헬리포트

그림 2-36. speed boat

그림 2-37. skip boat, net, float, purse ring

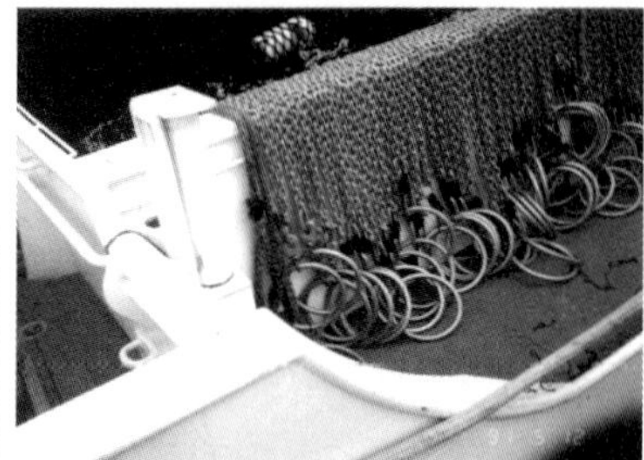

그림 2-38. purse ring

그림 2-39. tired tuna

그림 2-40. wrong pursing round

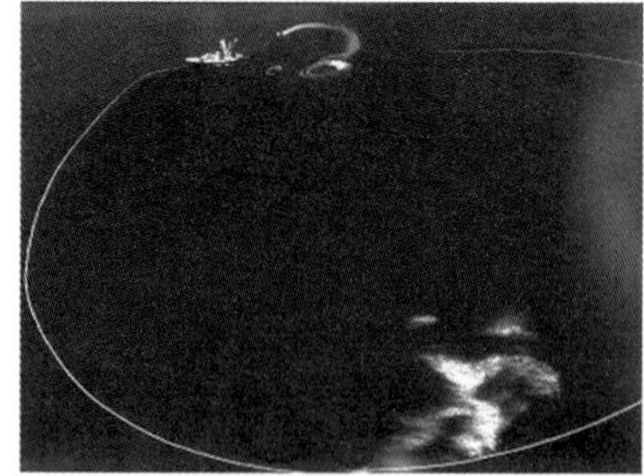

그림 2-41. good pursing

그림 2-42. Wind effect

12절. 꽁치봉수망

1. 어구 어법

그물의 모양은 네모난 보자기같이 생겼으며, 상부에 뜸대, 하부에 발줄과 돋움줄, 양 옆에 죔고리와 죔줄을 부착하여, 투망시에는 그물이 뜸대에 의해 좌우로 전개됨과 동시에 뜸대의 부력과 발돌의 침강력에 의해 수직으로 전개되도록 하고, 양망시에는 돋움줄과 죔줄을 당김으로써 그물이 오목한 주머니 모양을 이루도록 한다(그림 2-43). 그물의 크기는 사용하는 어선의 크기에 따라 다르고, 완성된 폭은 일반적으로 배 길이의 80% 정도이다.

어선은 대체로 50~250톤급이며, 어로 장비로서 중요한 것은 등화 설비, 윈치, 어군 탐지기 등이다.

꽁치 봉수망 등화는 수상등이며, 사용 목적에 따라 집어등, 유도등, 탐색등의 세 가지가 있다. 집어등은 투망현의 반대쪽에 설치하고, 유도등은 집어등에 의하여 집결된 어군을 그물로 유도하기 위하여 투망현 쪽에 설치한다. 탐색등은 어군을 탐색하기 위한 것이며, 보통 선수와 조타실 좌우에 설치하고, 마음대로 회전하면서 해면을 비출 수 있도록 되어 있다. 등화의 밝기는 총 20~30kW 정도가 보통이며, 또 불빛을 분산시키지 않고 수면에 집중시키기 위하여 1개의 등갓에 여러 개의 전구를 꽂는 경우가 많다.

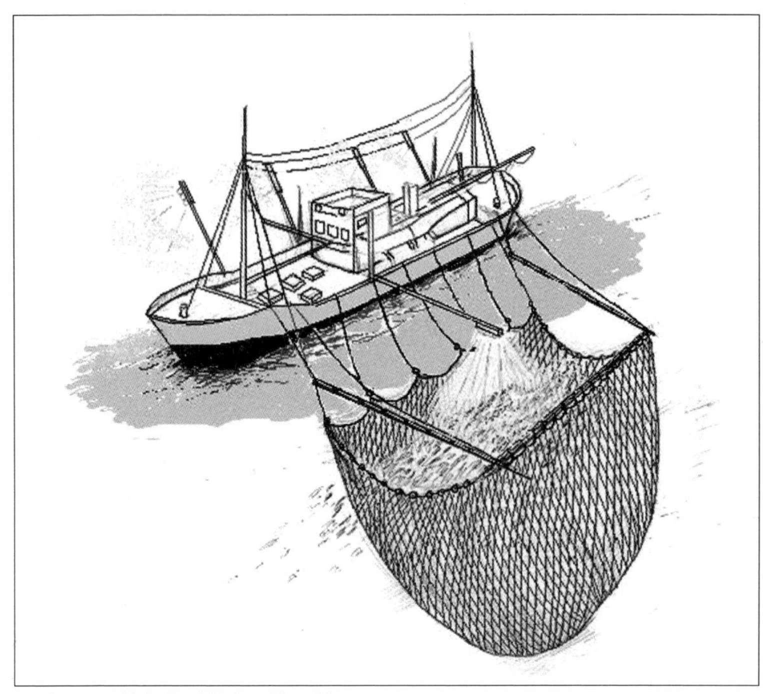

그림 2-43. 봉수망 어선의 조업 모식도

2. 조업방법

꽁치는 일반적으로 산란기가 되거나 미끼를 많이 먹었을 때에는 주광성이 약해지는데, 우리나라 근해에서는 대부분 산란군이어서 주광성이 약하므로 봉수망 어법을 사용하기에 적당하지 못하다. 따라서 우리나라 꽁치 봉수망 어선은 일본의 북부 태평양쪽 공해로 진출하여 조업을 하고 있다.

조업은 해가 지기 전에 어장에 도착하여 어군을 탐색하는데, 낮에는 직접 어군을 볼 수 있으므로 어군의 농밀도, 이동 방향, 조경 등을 자세히 조사한다. 해가 진후부터는 집어등을 켜고 미속으로 전진하면서 집어하며, 집어가 되면 정선하고 집어현 쪽(보통 우현)에 어군을 집결시킨다. 이 사이에 투망현(좌현)이 조류 아래쪽으로 가도록 조종하고 그물을 투망하여 전개시킨다. 그물이 완전히 전개되면 유도등을 켜는 동시에 집어등을 꺼서, 어군을 유도등 아래에 있는 그물 위로 유도한다.

어군이 그물 위로 완전히 이동하면, 유도등을 모두 끄거나 적색등을 켜서 어군을 떠오르게 하며, 동시에 돋움줄과 죔줄을 윈치로 감아 들이고 그물살을 고루 쳐서 어군을 고기받이에 모은 다음, 피시 펌프(fish pump)를 사용하여 갑판 위로 퍼 올린다. 조업은 해질 무렵부터 다음날 새벽까지 계속한다.

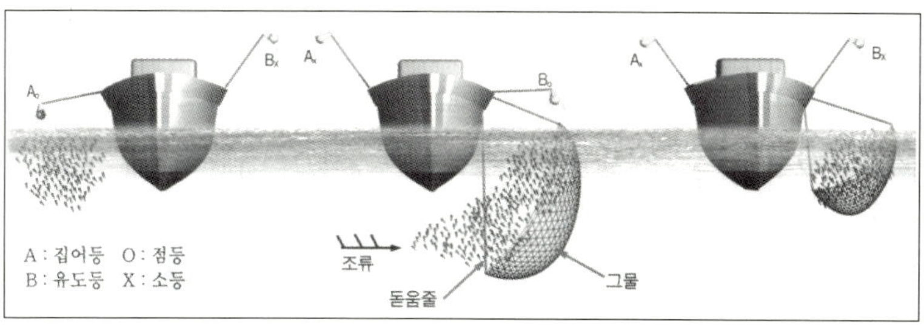

그림 2-44. 봉수망 어선의 조업 과정

13절. 정치망

1. 어구어법

정치망의 기본 구조는 길그물과 통그물의 두 부분으로 구성된다. 길그물은 어군의 통로를 차단하여 통그물로 유도하기 위한 것으로, 보통 해안의 바위 등을 기점으로 하여 통그물에까지 뻗치며, 길이는 어장의 조건에 따라 달라서 수백 미터에서 수천 미터에 이른다. 길그물의 위 언저리는 와이어 줄에 붙이고, 아래 언저리는 해저까지 이르도록 그물감을 붙여 준다. 그물감의 재료로는 폴리에틸렌이나 나일론으로 싼 것을 쓰며, 그물코의 크기는 300mm 정도이다. 통그물은 어군이 1차로 수용되는 헛통과 2차로 수용되는 원통으로 구성되어 있고, 원통의 끝에는 고기받이가 있다. 최근에는 원통 끝에 작은 통로를 만들고, 다시 그 끝에 작은 원통을 붙인 이중 낙망도 많이 쓰이고 있다.

헛통은 어군이 들어가서 일단 머무르는 곳으로 길그물 쪽에 입구가 있으며, 입구의 좌우에서 헛통 쪽으로 약간 각이 진 문이 있다. 헛통에는 수면에서 해저까지를 차단하는 병풍그물만 있고 까래가 없다.

비탈그물은 헛통에 있는 어군을 원통으로 유도하는 경사진 통로이며, 원통 쪽 부분을 안비발. 헛통 쪽 부분을 바깥비탈이라 한다.

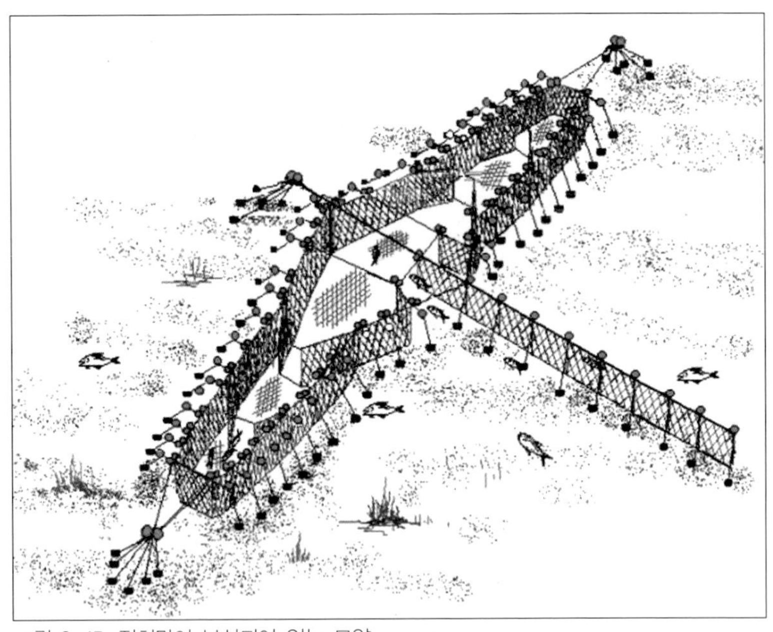

그림 2-45. 정치망이 부설되어 있는 모양

원통은 어군을 최종적으로 가두어서 어획을 마무리하는 곳이며, 육지 쪽, 바다 쪽, 까래, 고기받이 쪽, 치마 및 눈썹그물의 여섯 부분으로 되어 있다. 치마는 안비탈과 바깥비탈의 연결부와 해저 사이를 차단하는 그물이다.

눈썹그물은 원통그물에 모인 고기가 밖으로 뛰어넘지 못하도록 원통 안쪽의 가장자리에 수면과 같은 높이로 좁은 그물로 막을 친 것이다. 통그물의 좌우에는 커다란 뜸이 있어서 어구 전체를 수면에 지지하고 있다.

2. 조업 방법

원통에 가두어진 어획물을 들어 낼 때에는 배잡잇줄에서부터 원통그물을 들어 올려 고기받이에 모아서 수납한다. 최근에는 통 그물의 여러 곳에 고리와 줄을 배치하고, 이 양망용 줄을 감아올림과 동시에 볼롤러를 이용하여 그물 자락을 쉽게 양망함으로써 인력을 줄이는 방법이 사용되고 있다.

14절. 죽방렴(竹防簾)

방렴(防簾)은 원래 수심이 얕으면서 간만(干滿)의 차가 큰 해안에서 다수의 대나무나 나무막대를 나란히 박아 V자 형태의 장벽을 만들고, V자의 꼭지점에 원통 혹은 사각통 모양을 만든 것으로서, 빠른 조류에 떠밀린 고기가 V자 형태의 장벽끝의 통속으로 들어가도록 하여 어획하는 것이다.

장벽을 만드는 재료에 따라 석방렴(石防簾), 토방렴(土防簾), 죽방렴(竹防簾)이라고 부른다. 남해대교 부근에 있는 것들은 과거에는 대를 엮어 발을 만들고 나무를 꽂아 지주로 삼아 어도(魚道)를 차단하여 유도하도록 설치된 죽방렴인데, 오늘날에는 대나무 대신에 철재를 사용하여 V자의 장벽을 만든 것도 있다.

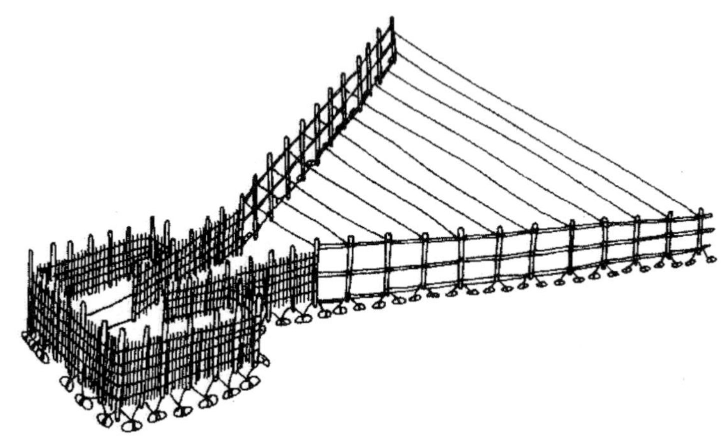

그림 2-46. 과거의 죽방렴

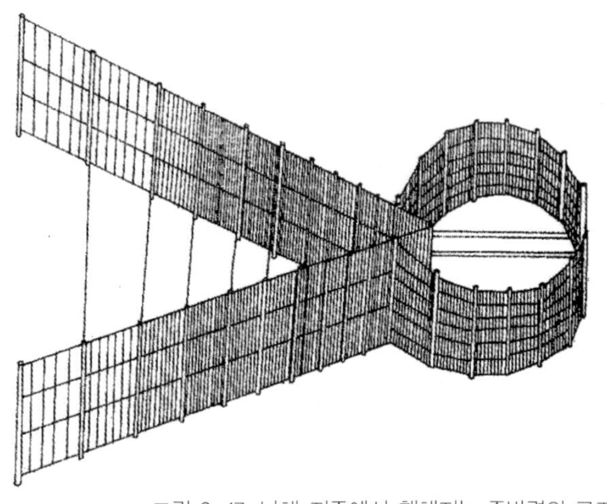

그림 2-47. 남해 지족에서 행해지는 죽방렴의 구조

1. 조업방법

남해군 지족해협의 가장 협소한 부분이면서 유속이 특히 빠르고 수심이 얕은 곳에 죽방렴이 군집되어 있다. 이곳의 유속은 사리(음력 보름과 그믐) 때 최대 8 kt 이상의 속도를 보이기도 하며, 수심은 만조시(滿潮時)에 약 4~5m, 간조시(양망시)에는 통 안의 수심이 약 50cm 이내인 경우가 많다. 양망시에는 어부가 직접 임통 바닥으로 내려가서 채그물로 둘러싸서 어류를 포획하는 작업을 해야 하므로 수심이 너무 깊은 만조시에는 어획이 불가능하다. 또한 V자 형태의 날개는 썰물에 대항하듯 서 있기 때문에 밀물에 의한 어획은 없다.

그림 2-48. 남해에 설치되어 있는 죽방렴　그림 2-49. 임통 안에 들어온 고기를 잡는 모습

2. 어획물 처리

죽방렴에서 어획되는 어종은 멸치, 전어, 학꽁치, 꽃게, 베도라치, 노래미류 등이며, 이 가운데 주어획 대상은 멸치이다.

어획된 멸치는 코가 작은 나일론그물(쪽대그물감과 같은 재료)로 둘러싼 들채에 얕게 담아 밑에 깔리는 고기가 손상을 입지 않도록 세심한 주의를 기울이면서 운반한다. 운반된 멸치는 어장 근처의 가공장(소규모의 움막과 같은 구조)에 가져가서, 출항하기 전에 미리 가열시켜 둔 지름 약 90cm의 가마솥에 넣어 100℃ 이상의 소금물에 데치듯 삶아 낸다. 삶은 멸치는 천일(天日)로 가공장의 바깥에서 그물을 깔고 말리며, 태양열에서 자연 건조된 멸치는 종이 박스에 담아 포장한다.

죽방렴에서 생산되는 마른멸치는 다른 방법으로 생산한 멸치보다 어획과정에서 손상되지 않고 신선도가 높아서, 우리나라에서 생산되는 것 가운데 최상품으로 인정받고 있으며, 가격도 아주 비싸다. 그래서 일반인들은 맛을 보기조차 힘들다고 해서 '장관 멸치'라고 불리기도 한다. 8~11월의 주어기(主漁期)에는 대개 하루 2번의 조업으로 3kg들이 4~20포 정도를 포획할 수 있다.

그림 2-50. 죽방렴 멸치의 가공 모습

제3편 수산 양식

수산 양식은 어업 생산과 더불어 생산의 주요 수단이다. 세계 인구 증가와 경제 발전에 따른 식량 증산은 필수적인 과정이지만, 해양 식량 자원의 생산은 어업이나 양식에 의한 수산물 생산에 의존하고 있다. 따라서 해양에서의 어업이나 수산양식에 의한 식량의 증산, 특히 고급 단백질 식량의 증산은 인류의 중요한 당면과제이다. 현재 해양에서의 수산 자원 어획량은 감소하는 추세에 있기 때문에 수산 양식에 의한 생산량을 증대시켜 인류가 필요로 하는 수요를 충족시켜야 할 것이다.

제1장 수산 양식의 개념과 발달과정

1절. 수산 양식의 개념

어업은 크게 채포어업과 양식업으로 구성되어 있다. 채포어업은 자연에 서식하는 수산자원을 채취 · 포획하는 것을 그 내용으로 하는데, 자원 감소에 따라 생산 능률이 저하하게 되면, 인위적인 노력을 통해 자원을 증대시키든지 또는 수산생물을 일정한 공간 내에서 육성하여 생산의 유지 · 증대를 도모하여야 한다.

수산자원을 증대시키기 위한 인위적인 활동을 증식이라고 하며, 증식을 행하는 주체와 이를 통해 조성된 수산자원을 채포하여 경제적 이익을 획득하는 주체는 일치하지 않는 경우가 많다. 최근에 활발하게 이루어지고 있는 바다목장은 수산자원 증식을 위한 수단을 종합적 · 체계적으로 시행함으로써 증식의 효율을 극대화시키고자 한 사업이다.

이에 비해, 양식은 특정 어업자가 구획된 일정 수역에서 특정 수산 자원을 번식 · 육성시켜서 이를 독점적으로 수확하는 일련의 행위를 말하며, 민간 어업자가 그 주체가 된다. 양식은 인위적 관리의 정도에 따라 집약적 양식과 조방적 양식으로 나뉘는데, 급이 양식은 대체로 집약적 양식에 속하며, 조방적 양식에 해당하는 비급이 양식은 양식어장의 자연 생산력에 의존하여 양식생물을 양성한다.

한편, 어류나 패류 등의 시장 출하시기를 조정할 목적으로 단기간 일정한 구획에 가두어 보관하는 것은 축양이라 한다. 또 인공적으로 생산한 자치어나 유어를 자연에 방류함에 있어서 방류 후의 생존율을 높이기 위해 일정 기간 성장시키고 자연 조건에 순치시키는 것은 중간육성이라고 한다.

2절. 수산 양식의 발달 과정

세계적으로 수산 양식이 시도된 기원은 오래 되었지만, 양식이 산업적으로 활발하게 된 것은 비교적 근년의 일이다. 가장 오래 된 양식에 관한 기록으로는 기원전 1800년경 이집트의 마에리스(Maeris) 왕이 못을 만들어 22종의 어류를 넣어 길렀다고 하는 것이 있다. 중국에서도 이미 기원전 500년경에 팡리(도주공)가 식량 생산을 위해 잉어 양식을 권장하면서, 양식 기술서적인 『양어경』(養魚經)을 저술하였는데, 이 가운데에서 못을 만들고 잉어를 기르면 실리를 얻을 수 있다고 기록하고 있다. 로마 제국의 번영기인 기원전 100년경에는 국립 양어장을 만들었다는 기록이 있다. 또, 13세기에는 뱀장어를 연안 지소(池沼)에서 길렀다고 한다. 1358년에는 체코슬로바키아의 위틴가우(Witti-nagu)에서 못을 만들어 잉어를 길렀으며, 이것이 그 후 400년간 유럽 잉어 양식의 중심 역할을 했다. 1757년에는 오스트리아의 야코비(Jacobi)가 송어를 인공 수정시켰으며, 알을 상자에 담아 하천의 물속에 설치하여 부화시키고, 그 후 이 사실을 학술지에 발표했다. 그러나 보다 활발한 양식 활동이 이루어진 것은 19세기부터라고 할 수 있다.

프랑스에서는 1842년에 레미(Remy)가 송어를 인공 부화시켜 하천에 방류하였으며, 1851년에는 대규모의 국립 양어장이 만들어졌다. 미국에서는 1848년에 대서양산 새드(shad, 전어의 일종)를 앨라배마강에 이식한 것이 성공함으로써, 3년 후에는 멕시코 만에서도 새드가 잡히게 되었다. 이것이 계기가 되어 수생생물의 증식에 대한 열기가 높아졌고, 여러 가지 수산자원의 보호에 대한 일을 시작되었다.

우리나라에서 언제부터 양식이 시작되었는지 확실하지는 않으나, 역사의 기록에 의하면 300여 년 전 조선 인조(仁祖) 때 시도한 김 양식이 그 시초라 할 수 있다. 그러나 이것은 역사적인 기록일 뿐이며, 산업으로서 양식업이 발전한 것은 일제시대부터이다. 그리고 양식업 발전을 위한 정책 노력이 체계적 · 본격적으로 이루어진 것은 1967년에 시작된 수산진흥계획 시행에 의해서이다. 이후 양식업 생산 증대에 노력한 결과, 1997년에는 생산량이 100만 톤을 상회하게 되었고, 우리나라 전체 어업 생산량의 30%를 점하기에 이르렀다.

어류 양식은 1929년 진해에 국립 양어장이 세워짐으로써 잉어, 빙어, 가물치 등의 양식이 본격화되었고, 1942년 청평에도 국립 양어장이 세워졌다. 그리고 양양에 연어의 인공 부화, 방류를 주목적으로 하는 국립 양어장이 건립되어 전멸 상태에 있던 연어 자원의 회복에 큰 공헌을 하였다.

현재 간석지나 천해 양식의 개발을 돕기 위하여 국립 종묘배양장이 동해안, 서해안, 남해안, 제주도 등 여러 곳에 설치되어, 각종 수산생물의 종묘를 생산하여 방류하거나 양식업자에게 분양하고 있다. 나아가 지방자치단체인 광역시 및 도 단위에서도 각각 배양장을 건립하여 양식 개발에 힘쓰고 있다.

표 3-1은 우리나라 양식 생산량의 추세를 나타낸 것인데, 양식 생산량은 1970년에는 불과 10여만 톤으로 전체 수산물 생산의 10% 정도였으나, 1980년에는 50여만 톤으로 늘어났고, 1995년에는 최초로 100만 톤을 초과하였으며, 2005년 기준으로 전체 수산물 생산량의 40% 정도를 차지하고 있다. 이러한 양식업의 급속한 발전은 1990년대 이후 전체 수산물 생산량 증대를 주도하는 것이 되고 있다.

표 3-1. 우리나라 양식 생산량

연도	수산물 생산(톤)	양식 생산(톤)	양식/수산물(%)
1965	636,512	73,705	11.6
1970	935,462	119,228	12.7
1975	2,134,976	351,487	16.5
1980	2,410,346	541,558	22.5
1985	3,102,605	790,235	25.5
1990	3,274,506	788,568	24.1
1995	3,348,184	1,016,816	30.4
2000	2,514,225	666,816	26.5
2005	2,714,050	1,057,413	39.0

제2장 양식 품종과 양식 방법

1절. 주요 종의 양식

1. 유영동물 양식

1) 넙치(*Paralichthys olivaceus*)

넙치는 광어라고도 불리는 것으로, 참돔과 함께 오래 전부터 고급 어종으로 잘 알려져 있으며, 우리나라 연안에 분포한다. 일본에서는 1960년대에 부화 자어의 장기 사육에 성공하였고, 우리나라에서도 제주도 남해안을 중심으로 종묘의 대량 생산기술이 개발되어, 방류나 양식기술도 급속히 진보했다.

양식 어종으로서 넙치가 가지는 장점은 약 1년 6개월 만에 체중 1kg에 이를 정도로 성장이 빠르고, 활어의 고밀도 수송이 가능하며, 흰색의 육질로 타 어종에 비해 가식 부분이 많고, 수요가 많다는 것이다.

넙치는 생후 2~3년에 수컷은 체장 30cm 이상, 암컷은 40cm 이상으로 성장한다. 자연에서는 수심 20~50m 정도의 조류 소통이 원활한 사니질, 사력지 또는 암초대에서 산란한다. 산란기는 주로 수온이 15℃ 전후로 상승하는 봄부터 여름까지로, 한 개체가 수회 산란하는 다회 산란형이며, 알은 분리부성난(分離浮性卵)이다.

수온 약 18℃에서 부화 후 30일에 전장 약 11mm가 되면 변태기가 된다. 이 시기에는 유체의 내부 및 외부 형태에 심한 변화가 생기는데, 체형은 좌우대칭이 무너지고, 우측 눈이 좌측으로 이동한다. 변태는 부화 후 35일경인 전장 14mm 전후에서 끝난다.

2) 조피볼락(*Sebastes schlegeli*)

조피볼락은 볼락류 중에서 대형에 속하며, 난태생을 하는 정착성 어종이다. 산란 시기의 어미는 자어를 산출하므로, 출산 후 약 60일이면 4~5cm로 성장하여 종묘로 쓸 수 있어 타 어종에 비해 종묘 생산기간이 짧은 편이다. 종묘에서 상품 크기인 체중 0.5~1kg 크기까지 자라는 데는 약 1년 6개월~2년이 소요될 정도로 타 어종에 비해 성장이 비교적 빠르고, 우리나라에서는 넙치 다음으로 양식 생산량이 많은 어종이다. 육상 수조식으로 종묘를 생산하고 해상 가두리나 육상 수조에서 양성한다. 자치어기의 초기 사육 시에는 수온 15~18℃가 적당하며, 종묘를 수용하여 성장시키는 데는 15~20℃가 적정 수온이다. 조피볼락은 12℃에서도 정상적으로 성장하여 저수온에는 비교적 강하지만, 고수온에는 약하므로, 여름철 고수온기에는 환수량을 늘려주고, 밀도를 낮추는 등 관리에 유의해야 한다.

3) 뱀장어(*Anguilla japonica*)

뱀장어는 담수에서 성장한 후 바다로 내려가 수심이 깊은 바다에서 산란한다. 알에서 부화한 유생은 버들잎 모양이고, 렙토세팔루스(lep-tocephalus)라고 하며, 산란지로 추정되는 필리핀 동부 해역에서 쿠로시오 해류를 따라 이동하면서 한국, 일본, 중국 등 연안에 도달해서는 몸 길이 5~6cm의 가늘고 투명한 실뱀장어로 변한다. 실뱀장어는 봄철인 2~5월에 강을 거슬러 올라 담수 생활을 시작하는데, 성숙한 뱀장어가 되어 깊은 바다에서 산란을 하기 위해 강 하류를 떠날 때까지 약 5~8년간 담수 생활을 하게 된다.

실뱀장어는 야행성이며, 야간에 빛을 따라 모이는 주광성을 가지는데, 주로 야간에 하천으로 올라간다. 이러한 성질을 이용하여 주로 야간에 등불을 켜고 실뱀장어를 채포한다. 양식용 종묘는 모두 자연산 종묘를 사용하며, 연안이나 강에서 잡힌 실뱀장어나 하천에서 조금 자라 체색에 흑색으로 변한 것도 사용한다.

뱀장어 사육은 종묘 양식과 식용 양식으로 나누는데, 종묘 양식은 어린 실뱀장어에서부터 체중 20~30g 크기까지 키우며, 식용 양식은 20~30g의 종묘에서 150~250g의 크기까지 키운다. 우리나라에서는 초기 실뱀장어에서부터 거의 1년 만에 성만(成鰻)까지 생산하고 있다. 뱀장어를 양성하는 데는 정수식 못 양성, 순환여과식 양성, 유수식 양성이 이용된다. 이 중에서 어린 뱀장어를 사육할 때는 못 양성과 순환여과식 양성이 주로 이용된다.

정수식 못 양성의 경우, 뱀장어 최적 성장에 필요한 수온 25~26℃를 유지하기 위해서 비닐 하우스로 시설할 필요가 있다. 또한, 정수식 못 양성에서는 수차(水車)로 산소를 공급해 주고, 물 만들기를 하여 식물 플랑크톤에 의한 녹색의 수색을 만드는 것이 중요하다.

순환여과식 양성은 가온과 보온의 효과가 높고 고밀도로 사육이 가능한 방법이다. 유수식 양성은 따뜻하나 물을 대량으로 활용할 수 있는 곳에서 이용할 수 있으며, 이런 특별한 입지 조건을 갖춘 유수식 양성에서는 비교적 수용 밀도가 높고, 질병도 적게 발생한다.

4) 무지개송어(*Oncorhynchus mykiss*)

무지개송어는 수온 10~20℃(최적 15℃)에서 잘 자라는 대표적인 냉수성 양식 대상종이다. 담수에 서식하며, 보통 2~3년 후에 성숙하고, 산란기는 11~3월이다. 자연에서의 식성은 수서 곤충이나 작은 어류를 포식한다.

무지개송어를 양식하기 위한 입지 조건으로는 깨끗한 냉수가 풍부하여 용존산소가 충분히 공급되는 곳이어야 하는데, 산에서 나오는 용출수가 용존산소량을 7mg/L 이상(최적 10~11mg/L) 함유한 곳이면 가능하다. 용출수가 부족한 곳에서는 지하수를 퍼서 용수로 이용한다.

산란기의 무지개 송어는 형태적으로 암수 구별이 가능하다. 암컷은 수컷에 비해 입이 비교적 둥글고 이빨이 작다. 산란기의 수컷은 복부를 조금만 압박해도 정액이 흘러나온다.

무지개 송어의 부화에 적합한 온도는 7~15℃(최적 10℃)이며, 10℃에서 눈이 생기는 발안기까지 약 16일이 소요되고, 부화가 되기까지는 약 31일이 걸린다. 부화 과정에서 주의할 것은 발안기 이전에는 알에 진동이나 충격, 광선 자극을 주지 않도록 한다. 부화한 자어는 바닥에서 난황을 소비하며 살다가 난황이 모두 소비되면 떠오르면서 먹이를 찾는데, 이 시기를 부상기라고 한다. 부상기에 먹이를 적기에 잘 주지 않으면 먹이 붙임에 실패하고 죽게 된다. 식용어 양식은 1~2g 또는 5~10g의 종묘를 사용하여 200~500g이나 경우에 따라서는 1kg까지 키워 판매한다.

2. 유영성 저서동물의 양식

1) 대하(*Penaeus chinensis*)

대하는 서해에서 서식하는 새우로 어미의 체장이 평균 22cm 정도로 대형이고, 성장이 매우 빨라 1년 이내에 어미가 된다. 우리나라에서는 1960년대 후반부터 서해안에서 양식하기 시작하여 매년 그 생산량이 증가해 왔으나, 바이러스 질병 등을 피해가 커짐에 따라 2003년 무렵부터 외래종인 흰다리새우로 대체되기 시작하였고, 현재 대하 양식은 극히 일부에서만 행해지고 있는 실정이다.

황해 특산인 대하는 주로 한반도 연안에서 주로 서식하고, 시기적으로 분포를 달리하는 계절 회유를 한다. 수온이 낮은 2월 또는 3월까지는 제주도 서쪽 수심이 깊은 곳에서 겨울을 보내고, 3월부터는 북상하기 시작해 4월경에는 연안가지 접근하여 4~6월까지 산란하고 죽는다. 알에서 부화한 유생은 연안에서 성장하여 수온이 하강하는 10~11월에 교미하고, 다시 월동장으로 회유하여 겨울을 지낸다.

양식을 위한 종묘는 4~6월에 성숙하나 자연산 암컷 어미만을 채포하여 생산할 수 있으나, 시기가 늦어지면 채란 성적이 나빠지므로 그 시기는 빠를수록 좋다.

성숙한 암컷의 난소는 청록색을 띠고 있어 쉽게 알 수 있으며, 밤에 3~4회에 걸쳐 산란한다. 알은 수온 18~19℃에서 약 34시간이 지나면 노플리우스(nauplius) 유생으로 부화한 후 탈피를 거듭하면서 조에아(zoea), 미시스(mysis), 후기 유생(postlarva)으로 변태해 간다.

노플리우스기의 유생은 먹이를 먹지 않고, 조에아기에 부유 규조류, 부착 규조류, 윤충류, 굴 유생 등을 먹기 시작한다. 저서생활로 들어가는 후기 유생기부터는 바지락, 새우살, 배합사료 등을 공급한다. 대하는 5월경부터 약 6개월간 양성하여 수확할 수 있는 크기로 성장시켜야 한다. 양성법에는 제방식 양성과 수조식 양성이 있으며 우리나라에서는 조석 간만의 차이를 이용하여 주배수를 하는 제방식을 주로 이용한다.

2) 흰다리새우(*Penaeus vannamei*)

흰다리새우(white shrimp)는 중남미 지역이 원산지로 그 중심은 멕

시코, 과테말라, 코스타리카, 페루 등이지만 대하, 홍다리얼룩새우(black tiger shrimp)와 더불어 세계 도처에서 가장 많이 양식되고 있는 종이다. 우리나라에서는 1960년대 후반부터 대하양식이 시작되어 2000년대 초까지 새우 양식의 주종을 이루었으나, 흰점바이러스병과 같은 질병의 발생과 양식 환경의 악화로 새우 양식 생산량이 감소하게 되어, 대체 양식종으로 2003년경부터 흰다리새우를 양식하기 시작하였다.

흰다리새우는 성장이 빠르고 환경에 잘 적응하며, 잡식성으로 식성이 까다롭지 않다. 동물성 단백질 요구량도 적어서 사료 비용이 적게 들어 양식에 적합한 조건을 갖추고 있다. 일몰 후 야간에 활동하며, 탈피는 밤에 일어나고, 공식(共食) 현상이 다른 새우에 비해 적은 편이다. 사육에 적합한 수온과 염분은 각각 23~30℃와 28~34psu이다. 수온이 18℃ 이하에서는 먹이 활동을 중지하고, 9℃ 이하에서는 폐사하며, 대체로 고온에 강하다.

3. 부착성 동물의 양식

1) 참굴(*Crassostrea gigas*)

우리나라에 서식하는 굴 종류로는 참굴을 비롯해서 강굴, 바윗굴, 털굴, 벗굴이 있으나, 참굴만 대규모로 양식되고 있다. 참굴은 자웅이체로 난생형이다. 우리나라와 같은 중위도지역에서 참굴이 성숙하기까지는 1년 이상이 걸린다. 수온이 10℃ 이하로 낮은 겨울에는 생식세포에 의한 암수 구별은 어렵다. 겨울이 지나 봄에 수온이 상승하기 시작하여 10℃가 되면 생식세포가 형성되기 시작하고, 이후 활발하게 증식한다. 참굴의 성숙시기는 10℃를 기초수온으로 하여 적산수온이 약 600℃에 이르게 되면 완전히 성숙하게 된다.

참굴의 산란은 수온이 20℃ 이상이 되면 산란하기 시작하여 25℃ 전후에서 활발하게 일어난다. 난 발생에 따른 소요시간은 온도에 따라 다르지만, 수온 20~21℃에서 수정에서 D형 유생까지는 25~28시간이 소요되고, 초기 D형 유생에서 부착할 때까지는 19~20℃에서 약 21일, 23℃에서 약 14일, 27℃에서 약 10일이 걸린다.

참굴 양식에서 사용되는 종묘는 굴 유생의 부착시기에 맞추어 부착기질인 채묘기를 해수 중에 투입하여 부착한 치패를 사용한다. 채묘기를 투입하는 시기는 부유 유생과 부착 치패의 수량을 조사해서 채묘시기를 결정하는데, 이를 채묘 예보라 한다. 부유 유생이 출현하는 시기는 장소에 따라 약간 다르다. 같은 해역이라 해도 수심이 얕은 만의 내측 간석지에 서식하는 참굴의 산란은 비교적 빨라 수온 상승기의 초기에 일어나고, 수심이 깊은 곳에서는 약간 늦은 수온 상승기의 후기 또는 수온 하강기의 초기에 일어난다. 산란기의 초기, 즉 5월 하순에서 7월 중순에 산란된 유생을 대상으로 하는 것을 전기 채묘라 하고, 수온 상승기 후기 또는 하강기 초기, 즉 7월 중순에서 9월 중순에 산란된 유생을 대상으로 채묘하는 것을 후기 채묘라 한다.

참굴의 유생이 부유한 후 부착할 수 있는 수층은 만조선에서 간조선 아래 1~2m 정도이지만, 주 부착층은 3~6시간 노출선이다.

일반적으로 전기 채묘한 종묘는 채묘한지 2~3주일 후에 바로 양성장으로 옮겨 양성하거나, 그렇지 않으면 채묘상에서 9월 하순까지 그대로 두었다가 단련상(鍛鍊床)으로 옮겨 단련한다. 후기 채묘한 종묘는 채묘 후 약 2주일이 지나 단련상으로 옮겨 단련시킨다.

치패를 단련하는 방법은 채묘기에 부착한 치패를 수심이 얕고 조류가 약한 곳이 미리 시설해 놓은 단련상에 얹어 다음 해 종묘로 사용할 때까지 관리하는데, 이런 환경에서 치패는 해수 중에 잠겨 먹이 활동을 하는 시간이 짧아지고, 햇빛과 공중에 노출되어 성장이 억제되지만, 패각 성장선 주변이 튼튼하고 저항력이 커진다. 치패를 단련하면 크기는 작아서 운반 도중에 취급하기 쉽고, 탈락하는 개체가 적으며, 양성 중에도 저항성이 강해 폐사가 적고, 성장이 좋아 양성기간이 단축될 뿐 아니라 보다 계획적인 양식을 하는 데에 유리하다.

참굴을 양성하는 방법에는 바닥 양성, 수하 양성, 나뭇가지 양성 등이 있지만, 현재는 나뭇가지 양성은 거의 볼 수 없다. 저질이 안정된 곳에서 바닥 양성을 하는 경우, 방양기간이 보통 1년 반 내지 2년이다. 수하식 양성에서 단련하지 않은 굴 종묘를 사용할 경우, 6월 상순~7월 중순에 채묘한 후 양성시설에서 양성하여 그 다음해 봄 수확한다. 단련 종묘를 사용하는 경우, 채묘한 수 채묘상에서 단련한 후 이듬해 6~7월에 양성하여 12월말부터 다음해 봄 사이에 수확한다.

2) 우렁쉥이(*Halocynthia roretzi*)

우렁쉥이는 발생과정에서 알에서 부화한 유생이 척색을 지니고 있어 척색동물문의 미생동물 아문에 속한다. 우리나라에는 동해와 남해에 주로 외해의 영향을 받는 곳에 서식하며 일본, 중국 등에도 분포한다. 성분 중에는 글리코겐이 풍부하지만, 불포화 알코올인 신티올(cynthiol)로 인해 우렁쉥이 특유의 맛을 내므로 많은 사람들이 좋아한다.

우렁쉥이는 자웅동체이고, 성숙하기까지 2년이 걸리며, 방란·방정기는 수온 8~13℃가 되는 11~3월이다. 수온 약 14℃에서 알이 수정하여 약 1일 만에 길이 1.75mm~2.30mm의 반투명한 올챙이형 유생(tadpole larva)이 되는데, 대부분의 유생은 수정 후 약 2일내에 변태하여 꼬리 부분이 서서히 흡수되면서 부착생활로 들어간다.

양식용 우렁쉥이의 종묘 생산은 유생의 사육관리가 비교적 쉬워, 육상 수조에서 인공 종묘 생산을 하고 있다. 성숙한 개체에서 산란한 알이 부화한 후 올챙이형 유생의 꼬리가 흡수되면서 짧아지기 시작하면 유생이 곧 부착생활로 들어가는 시기이다. 이때 부착기를 넣어 채묘하게 된다. 꼬리가 흡수되기 시작해서 종료되기까지는 불과 20분밖에 소요되지 않으므로 주의해서 관찰해야 한다. 유생은 수온이 낮으면 부유기간이 길어져 폐사할 염려가 있으므로 13~14℃가 적합하다.

유생이 부착기질에 부착하여 채묘가 완료되면 해수에 옮겨 중층 수심에 매달아 관리한다. 여름이 지나면 채묘기에 묻은 어린 우렁쉥이는 뽕나무의 작은 오디 크기로 자라는데 양성용 종묘로 쓸 수 있다.

우렁쉥이 종묘를 수하하는 시기는 가을이나 그 다음해 봄이며, 5~10m 수층에서 수하 양성하는 것이 성장에 좋다. 성장은 일반적으로 양성장 환경에 따라 다르지만, 양성한지 1년 후에 약 3~4cm, 2년 후에는 8~10cm 크기로 자란다.

4. 포복성 동물의 양식

1) 참전복(*Haliotis hannai*)

전복류에는 한류계인 참전복과 난류계인 까막전복, 시볼트전복, 말전복이 있으나, 양식종으로는 참전복의 가치가 가장 높다. 겨울철 저층 수온이 12℃인 등온선을 경계로 하여 북쪽에는 참전복이 서식하고, 남쪽에는 난류계의 전복이 분포한다.

참전복은 외해성으로 수심 4~5m의 천해에 주로 서식하며, 환경에 잘 적응하고 활동성이 강하다. 생식소는 쇠뿔 모양으로 돌출해 있고, 성숙하게 되면 난소는 짙은 녹색을 띠며, 정소는 담황색 또는 황백색을 띠므로 쉽게 구별 할 수 있다.

참전복의 생식세포가 형성되기 시작하는 기초수온은 7.6℃이고, 기초수온에서부터 적산수온이 500~1,500℃이면 생식소가 성숙한다. 실제로 산란 유발 반응률이 높고, 채란이 확실하게 되는 것은 적산수온이 1,500℃ 이상이어야 한다. 산란기는 5~6월과 9~10월로 수온이 20℃ 내외가 되는 초여름과 초가을 2회에 걸쳐 집중적으로 산란한다. 수온이 20℃일 때, 빠른 것은 2~3일 후에 저서 포복생활을 시작한다.

종묘는 인공적으로 생산하며, 유생이 부유생활을 하는 동안에는 먹이를 먹지 않고 저서생활로 들어간 후 부착성 규조류를 먹게 된다. 따라서 유생이 부착하기 전에 플라스틱 파핀에 미리 부착 규조를 발생시켜 놓아야 한다. 치패가 1~2cm로 성장하면 플라스틱 파판에서 분리하여 채롱 등에 수용하여 중간 육성시킨 후 2~3cm의 치패를 양식장에 방류하거나 가두리 양식장이나 수하식 양성시설 등에서 양성하게 된다. 성장은 장소, 양성방법에 따라 다르지만, 채롱에 넣어 양성하면 7cm까지 자라는 데 약 2년 반이 소요된다.

5. 비부착성 동물의 양식

1) 대합류

대합류에는 대합(*Meretrix lusoria*)과 라마르크대합(*Meretrix lamarckii*) 등이 있으며, 우리나라를 비롯해서 일본, 중국 등에 분포한다. 라마르크대합은 대합에 비해 패각이 더 두껍고, 패각의 폭이 거의 평탄하다. 입수관 촉수의 구조는 라마르크대합이 더 복잡하게 분기되어 있고 그 끝은 절단형에 가까운 반면, 대합은 길게 자루처럼 뻗어 있다.

대합은 22~27℃가 되는 7월 상순~10월 중순에 산란하며, 8월이 산란 성기이다. 수정란은 포배기(bastula stage), 담륜자기(trochophore stage), D형 유생, 피면자기(veliger stage)를 거쳐 성숙 유생이 되면 수정 약 3주 후에는 저서생활로 들어가게 된다. 치패가 잘 모이는 곳은 와류가 생기는 곳으로, 치패의 침강을 돕기 위해 간석지에 말목을 꽂아 와류시설을 설치하기도 한다.

성장기에 있는 대합류는 수중에서 점액질의 끈을 길에 내어 이동하는 습성이 있다. 따라서 대합 양성장은 대합 이동을 제한할 수 있는 조위망식 시설을 해야 한다. 1년이 경과하면 약 1cm, 2년 후에는 2.8 cm~3.6cm, 3년 후에는 4.4~5.2cm, 4년 후에는 약 5.6~6.0cm로 성장하게 된다.

6. 해조류 양식

1) 김류

김은 남 · 북반구의 온대부터 한대에 걸쳐 폭넓게 자란다. 중요한 양식종으로서는 참김(*Porphyra tenera*), 방사무늬김(*P. yezoensis*)을 들 수 있으며, 최근에는 둥근 형태의 모무늬 돌김, 둥근 돌김 등이 병해에 강하고 생산성 및 가격이 높아 선호되고 있다.

서식처는 주로 조간대에서 자라고, 염분이나 노출에 대한 적응력이 강하며, 중성 포자에 의한 영양 번식으로 여러 번 채집이 가능하다. 김은 추운 지방에서는 연중 엽상체로 번식한다.

따뜻한 지방에서는 겨울에만 엽상체로 되고, 15℃ 이상 되는 봄, 여름에는 콘코셀리스(Conchocelis)라는 현미경적인 작고 긴 사상체로 자라며, 가을에 여기서 나온 각포자가 김발에 붙어 어린 유엽으로 자란다. 가을철 수온이 15℃ 이하로 내려갈 때까지는 유엽에서 중성 포자가 나와 다시 어린 유엽으로 되는 번식을 되풀이하다가 수온이 15℃ 이하로 내려가면 보통 김으로 급속하게 자란다.

우리나라의 김 양식은 1960년대 이후 패각 사상체 배양, 유리 사상체 배양, 시설 자재 개량, 뜬흘림발 양식어장 확대, 냉장망 보급 및 중성 포자망 이용 등 양식 기술의 비약적인 발전으로 최근에는 19만 톤의 생산에 이르고 있다. 그러나 고급 제품을 안정적으로 생산하기 위해서는 어장 정화와 품질 관리, 적정 생산량 조절이 필요하다.

2) 미역

미역(Undaria pinnatifida)은 우리나라 전 해역에 분포하고 있으며, 최근에 이르러 건미역은 물론 염장 미역의 수요가 많아지고, 일반 가정에서의 소비와 식품 첨가제로 이용되기도 하여 많은 수요가 창출되었다.

미역은 1년생으로, 원래는 바위에 붙어 자라지만, 지금은 밧줄에 종묘를 부착시켜 양식하고 있다. 대체로 늦가을부터 이른 봄까지 자라고(수온 15℃이하), 봄부터 초여름까지 성숙하여 유주자를 방출한 후 모체는 녹아 버린다.

유주자는 발아하여 현미경적인 배우체로 되고, 가을이 되면 암수의 배우체에서 각각 알과 정자가 나와 수정하여 아포체가 된 후, 이것이 겨울철에 엽상체로 무성하게 자라면 수확한다.

채묘틀에 합성섬유인 쿠랄론(kuralon) 사를 감아 여기에 방출한 유주자를 부착시켜 여름 동안 광선을 조절하면서 배우체를 관리한다. 배우체는 수온이 23℃까지는 생장을 하지만, 그 이상으로 되면 휴면 상태에 들어가고, 가을철 수온이 20℃ 이하에서 다시 성숙이 진행되어 점차 아포체로 성장하게 된다. 해수의 수온이 21℃ 이하로 내려가면 채묘틀을 조류 소통이 좋은 수심 2~4m에 매달아 아포체의 성장을 촉진시키는데, 이를 가이식이라 한다.

이후 약 2주일 후 아포체가 5~10mm로 자랐을 때 씨줄을 12~16mm 굵기의 어미줄에 감거나 끼워서 양성을 한다. 수온이 15℃ 이하가 되는 기간이 짧은 곳에서는 미역이 다 같이 자라므로 한꺼번에 수확해야 하나, 수온이 15℃ 이하가 되는 기간이 긴 곳에서는 생장의 차이를 고려하여 먼저 자란 것부터 수확한다.

미역의 생산량은 1960년대까지는 자연산에만 의존하여 미미하였으나, 현재에는 종묘생산 기술의 발달로 연간 생산량이 약 30만~40만 톤을 유지하고 있다. 그러나 값싼 중국산의 영향과 일본으로의 염장 미역 수출이 점차 감소하고 있으므로, 질 좋은 미역을 생산하여 국내 소비와 수출에도 힘써야 하겠다.

3) 다시마

다시마(*Laminaria japonica*)는 홋카이도를 중심으로 북위 36° 를 남방 한계로 하여 북반구 북부에 분포하고 있다.

우리나라는 1967년에 일본 홋카이도로부터 다시마를 이식하여 자연에 정착시켰다. 우리나라의 백령도, 연평도에도 자연산이 분포하고 있으며, 전남 완도와 부산 기장에서 가장 많이 양식하고 있다.

우리나라에서는 미역 양식과 마찬가지로 여름에 실내에서 종묘를 배양하여 가을에 수온이 18℃로 내려갔을 때 바다에 내어 양식을 시작하면, 다음 해에는 수확할 수 있는 크기로 자란다.

미역과는 달리 여름의 실내 배양시설의 수온이 24℃를 넘지 않아야 하며, 여름에도 낮은 수온에서만 배양할 수 있다. 6월경 여름 채묘 대신 가을에 채묘한 후 속성 배양하여 미역과 같은 방법으로 양식한다. 어미줄에 일정한 간격으로 씨줄을 잘라 끼운 후 어미줄 1m당 50개체 정도를 수확할 수 있도록 하는데, 수온이 낮고 햇빛이 약한 가을에는 어미줄을 수평 외줄식으로 1m 깊이로 조절한다. 또, 봄에 햇빛이 강해지고 수온이 올라가면 3~3.5m를 유지해 주는 것이 좋다. 일반적으로 수심이 5~10m 이상 되는, 영양염류가 풍부하고 조류 소통이 좋은 곳에서는 어미줄 1m당 20~30kg의 다시마를 수확할 수 있다.

2절. 양식의 주요 방법

1. 유영 동물 양식 방법

어류나 새우류와 같이, 먹이나 산란을 위하여 적당한 환경을 찾아 헤엄쳐 다니며 생활하는 유영동물을 인위적으로 기르는 것을 유영동물 양식이라 한다. 유영동물의 양식 방법에는 정수식, 유수식, 가두리식, 순환 여과식 등이 있다.

1) 정수식(지수식) 양식

정수식 양식은 옛날부터 이용되어 온 가장 오래 된 양식 방법이다. 연못이나 육상에 둑을 쌓아 못을 만들거나, 바다에 제방을 만들어 천해의 일부를 막고 양성하는 것인데, 잉어류, 뱀장어, 가물치, 새우류 등을 양식하기에 적당하다. 물은 증발이나 누수로 인해 줄어드는 양만큼 보충하고, 호흡에 필요한 산소는 물 표면을 통하여 공기 중에서 녹아 들어가거나 수초나 부유 식물의 광합성 작용에 의하여 공급된다.

산소의 소비는 수중 생물의 호흡과 노폐물이 미생물에 의해 분해될 때 소모되는 양으로 결정된다. 정수식 양식에서 생산력을 높이려면 수차나 에어레이션(aeration)에 의한 산소의 공급을 인위적으로 늘려주어 사육 밀도를 높이면 단위 면적당 생산량을 늘릴 수 있다.

2) 유수식 양식

유수식 양식은 정수식과는 달리 수량이 충분한 계곡이나 하천 지형을 이용하여 사육지에 물을 연속적으로 흘려보내는 양식 방법이다. 산소의 공급량은 흘러가는 물의 양에 비례하게 되므로, 사육밀도도 이에 따라 증가시킬 수 있다. 주로 찬물을 좋아하는 송어, 연어류의 양식에 이용되고, 따뜻한 물이 많이 흐르는 곳에서는 잉어류의 양식에 이용된다. 최근에 등장한, 양수기로 바닷물을 육상으로 끌어올리는 육상 수조식 양식도 이 방법의 하나이다. 못의 형태로는 주로 긴 수로형 또는 원형수조를 이용한다.

3) 가두리 양식

가두리 양식은 수심이 깊은 내만이나 면적이 넓은 호수 등에서 그물로 만든 가두리를 수면에 뜨게 하거나 수중에 매달아 어류를 기르는 양식 방법이다. 일반적으로 많이 이용하는 표층 가두리 양식은 가두리 그물을 뜸틀에 고정하여 대형의 뜸으로 뜨게 한 다음 그 속에 어류를 양성한다.

가두리 양식을 용존 산소의 공급과 대사 노폐물의 교환은 그물코를 통하여 이루어지며, 방어, 조피볼락, 잉어 등 많은 양의 어류를 수용하여 양식하기에 적합하다.

4) 순환여과식 양식

순환여과식 양식은 사육지의 물을 정화하여 다시 사용하는 방법으로, 어류를 고밀도로 양식할 수 있다. 물속에 살고 있는 양식 생물의 성장은 대상 생물의 서식 적수온 범위 내에서 수온에 비례하여 대사가 증가되고, 이 때 활발한 먹이 섭취를 하게 되어 성장이 빨라지게 된다. 수온이 낮은 겨울에는 보일러 등을 이용하여 사육수의 온도를 올리게 되므로 사육 경비가 많이 든다. 사육 수조를 거친 물에는 먹이 찌꺼기와 대사 노폐물이 섞여 있으므로, 다시 순환시키기 전에 침전 또는 여과 장치를 이용하여 처리하여야 한다. 생물 여과 장치는 양식 생물에 해로운 암모니아가 여과 재료의 표면에 서식하고 있는 아질산균과 질산균의 작용으로 아질산염을 거쳐 질산염으로 되어 해가 없게 된다.

2. 부착 및 저서 동물 양식 방법

저서 동물 중에는 굴, 담치, 멍게(우렁쉥이) 등과 같이 바위나 돌과 같은 단단한 물체에 붙어 부착생활을 하는 동물과, 피조개, 대합, 바지락 등과 같이 모래나 진흙 바닥에서 조금씩 움직이며 포복 저서 생활을 하는 동물이 있다. 이러한 부착 및 저서 동물의 양식 방법에는 수하식 양식과 바닥 양식이 있다.

1) 수하식 양식

수하식 양식은 굴, 담치, 멍게 등 부착성 무척추동물의 양식을 위해서 이들 생물이 부착할 기질을 뗏목이나 밧줄 등에 매달아 물속에 넣어 기르는 방법이다.

부착 기질은 생물의 종류에 따라 다르며, 채묘된 부착 기질을 일정 간격을 두고 꿴 줄을 수하연이라 한다. 부착기가 물속에 잠겨 있도록 유지하는 데는 뗏목, 밧줄, 말목 등을 사용한다.

이와 같은 수하식 양성은 성장이 비교적 균일하고, 저질에 매몰되거나 저서 해적에 의한 피해를 받을 염려가 적으며, 해면을 입체적으로 이용할 수 있다.

2) 바닥 양식

바닥 양식은 얕은 바다의 모래 바닥이나 바위에 붙어서 기어 다니며 사는 포복 동물의 양식에 이용된다. 대합, 바지락, 피조개, 고막 등은 주로 펄 바닥에 사는 생물이며, 전복, 해삼 등은 암석 지대에 사는 생물이다. 이들 생물의 양식에는 별도의 시설을 하지 않는 것이 보통이지만, 잘 성장할 수 있는 환경을 조성해 주는 것이 좋다. 전복, 소라 등과 같은 포복성 저서 조개류를 그물로 만든 용기에 넣어 해수의 중층이나 저층에 매달아 기르거나, 육상의 수조에서 기르는 일도 있다.

3. 해조류 양식 방법

해조류의 양식은 김, 미역, 다시마 등을 주 대상으로 하고, 주요 양식 방법에는 말목식 양식, 흘림발식 양식, 밧줄식 양식이 있다.

1) 말목식(지주식) 양식

오래 전부터 김 양식에 많이 쓰여 왔던 방법으로, 수심 10m보다 얕은 바다에서 바닥에 소나무나 참나무로 된 말목을 박고, 여기에 김발을 수평으로 매단 방법이다. 이 때, 김발의 높이는 4~5시간 노출선에 맞춘다.

김발의 재료는 예전에는 대나무를 쪼개서 엮은 대발을 사용하였으나, 최근에는 대발 대신 합성 섬유로 만든 그물을 이용한 김발을 사용하고 있다.

2) 흘림발식(부류식) 양식

김 양식을 처음 시작하던 옛날에는 얕은 간석지 등의 바닥에 대나무 등을 꽂아 두면 김 포자가 자연적으로 부착하여 성장하였는데, 이것을 섶발이라 하였다. 그 후 대쪽으로 발을 엮어 수중에 수평으로 매달아 양식하여 왔는데, 이것을 뜬발이라 하였다.

최근에는 대발 대신 합성섬유로 만든 그물을 사용하게 되었다. 김발을 설치할 때에도 말목 대신 뜸과 닻줄을 이용하여 설치하는데, 이런 김발을 흘림발이라고 한다.

3) 밧줄식 양식

밧줄식 양식은 미역, 다시마, 톳, 모자반 등의 양식에 이용되는데, 이들 양식 생물이 바위에만 붙어서 살던 것을 밧줄에 붙어 살 수 있도록 수면 아래의 일정한 깊이에 밧줄을 설치한 것이다. 이 밧줄을 어미줄이라고 하는데, 어미줄에는 실내 구조에서 배양한 종묘가 붙어 있는 실, 즉 씨줄을 감거나 씨줄을 짧게 끊어 일정한 간격으로 어미줄에 끼워서 싹이 자라도록 한다.

제3장 양식장 환경과 먹이 및 영양

1절. 양식장 적지 선정 및 환경 관리

양식장 적지를 선정할 때는 어종에 맞는 물과 종묘 확보 등과 같은 요소를 고려하여 장소를 선택해야 한다. 미리 양식지가 정해져 있을 때는 그 장소에 적합한 어종을 선택하고 그 다음에 관리와 판매를 생각하는 것이 좋다.

1. 물

여기서 물이란 물 자체를 의미하는 것뿐만 아니라, 사육수면 전체와 주변 환경을 고려한 것이다.

1) 수온

수산생물은 종류에 따라 성장에 적합한 성장 적온과 번식에 적합한 번식 적온을 가지며, 성장 적온과 번식 적온이 거의 같은 수산생물도 있고, 현저히 다른 생물도 있다. 번식 적온은 다시 어미의 생식선이 정상적으로 발달할 수 있는 성숙 적온과 어미가 정상적인 알이나 정자를 체외로 산출할 수 있는 산란 적온으로 나눌 수 있다.

성숙 적온은 일반적으로 범위가 넓지만, 그 범위가 분명하지 않는 종류가 많고, 산란 적온은 성숙 적온의 범위 내에 있다.

일년 중 적온 기간의 길고 짧음은 양성 기간에 영향을 미칠 뿐만 아니라 수확을 좌우하며, 판매와 경영에도 영향을 미친다. 예를 들면, 잉어는 10℃ 전후에서 먹이를 먹기 시작하여 수온이 상승하면서 섭이량이 증가하고 잘 성장하지만, 30℃ 이상에서는 섭이량이 저하된다. 보통 4월 말 ~ 5월 초 및 10월 초 · 중순에 15℃ 전후의 수온이 되고, 7~9월에 25~30℃의 수온이 되는 곳이면 잉어 양식은 가능하다.

2) 염분

해산 어패류의 양성지를 선택할 때는 앞서 언급한 수온 이외에도 염분 농도도 고려해야한다. 참돔은 협염성(31.1psu)으로 양성장의 염분이 상당히 높은 수역이어야 하지만, 참굴은 염분 농도가 높은 외양성 연안에서부터 담수 유입이 있는 내만에까지 분포하는 광염성(염분 7.6~33.7psu)으로 염분 농도가 양식장 선정의 제약 요인이 되는 경우는 거의 없다.

또한, 김에서는 채묘 및 생육에 적합한 염분은 모두 33.7psu 이하로 저염분 수역이 양식에 적합하다. 특히, 협염성 어류의 그물 가두리식 양식에서는 대량 강수에 의한 저염분 등에 주의할 필요가 있다.

3) 물의 이용

담수양식에서 무지개송어나 은어와 같이 산소 소비량이 많은 어종은 유수식으로 양식하지만, 산소 소비량이 적은 어종이라도 단위면적당 높은 수확량을 올리려는 경우에는 유수식이 적합하다. 또한, 지수식 양식에서도 용수가 많을수록 양성 관리가 쉬어진다.

담수양식에 이용되는 수자원에는 호소수, 하천수, 복류수, 지하수(용천수 포함) 등이 있지만, 인근 공장이나 농지에서 지하수를 다량으로 사용하여 용수가 부족할 경우를 대비해서 용수의 재이용도 고려해야 한다.

2. 종묘의 확보

수산생물의 양성은 우선 종묘 확보에서부터 시작한다. 양식업에서 종묘비는 사료비와 함께 생산비 가운데서 높은 비율을 차지하고 있으므로, 가능하면 싼값으로 입수할 수 있도록 해야 한다. 그러나 단순히 종묘 가격이 싼 것만이 아니라 종묘 품질도 좋고, 사육 중 탈락률도 적은 것이 좋으며, 또 종묘의 운반비도 적어야 할 것이다. 인공 종묘생산이 쉬운 잉어, 금붕어, 무지개송어, 넙치, 조피볼락 등은 비교적 쉽게 희망하는 크기의 종묘를 입수할 수 있지만, 뱀장어, 방어 등과 같이 종묘를 생산할 수 없는 종류나 시험단계에 있는 것은 자연에서 채포한 자치어를 종묘로 사용해야 된다. 자연 종묘를 사용하는 경우에는 해에 따라 풍흉이 나타나게 되고, 가격의 변동이 심하다. 따라서 양식업을 안정시키기 위해서는 종묘 생산기술을 더욱 개발할 필요가 있다.

3. 사료 구입

과거에는 양어 사료의 단백질 원료는 번데기나 냉동어가 주가 되었으나, 최근에는 각종 양어용 배합사료가 개발되어 시판되고 있다. 따라서 과거와 같이 사료가 적지 선정의 주요 조건으로 되는 경우는 거의 없다고 볼 수 있다.

4. 교통의 편리

수산생물을 양식해서 판매하기 위한 생산물의 출하나 사료를 반입할 때, 수송의 편리 여부도 양식장의 적지 판정에 있어서 중요한 사항이다.

양성된 수산물의 대부분은 활어나 선어 상태로 거래되고, 어체의 크기, 중량, 선도에 의해 단가가 달라진다. 판매를 유리하게 하기 위해서는 출하 대상지의 소비 능력, 판매 단가, 출하 시기 등을 고려하여 생산과 출하를 조정하지 않으면 안 된다. 또한, 쉽게 사육 생물을 관찰할 수 있고, 태풍과 같은 악천후에도 빠르고 정확한 조치를 취할 수 있는 장소와 환경을 갖추고 있는 것이 중요하다.

5. 양식장 환경과 물의 관리

양어지나 양식장에서의 물 관리는 가장 중요한 기술이다. 광범위한 수역의 일부분에서 양식하는 경우에도 우선 시설의 배치나 밀도 등을 고려해서 해수 교환을 꾀하는 것이 좋다. 또한, 해역 전체의 해수 교류를 개선하기 위해 수로 만들기와 같은 토목공학적 수법을 이용할 필요도 있다.

1) 정수식 양어지 · 저수지

정수지나 저수지에서는 유수지나 그물 가두리의 경우와 비교해서 수질이 변화하기 쉽고 물 관리가 어렵다.

① 산소 공급과 소비

정수식 양어지에서 수중에 공급되는 산소원은 식물 플랑크톤의 광합성에 의한 것, 대기로부터의 공급, 각종 폭기장치에 의한 공급 등이다.

한편, 수중 용존산소를 소비하는 것으로는 사육생물의 호흡작용, 수중에 부유하는 동식물 플랑크톤의 호흡작용과 현탁 유기물의 분해, 못 바닥에 퇴적한 먹이 찌꺼기와 배설물 또는 플랑크톤 사체의 분해, 용존산소의 공기 중 확산으로 인한 손실 등이다.

정수식 양어지에서 수중 산소는 대부분 식물의 광합성에 의해 공급되고, 산소 소비는 사육동물에 의한 것 보다는 그 외 다른 요인에 의해 훨씬 더 많은 부분이 소비되고 있다. 그러나 플랑크톤이나 유기물 등에 의한 산소 소비량을 줄이는 것은 식물 플랑크톤도 감소시키는 결과가 되어 결국 산소 공급량을 감소시키는 결과로 될 것이다.

② 용존산소량의 일변화

정수식 양어지에서 하루 중 식물 플랑크톤은 광합성을 하지만 동시에 호흡도 한다. 낮에는 광합성에 의해 생산된 용존산소량은 호흡에 의해 소비되는 양보다 많기 때문에 수중 용존산소량은 증가하며, 오후 2시 전후에 최고가 된다. 밤에는 식물에 의해 광합성이 일어나지 않으므로, 산소는 공기 중에서만 공급되지만 산소 소비는 주야간에 큰 차가 없으며, 용존산소는 점점 감소하여 새벽 4~5시에 최저량에 달한다. 그 후 산소량은 일출과 함께 다시 광합성으로 급속히 증가한다.

잉어나 뱀장어의 양식지에서 여름에 개체가 성장하여 수용량이 증가하면 새벽에 자주 입올림을 하는데, 이 상태가 지속되면 폐사하기도 한다. 이때는 신선한 물을 주입해 주거나 교반기를 사용하여 수중에 산소를 보급해 줄 필요가 있다. 물 사용이 편리한 뱀장어 양식지에서는 못 주수부에 판자나 콘크리트 블록으로 20~50㎡의 쉼터를 설치하고, 그 가운데 배수구도 만들어 이 구간에만 신선한 물을 흘림으로써 밤에 일어나는 산소 부족을 피할 수 있다.

③ 물 변화

정수식 양어장에서 식물 플랑크톤을 적절하게 번식시켜 항상 그 상태로 유지하는 것이 물 만들기이며, 이것이 물 관리의 요점이다. 그러나 온수성 어류를 집약적으로 양식하는 정수지에서는 특히 5~6월과 9~10월에 못의 수색(水色)이 식물 플랑크톤 특유의 청록색에서 단기간에 암갈색, 황갈색, 유백색 또는 투명에 가까운 색으로 변하는 경우가 있다. 이러한 물 변화 현상이 일어날 때는 식물 플랑크톤의 번식이 쇠퇴하고, 때로는 급격히 고사함과 동시에 수중 용존산소도 급격히 저하된다. 이렇게 되면 어류는 섭이 불량이 되어 입올림을 하고 때로는 일시에 대량 폐사하는 수도 있다.

영양염류나 이산화탄소가 급격히 감소한 경우에는 식물 플랑크톤은 정상적으로 번식할 수 없다. 또한, 윤충류가 비정상적으로 번식해 식물 플랑크톤을 섭식해 버리는 것도 물 변화의 원인이 된다.

④ 퇴적니(뻘)

유기물을 다량으로 포함되는 퇴적니도 수질과 관계가 있다. 뻘 표면의 산화 분해가 일어날 때는 영양염류가 보급되어 도움이 되지만, 혐기적 조건에서는 유해물질이나 유해 가스가 발생하게 된다. 탄산칼슘이나 석회를 뿌리면 퇴적니의 유기물 분해를 촉진시킬 수가 있다.

2) 유수지

유수식 양식에서는 주입수의 용존산소량이 포화량에 가깝게 포함되어 있으므로 오탁수가 혼입될 염려가 없고 양식생물의 수용량에 걸맞는 주수량이 확보되어 있으면 물 관리에 별 문제는 없다.

내수면의 유수지에서의 수원은 용천수와 하천수이지만, 용천수는 용존산소량이 현저히 낮고, 질소 가스 등을 포함하고 있는 경우가 많다. 용존산소량이 적을 때는 낙차를 만들어 물을 폭기시켜 산소를 충분히 포함시키는 것이 좋다. 하천수의 경우에는 농약 등 오탁수가 유입되지 않도록 항상 주의하지 않으면 안 된다. 또한, 태풍이나 큰 비에 의한 수위의 증가나 탁수 유입, 이물질에 의한 주수구의 막힘 등에 대비해야 한다.

펌프 양수에 의해 해수를 사용하는 육상 수조나 지하수를 퍼 올려 사용하는 담수지에서는 정전 사고에 대비해야 하며, 따개비 등 각종 부착생물에 의한 수량의 감소에도 주의해야한다.

3) 제방식, 그물 차단식 및 그물 가두리식

이들 해면 구획식의 경우에는 용존산소량의 관점에서 보아 유수지와 지수지의 중간형이라고 볼 수 있다. 이들 구획 양식지의 주된 산소 공급원은 조석 등의 해수 유동에 의한 것으로서, 유수지와는 달리 환수량은 항상 변한다. 환수량은 구획지 주변의 해황, 지세, 구획의 구조에 따라 다르지만, 수용량이 과도하게 많지 않다면 수질이 갑자기 변하는 일은 거의 없다.

그물 가두리의 환수량은 조류나 호수의 흐름, 수용 어류의 유영 등에 따른 영향을 크게 받는다. 해수나 담수 모두 그물 가두리에 각종 생물이 부착하여 환수를 방해하는 일도 수질 악화의 원인이 되므로 이를 제거해 주어야 한다. 또한, 망목의 파손 여부도 늘 점검해야 한다.

해면 구획 양식지나 그물 가두리에서는 지수와 같이 바닥에 점차로 어류의 배설물이나 먹이 찌꺼기가 쌓여 분해될 때 저층수의 산소량은 현저히 감소하고 수질도 변하기 쉽다. 이럴 때는 바닥을 경운하든지 퇴적물을 제거할 필요가 있다.

4) 순환여과식

이 양식방법은 같은 물을 순환시켜 재이용하는 점에서 타 양식법과 구분되고, 수중에는 사육생물이 분비 · 배설하는 암모니아나 유기물 이외에도 먹이 찌꺼기나 그 분해산물이 대량으로 용해되어진다. 이들은 세균이나 원생동물을 증식시키고, 이들 유기물을 분해할 때 용존산소를 소비하고 이산화탄소를 증가시켜 물이 산성화되게 한다.

여과재에는 여과 세균(질산 세균, 유기물 · 단백질 분해 세균 등)이 자연 번식해서 정화기능을 발휘하지만, 산성화가 진행되면 호기성인 질산 세균의 기능은 크게 떨어진다. 따라서 이들 호기성 세균의 정화기능을 왕성하게 하기 위해서도 충분한 통기가 필요하다.

이상과 같이 순환여과식에서는 다른 방식에서 볼 수 없는 특이한 물 관리가 필요하므로, 특히 pH나 용존산소의 변화에 세심한 주의를 기울여야 한다.

2절. 먹이 생물과 사료

1. 먹이 생물의 종류

양식 대상 종류에 따라 사용되는 먹이 생물은 다르다. 무척추동물의 유생은 일반적으로 여과 섭취를 하며, 영양가가 높고, 세포벽이 얇아서 소화가 잘 되는 식물성 먹이 생물인 아이소크리시스 갈바나(*Isochrysis galbana*), 파블로바 루세리(*Pavlova lutheri*) 등이 좋은 먹이 생물이라 할 수 있다. 그러나 갑각류의 유생인 조에아 단계는 스켈로토네마 코스타툼(*Skeletonema costatum*)과 같은 부유성 규조류, 전복 등의 부착성 유생은 나비쿨라 인세르타(*Navicula incerta*) 같은 영양가가 높은 부착성 미세 규조류가 적합한 먹이이다. 또, 어류 유생의 먹이 생물로 사용되는 로티퍼 배양을 위해서는 세포벽은 두껍지만 영양가가 높은 클로렐라를 먹이 생물로 사용한다. 물론, 클로렐라 자체도 어류의 초기 유생을 위한 먹이 생물로 사용되기도 한다.

식물성 먹이 생물에 비하여 동물성 먹이 생물은 개발이 미미한 실정이다. 현재 많이 이용되고 있는 로티퍼와 아르테미아는 원래 바다의 동물성 먹이 생물이 아니라는 점에서 볼 때, 앞으로 연구 · 개발해야 할 여지가 많다. 개발 가능한 동물성 먹이 생물은 원생동물인 섬모충류, 선충류, 새각류, 요각류, 만각류, 기타 무척추동물의 알이나 유생들을 개발 · 이용할 수 있다. 그러나 이들 가운데 아직 완전하게 개발된 동물성 먹이 생물이 많지 않으므로 현재 이에 대한 연구가 절실하다.

2. 사료의 형태

사료는 수분의 함량에 따라 습사료, 반 습사료, 건조 사료로 나누고, 가공 형태에 따라 가루 사료, 반죽 사료, 펠릿 사료와 압출 성형 사료, 크럼블 사료, 미립자 사료 등으로 구분한다.

1) 습사료

수분이 50~75% 함유된 상태의 사료를 말하며, 생사료 자체 또는 생사료와 가루 사료를 펠릿기를 통해 혼합하여 만들어진 사료(예 : 모이스트 펠릿)가 이에 포함된다.

2) 반 습사료

수분이 20~30% 함유된 상태의 사료를 말한다. 우리나라에서 사용하는 반죽 뱀장어 사료, 또는 수분 함량이 적은 모이스트 펠릿 형태의 사료들이 여기에 포함된다.

3) 건조 사료

수분이 7~13% 함유된 상태의 사료를 말하며, 일반적인 배합 사료(가루 사료, 펠릿(pellet) 사료, 부상 사료 등)가 이에 포함된다.

4) 가루 사료

원료 사료를 일정한 입자로 분쇄하거나 기타 물리적 수단을 이용하여 가루 형태로 제작하여 공급되는 사료이다.

5) 반죽 사료

가루 사료에 적당한 수분을 넣거나 습사료에 가루 사료를 적당히 첨가하여 반죽의 형태로 공급되는 사료를 말하며, 국내에서 현재 사용되는 뱀장어 사료가 이에 포함된다.

6) 펠릿 사료 및 압출성형 사료

기계적인 힘으로 압착이나 밀어내기로 일종의 주형틀(die)을 거쳐 성형시킨 사료를 말하며, 사료의 입자 크기에 따라서 다양한 주형틀을 이용하여 펠릿 사료가 제조된다. 압출성형 사료(extruded pellet)는 주형틀에 따라 다양한 모양과 크기로 조절될 수 있으며, 온도, 압력 및 진행 공정 등에 따라 침강, 반부상 및 부상 사료로 나뉜다.

7) 크럼블 사료

크럼블(crumble) 형태로 성형한 사료를 말하며, 특정 목적에 부합되게 파쇄, 선별된 사료를 말하기도 한다.

8) 미립자 사료

아주 미세한 미립자 형태의 배합 사료를 의미한다. 아주 작은 입자에 영양소가 균형적으로 배합되어 있어야 하기 때문에, 이의 제조 방법이 특이하다. 최근에는 어류 종묘 생산을 위한 자어기 어류의 관리에 먹이 생물과 함께 미립자 사료의 사용이 갈수록 확대되고 있는 실정이며, 자어기의 미립자 사료의 공급은 건강한 종묘 생산을 위해 필수적이라 할 수 있다.

제4장 양식의 현황 및 문제점과 향후 전망

1절. 양식의 현황과 문제점

세계적으로 어업 생산량은 꾸준히 증가해 왔는데, 이는 그 동안에 나타난 어선의 대형화, 어선 수의 증가, 어획 장비의 개선과 기술 향상, 그리고 새로운 어장 개척 등의 결과였다. 그러나 최근에는 수산자원 감소에 기인하여 어획노력의 증가에도 불구하고 어업 생산량은 더 이상 늘지 않고 있으며, 앞으로도 어업 생산량은 크게 증대될 전망이 없다고 전문가들은 내다보고 있다.

1996년 세계 수산물 생산량은 1억 2100만 톤이며, 이 가운데 우리나라는 277만 톤(해조류 제외)을 생산하여 점유율 약 2.3%, 세계 11위의 수산물 생산국이 되었다.

한편, 2006년 우리나라 전체 수산물 생산은, 표 3-2와 같이, 303만 톤으로 나타났는데, 어업별로 비율을 보면, 양식업 42.1%, 연근해어업 36.8%, 원양어업 21.1%의 순으로, 양식업은 우리나라 수산물 생산의 중심이 되고 있다. 그러나 양식 생산을 품목별로 보면, 표 3-3과 같이 해조류와 패류의 생산이 전체 양식 생산의 90.7%를 차지하여 양식 생산이 몇몇 품목에 편중되어 있음을 알 수 있다.

표 3-2. 어업별 생산량 및 구성비

구분	생산량(톤)	구성비(%)
연근해 어업	1,115,954	36.8
양식업	1,276,978	42.1
원양 어업	639,184	21.1
계	3,032,116	100

표 3-3. 양식 품종별 생산량 및 구성비

구분	생산량(톤)	구성비(%)
해조류	764,913	60.0
패류	392,768	30.7
어류	107,002	8.4
기타	12,259	0.9
계	1,276,978	100

2절. 향후 양식업의 전망

세계 양식 생산량은 1973년에 약 500만 톤이던 것이 1992년에는 1,900만 톤을 넘어섰으며, 1998년 시점에서 양식 생산량은 전체 수산물 생산량의 약 20%를 차지하게 되었다.

1984년부터 1992년까지 세계의 양식 생산량은 매년 8~14%씩 증가해 왔으며, 지금의 추세로 보아 앞으로도 계속해서 늘어날 것으로 보인다. 양식업은 단위 면적당 생산량을 높이기 위한 양식 기술의 발달과 양식장 면적의 확대를 통하여 생산량을 크게 높일 수 있으므로, 식량,

특히 단백질의 공급에 있어서 양식업이 기여하는 비중은 점차 높아질 것이다.

세계 인구의 증가와 생활수준의 향상에 따라 신선하고 건강에 보다 유익한 고급 단백질 식품의 생산과 소비량이 크게 늘고 있는 반면, 이들 수요는 어획에 의한 공급만으로써는 충족시킬 수 없으므로, 양식 생산의 증대는 필수적이라고 할 것이다.

우리나라의 경우, 양식업 발전의 중요 요인으로서 석유화학 제품, 특히 나일론과 PVC 자재의 대량 보급에 따른 기술 진보를 들 수 있다. 하지만 향후 양식업 발전을 위한 중요 과제는 배합사료의 개발과 질병 퇴치를 위한 어병 방역, 우량 종묘의 대량 생산 기술 및 품종 개량 등을 들 수 있다

앞으로는 양식 생산을 늘리기 위해서 무엇보다 중요한 것은 양식 생산의 기초가 되는 천해역의 특성을 이해하고 양식을 위한 환경을 효율적으로 관리하는 일이다. 천해 양식에 있어서 밀식을 피하고, 경우에 따라서는 휴식년 제도를 도입함으로써 어장환경 조성에 힘쓸 때, 건전한 양식업이 지속될 수 있을 것이다.

양식 생산의 궁극적인 목표는 무엇보다 인간과 자연이 조화를 이룰 수 있는 쾌적한 수계 환경을 조성하는 일과 양식 생산의 개발을 균형 있게 발전시켜 가는 데에 있다.

양식업은 1900년대 후반 이후 우리나라를 비롯하여 전 세계적으로 급속한 성장을 이룩하였고, 또 21세기 유망 산업으로 각광받고 있으며, 최근에는 대규모 기업도 양식업에 참여하고 있는 추세이다. 그러므로 우리들은 새로운 인식과 각오로 양식업의 발전에 이바지하도록 노력해야 할 것이다.

제4편 수산 가공

제1장 수산물의 특성과 주요성분

1절. 수산가공원료의 특성

1. 어획량의 불안정성

어획량 및 어종별 구성이 매년 변동하여 일정하지 않으며, 이러한 점이 수산물의 계획적 가공에 큰 방해가 된다. 정어리, 고등어, 전갱이, 오징어 등의 어획량 변동이 계획적 가공을 어렵게 만드는 좋은 예이며, 부화방류사업으로 모천 회귀율이 좋아지는 연어류나 증양식 어패류의 경우에는 안정적 원료 공급이 기대된다.

2. 원료의 다종다양성

수산물은 농축산물과 달리, 어류, 연체류, 갑각류, 해조류 등 종류가 많고, 종류에 따른 형태 및 화학성분 등의 차이 때문에, 수산물 가공에는 다양하고 고도의 기술과 지식이 요구된다.

3. 부패 및 변질성

육상 동물육보다 어패육은 부패, 변질하기 쉬운 결점이 있다. 그 이유로는 첫째, 근육이 연약하며 비늘이 탈락하기 쉬운 어류가 많다는 것인데, 외상을 받으면 이곳으로 부패세균이 침입하기 쉬워서, 미생물 증식의 원인이 된다. 둘째, 어패류의 사후에 관여하는 각종 효소의 활성이 육상 동물육보다 높다. 셋째, 축육은 도살 후 내장을 제거하고 지육으로 냉각 저장하지만, 대부분의 어패류는 어획 후 내장과 함께 저온 수송하므로 소화관, 아가미, 체표에 오염된 부패세균에 의한 부패가 촉진된다. 넷째, 어패류의 지질은 EPA, DHA 등 고도불포화지방산 비율이 많아서 자동산화하기 쉬우며, 산화에 의하여 생성된 과산화물 및 분해물은 단백질의 변성 등을 촉진시킨다.

4. 어체의 대소, 부위, 어기에 따른 성분 조성의 차이

어패류의 경우, 동일 어종이라도 성분 조성의 차이가 크다. 어체의 대소에 따라 큰 것은 지방 함량이 높고, 작은 것은 낮다. 부위에 따른 차이가 현저한 것은 참치육으로, 복부육의 지방 함량이 가장 높고, 피하지방 부분도 지방 함량이 높으며, 붉은살의 등육은 지방 함량이 낮다. 어기에 따른 영향으로서, 계절에 따라서 단백질 함량에는 큰 변화가 없지만, 지방 함량은 달라진다.

5. 혈합육의 존재

어류에는 보통육(ordinary muscle)과 혈합육(dark muscle)이 존재하며, 혈합육에는 myoglobin과 hemoglobin이 다량 함유되어 있어서 진한 적색을 띤다. 혈합육에는 지방, taurine, 무기질 등의 함량이 보통육보다 높아서 영양적으로 우수한 반면, 선도 저하 및 부패가 보통육보다 비교적 빠르다.

6. 생리활성물질의 존재

최근에 수산물이 건강식품으로 주목받고 있으며, 수산물 중에 포함된 생리활성물질로서 가장 각광 받고 있는 것으로는 지방을 구성하는 오메가-3 지방산인 EPA와 DHA, 그리고 수산 무척추동물(패류, 오징어, 문어 등)과 혈합육에 많은 타우린, 그리고 해조류인 한천, 다시마, 미역 등의 식물섬유 등을 들 수 있다.

7. 유독종의 존재

어패류 중에는 종류에 따라서 생체 중에 독소를 갖고 있는 것, 성장 상태에 따라서 일시적으로 독소를 생산하는 것이 있는데, 이것을 섭취하면 식중독을 일으킨다. 복어의 tetradotoxin, 고동류의 tetramine, 담치류의 mytilotoxin, 바지락의 venerupin, 해삼의 holothruin, 불가사리의 saponin 등이 이에 해당한다.

2절. 수산물의 주요 성분

어패류의 주요 성분은 어종, 암수, 크기, 어획 시기, 어획 장소, 선도, 어체 부위 등에 따라 다르게 나타난다. 어패류의 일반 성분 함량은 수분이 70～85%, 단백질이 5～25%, 지방이 1～10%, 탄수화물이 0.5～1.5%, 그리고 회분이 1～2% 정도이다. 어패류에서는 일반 성분 중에서 지방의 함유량 변동이 가장 심하고, 단백질, 탄수화물, 무기질 등은 계절적 변화가 비교적 적은 편이다.

1. 단백질

어패류 중의 단백질 함량은 종류에 따라 차이가 많은데, 어류는 20% 정도로 가장 많고, 붉은살 생선이 흰살 생선보다 약간 많다. 그리고 오징어, 조개류 등의 연체동물은 약 15% 전후며, 굴, 멍게, 해삼 등은 5% 전후로 대단히 낮다.

2. 지방

어패류의 지방 함량은 어종에 따라 차이가 많은데, 붉은살 생선이 흰살 생선보다 지방 함량이 높다. 그리고 같은 어종이라도 어획 시기, 연령, 영양 상태 등에 따라 차이가 있다. 특히, 산란기 전후에는 지방 함유량의 변동이 크다.

3. 탄수화물

어패류의 탄수화물은 대부분이 에너지를 공급하는 중요한 물질로 다당류인 glycogen으로 존재하며, 함량은 어류 및 갑각류는 1% 이하,

패류는 1~8% 정도이다. 패류의 glycogen 함량은 계절에 따라서 크게 차이가 나고, 특히 제철에는 함량이 높다. 미역, 다시마, 김 등의 식용 해조류는 25~60%의 탄수화물을 함유하고 있지만, 대부분이 체내에서 소화 흡수되지 못하므로 에너지원이 되지는 못한다.

표 4-1. 어패류와 축육의 일반성분 조성

종류	넙치	대구	고등어	굴	오징어	소	돼지	닭
수분(%)	78.0	82.7	62.5	81.9	77.5	75.8	72.4	73.5
단백질(%)	19.1	15.7	19.8	9.7	19.5	22.8	20.7	20.7
지방질(%)	1.2	0.4	16.5	1.8	1.3	3.7	4.6	4.8
탄수화물(%)	0.1	-	0.1	5.0	-	-	0.2	-
회분(%)	1.6	1.2	1.1	1.6	1.7	1.0	1.1	1.3

4. 냄새 성분

어류는 특특한 냄새를 가지는 것이 많은데, 일반적으로 바닷물고기는 민물고기보다 냄새가 덜하다. 어패류에서 선도가 떨어질 때 나는 냄새는 암모니아, 트리메틸아민, 메틸메르캅탄, 인돌, 스카톨, 저급 지방산 등에 의한 것이다. 상어, 가오리, 홍어 등의 연골어 근육 중에는 트리메틸아민옥사이드(TMAO)와 요소의 함유량이 일반 어류에서보다 매우 많기 때문에 트리메틸아민(TMA)과 암모니아가 많이 생성되어 냄새가 심하다.

5. 색소

어패류에 들어 있는 색소는 피부에 있는 피부색소, 근육에 있는 근육색소, 혈액에 있는 혈액색소, 내장에 있는 내장색소로 나눌 수 있다. 이들 혈액색소 중에서 미오글로빈과 헤모글로빈에는 철(Fe), 헤모시아닌에는 구리(Cu)가 함유되어 있다.

3절. 수산물의 맛과 그 변화

1. 미각의 결정요인

어패류에는 맛 성분이 많이 들어있으며, 맛의 결정은, 그림 4-1에 나타낸 바와 같이, 아미노산인 글루타민산(glutamic acid)과 핵산 관련 물질인 이노신산(IMP), AMP가 중심이 되고, 각종 아미노산, 무기질, 지질, 그 외의 정미성분들이 맛을 보강시키는 역할을 한다. 또, 글루타민산과 이노신산은 맛의 상승효과를 일으키면서 감칠맛을 증가시킨다.

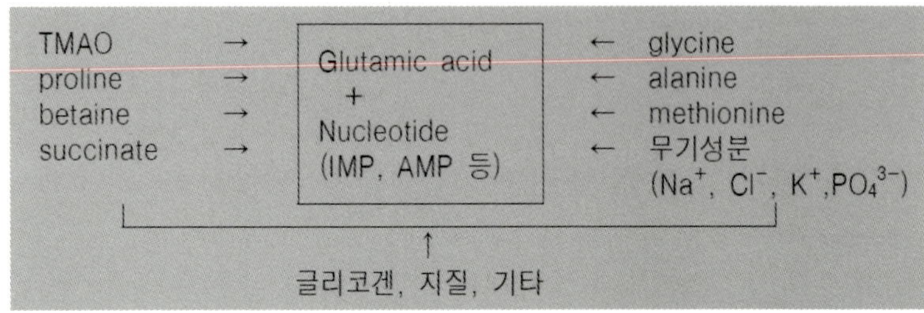

그림 4-1. 어패류 맛을 결정하는 성분들

2. 정미성분

어패류의 근육을 잘게 썰어서 물로써 추출하면 여러 가지 성분이 용출되는데, 이 용출액에서 단백질, 지질, 색소, 기타 고분자 화합물을 제거한 나머지 즉, 유리 아미노산, 저분자 펩타이드, 핵산 관련물질 등의 질소화합물 및 저분자 탄수화물을 통틀어 엑스성분(extractives)이라고 한다. 이들은 일반적으로 어육보다 연체류나 갑각류에서 많은데, 어류 1～5%, 연체류 7～10%, 갑각류 10～12% 정도며, 어육에서는 붉은살이 흰살보다 많다(참치 육은 흰살 어육의 2배 정도). 어류보다 조개, 새우, 게 등이 맛이 진하고, 흰살 어육보다 붉은살 어육이 맛이 진한 것은 엑스 성분의 함량 차이에 기인한 것이다.

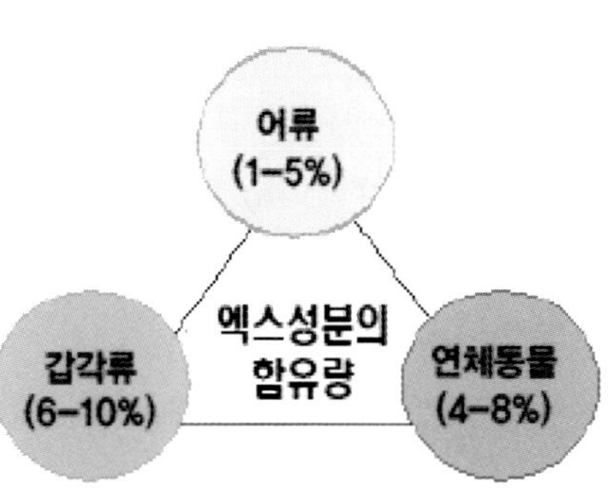

■ 유리아미노산

어육은 새우, 게, 패류 등의 무척추동물의 근육보다 유리아미노산 함량이 적지만, 가다랑어, 참치, 전갱이 등의 붉은살 어육에는 histidine이, 참돔, 넙치, 복어 등의 흰살 어육에는 taurine이 많다.

■ 올리고 펩티드(oligopeptide)

어패류에서 있는 펩티드에는 carnosine, anserine, balenine가 있으며, 이들은 모두 β –alanine과 histidine 또는 histidine의 유도체와의 dipeptide이다.

■ 핵산 관련물질

어육에서는 IMP를, 문어, 가리비, 전복 등에서는 AMP를, 새우 및 게 등에서는 IMP와 AMP를 각각 축적한다. 정미성분으로 중요한 것은 IMP와 AMP로 감칠맛을 내며, glutamic acid와 공존하면 서로의 맛을 강화시키는 상승효과(相乘効果)가 있다.

■ 그 외의 함질소 성분

상기 외의 성분으로는 유기염기의 betaine류, guaindine 화합물, TMAO가 있다.

■ 무질소 성분

유기산의 호박산과 유산이 어패류의 정미성분으로 알려져 있다. 호박산은 바지락 등의 패류에서 많이 검출되지만, 패류의 사후 또는 혐기적 조건하에서 축적되는 성분으로, 수중에 살아있는 패류에는 적다. 유산은 참치, 가다랑어 등의 붉은살 어육에 비교적 많다. 무기이온은 통상은 엑스분에 포함되지 않지만, Na+, K+, Cl−, PO43− 등의 이온은 맛의 발현에 중요하다.

3. 감칠맛의 상승효과

IMP의 역치(閾値)는 0.025%이고, 유리아미노산인 MSG는 0.03%이다. 핵산 관련물질은 MSG와는 달리 양이 증가해도 감칠맛의 세기는 많이 증가하지 않으므로, 정미성분으로서의 의의는 MSG와의 감칠맛의 상승효과(相乘效果)에서 찾을 수 있다. MSG와 IMP와의 사이에는 Y= U +1200UV로 나타낼 수 있으며, 여기서 U와 V는 각각 혼합액중의

MSG와 IMP 농도이고, Y는 혼합용액과 맛의 세기가 동일한 MSG 단독의 농도이다.

MSG와 핵산 관련물질의 상승작용에 의하여 만들어지는 감칠맛은 어패류 맛의 중심이 되며, 자신은 무미인 AMP도 MSG와 상승효과를 나타낸다. 상승효과의 크기는 각각의 농도에 따라서 다르지만, 예를 들면, MSG 0.02%와 IMP 0.02%를 함유한 용액은 상호 상승효과에 의하여 약 0.5% 농도에 상당하는 정미력을 나타내며, 환산하면, 상승효과가 없는 것보다 12.5배가 된다.

$$Y = 0.02 + 1200(0.02)(0.02) = 0.5$$

4절. 어패류의 근육 과학

1. 근육 구조

어패류의 조직은 일반적으로 축육류에 비하여 연약하고, 육의 조직학적 구조도 복잡하며, 어종별로 차이가 크다. 고등어를 체축에 대하여 직각 방향으로 절단한 면을 보면, 그림 4-2와 같이, 표피(epidermis), 진피(dermis), 색소 세포층이 있고, 그 밑에 피하 지방층, 혈합육(dark meat, red meat) 세포층, 보통육(ordinary meat, white meat) 세포층이 있다. 그리고 근절(筋節)이 등쪽 및 배쪽에서 각각 동심원상으로 배열하고 있다.

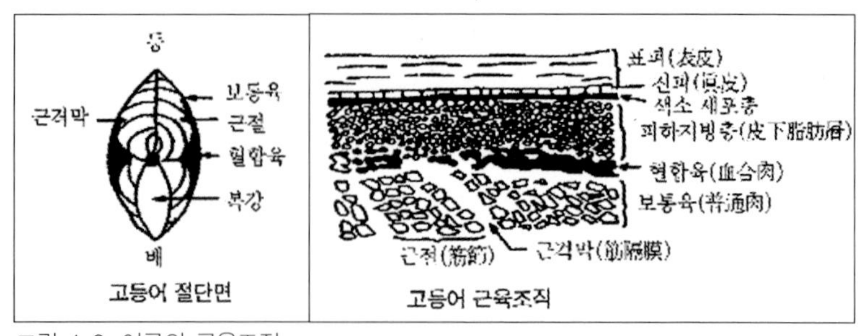

그림 4-2. 어류의 근육조직

2. 백색육과 적색육

어류는 그 육색에 따라서 적색육(dark muscle, red muscle) 어류와 백색육(ordinary muscle, white muscle) 어류로 크게 나누어진다. 즉, 참치, 방어, 고등어, 정어리 등과 같이 장거리에 걸쳐 유영을 하는 것은 적색육 어류에 속하고, 도미, 넙치, 가자미, 조기, 대구 등 한정된 좁은 범위에서 정착 서식하는 것은 백색육 어류에 속한다.

그림 4-3 a는 대구, 도미, 농어, 가자미 등의 근육으로 혈합육의 비율이 낮고, 고등어, 정어리, 전갱이 등(그림4-3 b)은 혈합육의 비율이 높으며 보통육도 담적색을 띤다. 그리고 참치, 가다랑어, 방어 등(그림 4-3 c)은 혈합육이 내부까지 분포하여 있으며 보통육도 상당히 붉다.

이와 같이 생선은 3종류로 나눌 수 있는데, 전자는 흰살 생선, 후자의 2종류를 붉은살 생선으로 구분하기도 한다. 일반적으로 혈합근은 수축은 완만하나 지속성이 있으므로 장기간 유영하는데 사용되며, 보통근은 급격한 운동을 할 때에 사용된다. 그리고 혈합육은 보통육보다 수분과 단백질이 다소 적은 반면, 지방이 많은 것이 특징이다. 또한, 혈합육에는 myoglobin, hemoglobin과 같은 색소단백이 많이 함유되어 있다. 이 외에도 vitamin류 및 각종 효소군도 더 풍부하다. 어종에 따른 혈합육의 비율은 정어리는 31%, 고등어나 청어는 18~20%, 삼치는 4%, 그리고 가물치는 1% 정도이다.

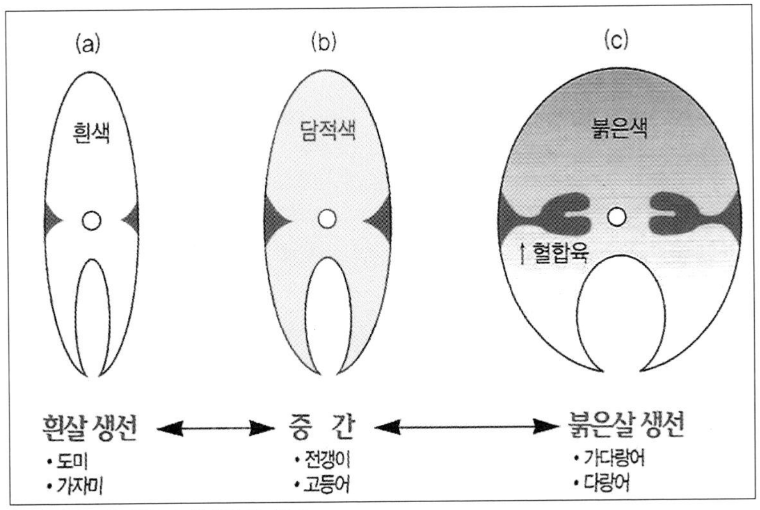

그림 4-3. 백색육과 적색육의 비교

3. 육량

어패류의 생체 전중량(全重量)에 대한 육중량(肉重量)의 비율은 가공에 있어서 제품의 수율을 결정하는 중요 인자이다. 이 비율은 어종과 선도에 따라서 차이가 크며, 같은 어종이라도 계절, 성별, 연령, 어장 및 영양상태 등에 따라서 다르다. 또한, 가공처리에 따른 가식부위 분리 기술에 의해서도 육량이 달라지며, 일부 어류 및 연체동물의 전중량에 대한 육중량의 대략적인 비율은 표 4-2와 같다. 일반적으로 어류에서는 50~60%, 패류에서는 20~40% 정도이며, 연체동물 중 오징어의 경우는 70% 정도에 이른다.

표 4-2. 수산물의 육량(肉量) (단위:%)

어 종(어류)	육 량	어종(연체동물)	육 량
도 미	30	바 지 락	13~20
대 구	31	소 라	20
조 기	42	굴	24
명 태	40	백 합	25~40
고 등 어	50	전 복	50
갈 치	50	보리새우	44
갯 장 어	68	오 징 어	70
가다랑어	70	문 어	80

4. 근육의 미세구조

그림 4-3 및 4-4에서와 같이, 약 100㎛의 근섬유(세포)가 다수 집합하여 근육을 이룬다. 근섬유는 근섬유초에 붙어서 많은 핵을 갖는 다핵세포이며, 근섬유의 내부에는 직경 약 1㎛의 근원섬유가 근섬유의 긴축 방향으로 놓여 있다. 근원섬유는 근육단백질의 최소 단위인 미오신(myosin)과 엑틴(actin)이 모여서 미오신 다발(myosin filament)과 액틴 다발(actin filament)로 된 구조를 이루는 근절이 여러 개 연결된 형태로 구성되어 있다. 근원섬유의 둘레에는 그물모양의 근소포체가 존재하며, 근소포체 내에는 근육의 수축과 이완에 방아쇠 역할을 하는 Ca2+이 들어 있다.

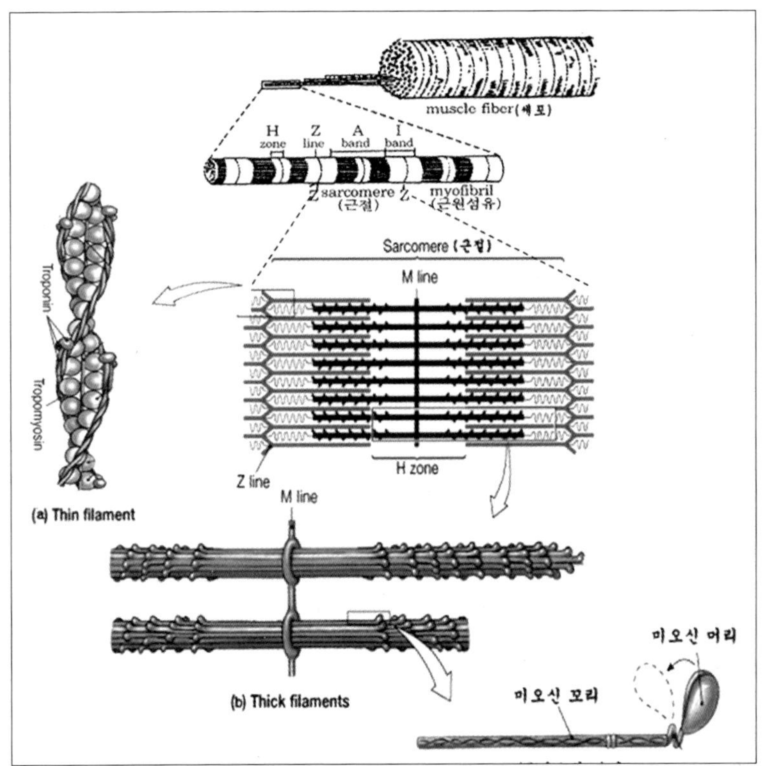

그림 4-4. 어육의 근육 구조

5. 근육 단백질

근육 단백질은 중성염용액에 대한 용해성에 따라 수용성(근형질), 염용성(근원섬유), 불용성(근기질)의 세 가지 단백질 획분으로 나누어지며(표 4-3), 근형질 단백질(sarcoplasmic protein)은 이온강도 0.05 이하의 용액에 용출되는데, 근장 단백질이라고도 불린다. 근원섬유 단백질(myofibrillar protein)은 이온강도 0.5 이상의 중성염용액으로 완전히 추출된다. 불용인 단백질은 근섬유초, 근격막, 힘줄(腱, tendon)

등의 결합조직으로 근기질 단백질(stroma protein)이라고도 부르며, 알칼리 용액에도 불용이다.

표 4-3. 어류 근육단백질의 분류

	용 해 도	존재 위치	대표적인 예
근형질 단백질 20~50%	수용성 (낮은 이온강도의 중성 완충액에 가용)	세포 사이 및 근원섬유 사이	(해당 효소) 크레아틴키나제 팔브알부빈 미오글로빈
근원섬유 단백질 50~70%	염용성 (이온강도 0.5 정도의 중성완충액에 가용)	근원섬유	미오신 액틴 트로포미오신 트로포닌
근기질 단백질 〈10%	불용성 (높은 이온 강도의 중성완충액에 불용)	근격막, 근세포막, 혈관 등의 결합조직	콜라겐

제2장 어획물의 처리와 사후변화

1절. 어획물 처리

1. 어획물 처리의 원리

어획물의 가격은 선도에 따라 좌우되고 수산가공품의 품질도 원료의 상태에 따라 영향을 많이 받으므로, 선도 유지는 경제적 관점에서 매우 중요할 뿐만 아니라, 식중독의 예방 대책으로도 필요하다.

가. 신속한 처리

수산물은 어획 후 신속하게 처리를 하고, 빙장, 냉동 등의 저온 처리를 하여, 효소의 활성 및 세균의 증식을 억제시켜서 선도 유지 기간을 연장시켜야 한다.

나. 저온 보관

어체를 저온 상태로 유지하기 위하여 얼음을 사용할 때는 다음과 같은 점에 유의해야 한다.

① 어상자 바닥에 얼음을 깐 후, 그 위에 어체를 얹고 어체 주위를 얼음으로 채운다.

② 어상자 속의 어체와 얼음에서 흘러내리는 물이 고이지 않고 잘 빠지도록 하고, 얼음은 잘게 부수어서 어체 온도가 빨리 떨어지도록 한다.

③ 고급 어종은 바로 얼음에 접하게 하지 말고, 항산지로 싼 후 그 주위를 얼음으로 채운다.

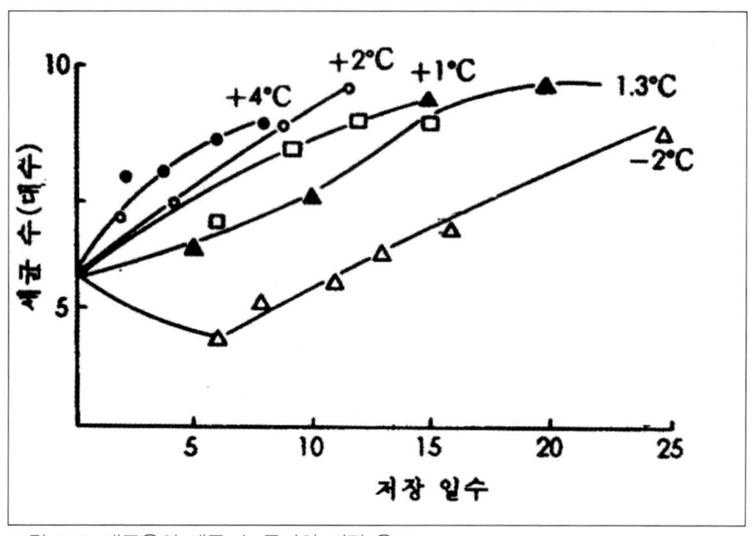

그림 4-5. 대구육의 세균 수 증가와 저장 온도

다. 정결한 취급

① 어체에 묻은 오물과 혈액은 깨끗이 씻어 내고, 어획물을 다루는 갑판, 어상자, 어창, 그리고 어획물과 접촉하는 모든 기구(삽, 갈고리, 광주리, 작업복, 장화, 장갑 등)는 깨끗이 씻어서 사용하고, 가끔 소독해야 한다.

② 어획물은 던지거나 밟아서 상처를 내어서는 안 되며, 갈고리는 사용하지 않는 것이 좋고, 불가피할 때에는 머리 부분으로 한정하여야 한다.

③ 어상자에 담을 때에도 물이 쉽게 빠지도록 하며, 상처가 있거나 선도가 떨어진 어획물은 함께 담지 말아야 한다.

2. 어획물의 선상처리

가. 선별

① 어획물이 선상에 올려지면 물을 뿌려 주면서, 불가사리, 조개 껍데기, 펄 등을 제거하고 어체를 깨끗이 씻으며, 활어로서 가치가 있는 것을 우선 활어창에 넣는다.

② 선별작업 중에는 상처를 입히지 않도록 조심해야 하고, 소형은 대형보다, 그리고 살이 연한 것은 선도 저하 속도가 빠르므로 빨리 선별하여야 한다.

나. 처리 및 보관

① 일반적으로 어획물은 얼음과 같이 어상자에 넣어 보관하나, 광어, 도미, 상어, 다랑어 등 고급 또는 대형 어류는 선도 보존을 위하여, 어획 즉시 피뽑기, 즉살, 내장 제거 후에 세척한다.

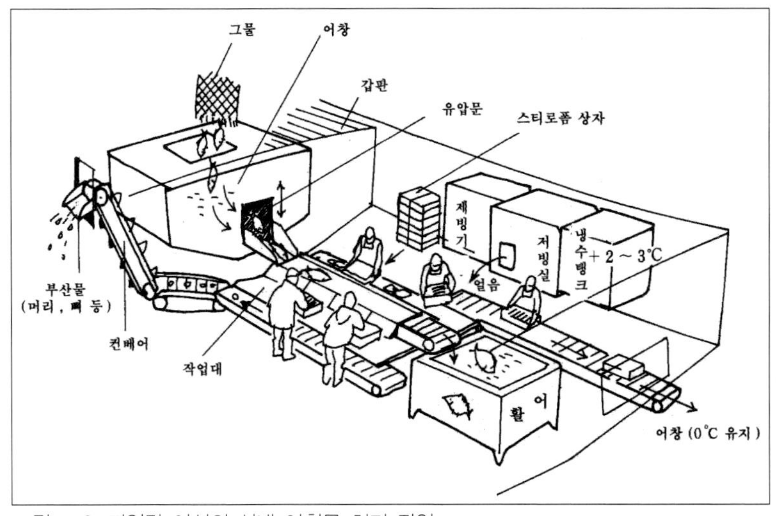

그림 4-6. 저인망 어선의 선내 어획물 처리 작업

② 어획물을 담은 어상자를 어창 안에 잴 때에는, 일반적으로 선미 쪽에서 시작하여 선수 쪽으로 향하게 쌓아 간다.

③ 보관 중에 세균의 발육과 효소의 작용을 억제하기 위하여, 빙장한 상자를 저장하는 어창 안의 온도는 0~4℃, 습도는 90~95% 정도가 알맞다.

3. 어상자와 상자 담기(입상)

가. 어상자

어상자의 재료로서는 나무, 금속, 합성수지, 고무 등이 있으며, 최근에는 나무상자에서 스티로폼 상자로 많이 바뀌었다.

나. 상자 담기(입상)

① 어상자에 어획물을 넣을 때에는 동일 어종으로 크기가 같은 것끼리 넣어야 하며, 혼합 입상은 피한다.

② 어상자의 크기에 비하여 지나치게 많은 양의 고기를 담거나 큰 고기를 담아서 어상자를 몇 겹으로 쌓게 되면, 어체가 손상을 입을 뿐만 아니라 얼음의 냉각 작용이 고루 미치지 못하므로, 선도를 떨어뜨리는 원인이 된다.

③ 어획물을 어상자에 배열하는 방법에는 등을 위로 향하게 하는 등세우기법(배립형), 배를 위로 향하도록 하는 배세우기법(복립형), 옆으로 반듯하게 눕히는 법(평편형), 불규칙하게 흐트려 넣는 법(산립형), 둥그렇게 구부려 넣는 법(환상형) 등 다섯 가지 방법이 있다.

④ 주로 생선 횟감으로 이용하는 도미, 민어 등과 같은 고급 어종은

등세우기법으로 배열하고, 가공 원료로서 이용하는 조기, 매퉁이 같은 어종은 배세우기법으로 배열한다. 그리고 갈치는 환상형으로 배열한다.

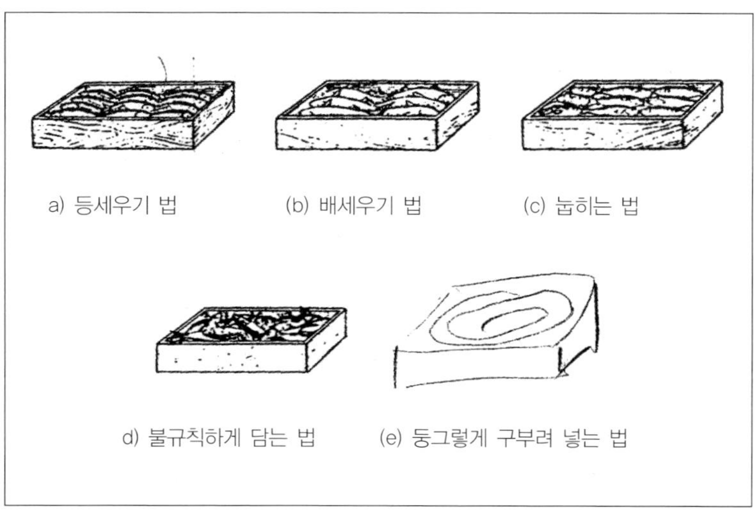

그림 4-7. 어획물을 상자에 담는 방법

4. 어획물의 양육처리

가. 양육

① 양육되는 어획물은 오랜 항해 시간을 거쳤기 때문에, 어체에서 유출된 오물 등으로 더럽혀져 있을 뿐만 아니라 어상자 역시 더럽혀져 있으므로, 냉각시킨 해수로 간단히 씻은 후에 쇄빙을 보충해 주는 것이 좋다.

② 양육된 어획물이 어체에서 유출된 오물 등으로 더럽혀져 있다고 해서, 연안의 높은 온도의 오염된 해수로 씻는 것은 피해야 한다.

나. 어판장에서 취급

① 어판장은 어획물에서 흘러내리는 오물과 많은 사람들의 출입 때문에 세균의 오염 및 번식이 왕성하게 일어나므로, 항상 청결하게 하고 소독도 철저히 해야 한다.

② 경매를 위하여 어판장에 어획물을 일시 보관 시에도 저온으로 유지될 수 있도록 해야 하므로, 양육 작업은 서둘러야 하고, 경우에 따라서는 얼음을 보충해야 한다.

③ 어상자를 던지거나 밟는 일이 없도록 하고, 어상자를 바꾸어 담는 일은 피한다. 그리고 어상자는 햇볕에 방치하지 말고, 바닥이 불결한 곳에서 옮길 때에는 상자를 끌지 않도록 한다.

④ 갈고리로 어체를 찍지 않도록 하고, 어상자를 4~5단 이상으로 쌓지 않도록 한다.

⑤ 어상자를 어판장에 진열할 때에는 일정한 거리 마다 통로를 만들어서, 사람들이 고기를 밟고 다니지 않도록 한다.

⑥ 경매 후에 어획물이 출하된 뒤에는 어판장의 바닥과 기구들을 깨끗이 씻고 말려서 사용함으로써 세균 오염 방지에 힘써야 한다.

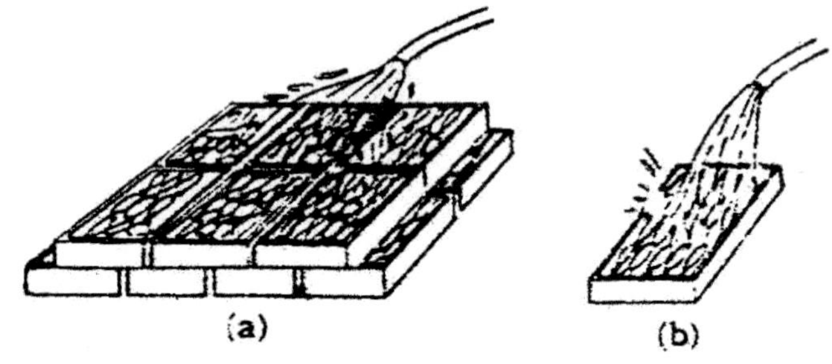

그림 4-8. 양육 직후의 세척

(a)처럼 진열된 어상자에 물을 뿌리는 것은 좋지 않고,
(b)에서와 같이 낱 상자별로 씻는 것이 좋다.

2절. 어획물의 처리와 위생

1. 어패류에 의한 식중독

식중독은 원인 물질에 따라 세균성 식중독, 화학성 식중독, 자연독에 의한 식중독, 진균독에 의한 식중독, 그 밖의 원인에 의한 식중독으로 구분되지만, 어패류에서 특히 문제가 되는 것은 세균성 식중독과 자연독에 의한 식중독이다.

1) 세균성 식중독

가. 감염형 식중독

음식물에 부착해 있는 세균이 증식하여, 그 세균을 음식물과 같이 먹을 때에 세균에 대하여 일어나는 식중독으로, 장염 비브리오균과 살모넬라균에 의한 식중독이다. 감염형 식중독은 다량의 균이 체내로 들어간 때에 발병하므로, 이 식중독을 예방하기 위해서는 식품을 저온으로 저장하거나 먹기 전에 가열하는 것이 중요하다.

나. 독소형 식중독

음식물에 부착해 있는 세균이 증식할 때에 만들어지는 독소에 의하여 일어나는 식중독으로, 포도상구균 및 보툴리눔균에 의한 식중독이 대표적인 것이다. 이 중에서 보툴리눔균은 토양 및 바다펄 등에 생식하는 세균이며, 이 균이 만드는 독소는 자연계에 존재하는 가장 강한 독소이다(복어 독의 300배 이상).

2) 알레르기성 식중독

패류에 세균이 번식하여 아미노산인 히스티딘(histidine)을 탈탄산시켜서 히스타민(histamine)을 생성하며, 이 물질이 원인이 되어서 일어나는 식중독을 알레르기성 식중독이라고 한다. 선도가 떨어진 참치, 고등어, 정어리 등의 붉은살 어류를 섭취 시에 일어나며, 매운맛이 난다.

3) 어패류의 독

가. 어류독

① 복어독

복어독은 가장 잘 알려져 있는 어류독으로 테트로도톡신(tetrodotoxin)이라고 부르고 가열해도 분해되지 않는다. 복어의 종류에 따른 강약은 있지만, 극히 일부를 제외한 대부분이 독을 갖고 있으며, 일반적으로 간장, 난소, 내장의 독성이 강하다. 식후 증상은 20분에서 3시간에 입술 및 혀끝의 마비 증상이 나타나며, 구토, 두통, 주행 곤란, 언어 장해, 지각 마비 현상이 나타나고, 심하면 호흡 곤란, 혈압 강하를 수반하여 4~6시간에 호흡 마비로 사망한다.

② 그 외의 어류독

시구아테라(ciguatera), 파랑비늘돔 중독, 장갱이독, 잉어 중독, 돗돔에 의한 비타민 A 과잉증, 심해어의 왁스 에스테르(wax ester) 등이 있다.

그림 4-9. 대표적인 맹독성 복어 종류

나. 패류독

① 마비성 패류독

마비성 패류독(paralytic shellfish poison, PSP)은 와편모 조류의 일종인 알렉산드리윰(Alexandrium) 등, 해양의 식물성 유독 플랑크톤이 생산한 독을 진주담치, 굴, 바지락, 가리비 등의 이매패류가 축적한 것인데, 그 패류를 섭취함으로써 식중독을 일으키게 된다.

② 설사성 패류독

설사성 패류독(diarrhetic shellfish poison, DSP)은 유독 와편모 조류가 원인이 되어서 이매패가 독화한 것으로서, 마비성 패독과는 달리 지용성이다.

③ 기억상실성 패류독

기억상실성 패독(amnesic shellfish poison, ASP)은 이매패류 및 게, 그리고 멸치, 고등어 등의 어류가 특정한 지역에서 발생하는 규조류를 섭이하여 축적한 것으로, 이를 대량으로 축적한 수산물을 사람이 섭취함으로써 식중독을 일으키게 되는데, 원인 물질에서 명명하여 도모산(domoic acid) 중독이라고도 부른다.

④ 기타 패류독

기타 패류독으로는 바지락 중독, 테드라민(tetramine) 중독, 수랑 중독, 전복 중독 등이 있다.

표 4-4. 패류독의 증상

종 류	증 상
마비성 패류독	근육 마비, 언어 장해, 호흡 곤란, 심하면 사망
설사성 패류독	설사, 메스꺼움, 복통, 구토 등의 소화기계 장해
기억상실 패류독	구토, 복통, 설사, 두통, 식욕 감퇴

4) 중금속

중금속 독으로는 비소(As), 수은(Hg), 카드뮴(Cd), 납(Pb) 등이 있으며, 특징은 아래 표 4-5와 같다.

표 4-5. 유해성 중금속의 특징

	수은(Hg)	납(Pb)	카드뮴(Cd)	비소(As)
성질	· 휘발성 강함 · 공기 중에서 맹독성 상태	가장 흔한 유해성 중금속	강력한 독성금속	대부분의 음식에 포함(특히 해조류)
이용	온도계, 압력계	· 도료, 농약, 납땜 · 어패류, 야채, 쌀 · 장난감 페인트	· 합금과 전기도금 · 살균제, 페인트	· 직물이나 모피 색소 · 세정제, 살균제
흡입 경로	· 석탄, 석유 소각 · 건전지 등의 고형 폐기물 연소	· 음식물, 수돗물 · 가솔린 연소 · 자동차 배기가스	경구, 경피, 기도를 통해 음식으로 흡수	경구, 경피, 기도를 통해 골조직에 흡수
증상	· 폐렴, 설사 · 중추신경 장애	신경박약증, 빈혈, 수면장애, 변비	신장기능장애	전신쇠약, 신경통, 간질발작(유아)
기타	미나마따병	축적: 뼈(85%), 신장과 간(10%)	이따이이따이병	· 맥주 중독 · 분유사건

수산물은 수은 때문에 먹으면 안 된다 ?

우리가 먹는 대부분의 식품에는 미량의 수온이 들어있으며, 수은은 유기수은(메틸수은)과 무기수은으로 나누어지고, 유기수은이 인체에 부정적인 영향을 미친다. 우리나라의 식품위생법에 어패류의 총수은 기준값을 0.5ppm으로 정해 놓고 있는데, 기준값보다 낮은 경우는 평생 계속해서 먹어도 건강에는 영향이 없다.

수은은 먹이사슬의 정점에 가까운 생선인 참치, 새치, 고래 등에 많이 있으므로, 이들 생선을 많이 먹으면 수은 섭취량이 많아진다. 그런데 전 세계에서 참치나 고래의 소비량이 가장 많은 나라는 일본으로, 일본인들에게는 수은 과다섭취로 인한 여러 가지 문제가 발생해야 할 것이다. 그러나 일본인들의 건강수명이 75.5세로 세계 1위인 사실은, 생선이 건강식이며 웰빙 식품임을 임상학적으로도 증명하고 있는 것이다. 물론 허용한계 이상으로 수은의 과다 섭취는 문제가 되겠지만, 수은에 대한 막연한 불안감을 주어서 수산물에 대한 불신을 초래하게 해서는 안 될 것이다.

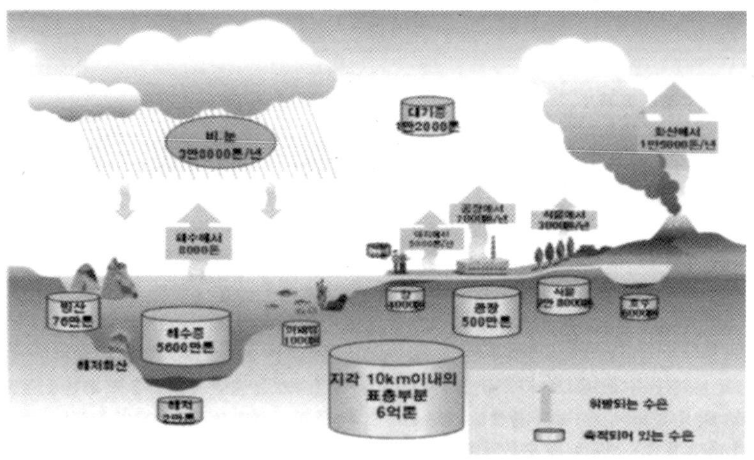

자연계에서 수은의 순환과 축적 (일본 국립미나마타종합연구센터자료)

2. 어패류의 위생대책

1) 세균성 식중독에 대한 위생대책

세균성 식중독의 발생을 방지하기 위해서는 어획물의 처리를 청결하게 하고, 비위생적인 동물(쥐, 파리, 바퀴벌레 등)에 의하여 더럽히지 않도록 해야 하며, 식중독균의 증식을 억제하는 10℃ 이하에서 보관해야 한다. 선도가 저하한 생선을 먹을 때에는 반드시 가열하여 먹어야 하는데, 이것은 감염형 식중독균은 내열성이 약하기 때문이다. 그러나 독소형 식중독균에 의하여 생성된 독소는 가열하여도 분해되지 않으므로, 위생관리를 철저히 해야 한다.

2) 자연독에 의한 대책

복어독, 독꼬치고기독 등은 내인성으로 알려져 있으며, 외인성으로는 담치, 가리비 등 이매패의 마비성 패류독, 굴이나 바지락의 베네루핀 등이 있으며, 섭취 시에는 주의가 필요하다.

3) 기생충에 대한 위생대책

해산 어류 중에 분포하는 아니사키아스뿐만 아니라, 담수산 어패류 중의 디스토마 등의 기생충은 가열하거나 -20℃ 이하로 동결저장하면 사멸하므로, 감염을 예방할 수 있다.

3절. 어패류의 사후 변화

1. 사후경직

어패류는 죽게 되면 살아 있을 때와는 다른 변화가 근육에서 일어난다. 즉, 살아 있는 상태에서는 산소가 충분히 보급되는 호기적 상태로, 생체에서는 분해와 동시에 합성이 일어난다. 한편, 사후에는 산소가 공급되지 않는 혐기적인 상태로 되며, 어패류의 사후변화의 과정은 그림 4-10과 같다.

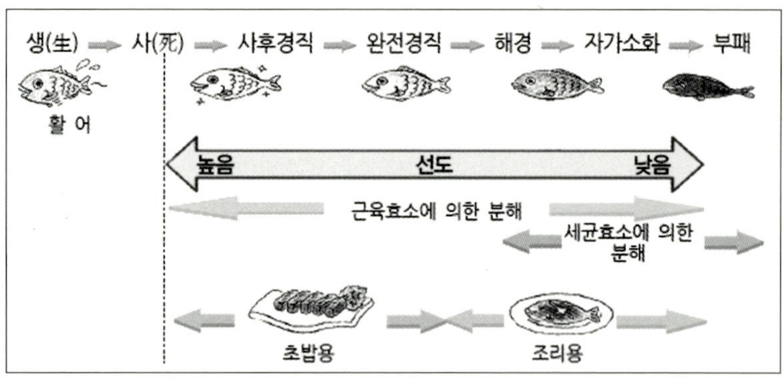

그림 4-10. 어패류의 사후변화 과정

동물이 죽으면 빠른 것은 수 분, 느린 것은 수십 시간이 지나면 근육이 강하게 수축하여 경화하고, 육의 투명도는 떨어져서 흐려지게 된다. 이러한 상태가 일정 시간 지속되는데, 이 현상을 사후경직(rigor mortis)이라고 하며, 사후경직은 물리적으로는 근육이 신전성(extensibility) 또는 탄성(elasticity)를 잃고 경직성(stiffness)을 나타내는 현상이다. 일반적으로 사후경직이 시작되는 시간은 소 24시간, 돼지 12시간, 닭 2

시간, 어류 5시간 정도이며, 지속시간은 5℃에 저장하였을 경우 소 8~10일, 돼지 4~6일, 닭 반일~1일, 어류 2일 정도이다.

2. 해경 및 자가소화

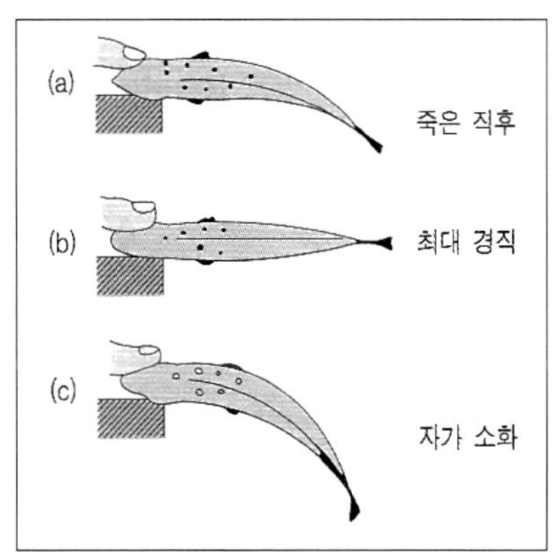

사후경직이 일정시간 지속된 후에 조직 내의 효소 작용으로 근육의 유연성이 증가하는 현상으로서, 해경과 자가 소화는 외관적으로 구별하기가 어렵다. 해경은 사후경직에 의하여 수축된 근육이 풀리는 현상이며, 자가소화는 근육의 주성분인 단백질, 지방질 및 글리코겐이 근육 및 내장 중에 존재하는 효소의 작용 등으로 분자량이 적은 화합물로 되어서 근육 조직에 변화가 일어나는 현상이다.

3. 부패

자가소화에 의하여 생성된 물질을 영양원으로 하여 증식된 미생물이 생산한 효소의 작용에 따라 단백질, 지방질, 당류의 분해, 그리고 TMA 및 요소의 생성 등이 일어나며, 암모니아 및 황화수소와 같은 악취성분이 생겨서 부패 상태로 된다.

4절. 어패류의 선도 판정

어패류의 사후 변화는 복잡하고, 또 그 요인에 따라 차이가 많으므로 한 가지의 지표 물질이나 특성을 측정하는 것만으로 선도를 판정한다는 것은 어렵다, 따라서, 목적에 가장 적합한 2, 3종류의 방법을 병행하여 종합적으로 판정하는 것이 좋다. 선도 판정법에는 관능적 방법, 세균학적 방법, 물리적 방법, 화학적 방법 등이 있다.

1. 관능적 방법

관능적 방법은 경직의 상태, 피부의 광택, 안구의 상태, 복부의 연화도, 아가미 색도, 육의 투명감 및 점착성, 냄새 등에 따라서 선도를 판정하는 것으로, 충분한 경험이 축적되면 정확, 신속하게 판정이 가능하다. 그러나 관능적 판정방법에는 통일된 기준이 없고 수치화가 곤란하며, 객관성 및 재현성이 결핍되는 점이 문제이다.

2. 화학적 판정법

화학적인 판정법은 선도의 저하에 따라서 어육 중에 증가하는 특정 성분을 측정하여 판정하는 방법으로, K값, 휘발성 염기질소(VBN), TMA 측정법, 그리고 단백질 변성 정도 측정법 등이 있다.

3. 세균학적 판정법

어패육에 부착한 세균수를 측정함으로써 선도를 판정하는 방법이다.

4. 물리학적 방법

어체의 연도 및 전기저항 측정법, 바이오센서 방법 등이 있다.

제3장 어패류의 저온저장

1절. 저온저장의 원리 및 방법

1. 저온저장의 원리

식품의 품질을 저하시키는 원인은 크게 다음의 4가지로 분류한다.

① 식품 자체의 효소에 의한 분해

② 세균 및 곰팡이 등의 미생물에 의한 분해

③ 산화 등의 화학적 반응에 의한 것

④ 건조 등의 물리적 작용에 의한 것

이 중에서 어느 것도 품온을 내리면 그 작용이 완만해져서 품질 저하 속도가 상당히 억제된다. 표 4-6에 나타난 바와 같이, 0℃까지 온도를 내리면 미생물의 작용은 상당히 억제된다. 저온에 강한 효소일지라도 -20℃ 이하, 또 저온에 비교적 강한 저온 세균, 효모 및 곰팡이도 -10℃ 이하가 되면 작용이 거의 정지한다. ③의 화학적 작용도 온도차가 10℃일 때의 화학반응 속도의 비를 온도계수로 나타내면, 상온에서 화학반응 속도는 Q10=2~3이며, 작용은 품온이 10℃ 올라감에 따라서 2~3배, 반대로 품온이 10℃ 내려감에 따라서 1/2~1/3로 저하한다.

이와 같이, 식품을 저온에 보존하면 품질을 저하시키는 원인이 상당히 억제되어 품질이 보존되는데, 이것이 저온 저장에 의한 보존의 근본적인 원리이다.

표 4-6. 효소와 미생물의 저온에서의 거동

온 도	효 소	미생물			
		식중독 세균	저온 세균	효 모	곰 팡 이
10	작용함	활발히 발육 가능한 하한온도	활발히 발육함	작용함	작용함
3.3	작용함	특별한 균만 서서히 발육 가능한 하한온도	활발히 발육함	작용함	작용함
0	작용함	발육 못함	활발히 발육 가능한 하한온도	일부 작용	작용함
−10	일부 작용	발육 못함	특별히 균만 서서히 발육 가능한 하한온도	일부 작용	일부 작용
−20	일부 작용	발육 못함	발육 못함	작용 못함	작용 못함
−30 이하	작용 못함	발육 못함	발육 못함	작용 못함	작용 못함

2. 식품냉동의 이용온도 범위

식품을 저온에 저장하는 경우에는, 그림 4-11에 나타낸 바와 같이, 동결점 이하의 저온에서 냉각하여 저장하는 단기간의 저장법인 냉각저장(cold storage)법과 동결점 이하(일반적으로 −18℃ 이하)에서 동결하여 저장하는 장기간의 저장법인 동결저장(frozen storage)법으로 대별된다.

일반적으로 저장 온도가 낮을수록 저장성이 좋아지므로, 축육 및 어육 등과 같은 비생체 식품을 장기간 저장할 경우에는 동결저장법을 채용한다. 그러나 과실과 야채 등과 같이 수확 후에도 살아있는 생체식품은 동결하면 동결장해를 일으켜서 상품가치를 잃어버리는 악변화가 일어나므로 냉각저장법을 채용한다.

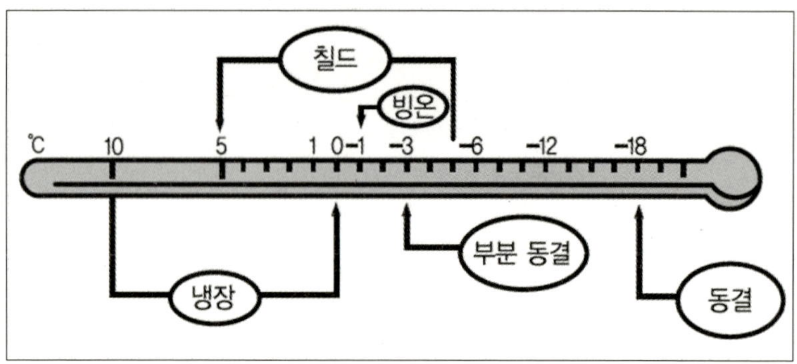

그림 4-11. 식품의 저온저장 온도범위

2절. 저온의 생성방법

1. 자연냉동법

1) 융해잠열 이용방법:

얼음이 0℃에서 녹을 때 1kg당 79.68kcal의 융해잠열을 이용하는 방법

2) 증발잠열 이용방법:

액화질소(−196℃) 및 액화천연가스(−160℃)가 증발할 때, 1kg당 각각 48kcal 및 118kcal의 증발잠열을 이용하는 방법

3) 승화잠열 이용방법:

드라이아이스(−78.5℃)가 승화할 때 1kg당 137kcal의 승화잠열을 이용하는 방법

4) 기한제 이용방법:

눈 또는 얼음과 염류 및 산류와의 혼합제를 기한제라고 하며, 이들이 녹을 때의 융해잠열을 이용하는 방법

2. 기계냉동법(증기압축식)

암모니아, 프레온 등의 냉매가 증발할 때에 증발 작용을 이용한 것이다. 증발잠열을 피 냉각 물체로부터 흡수하여 냉각시키며, 이때 증발 기화한 가스를 다시 액화하여 증발과 응축을 반복시키는 사이클로 연속적인 냉각작용을 얻는 방식으로, 오늘날 냉동기 종의 주류를 이루고 있다(그림 4-12).

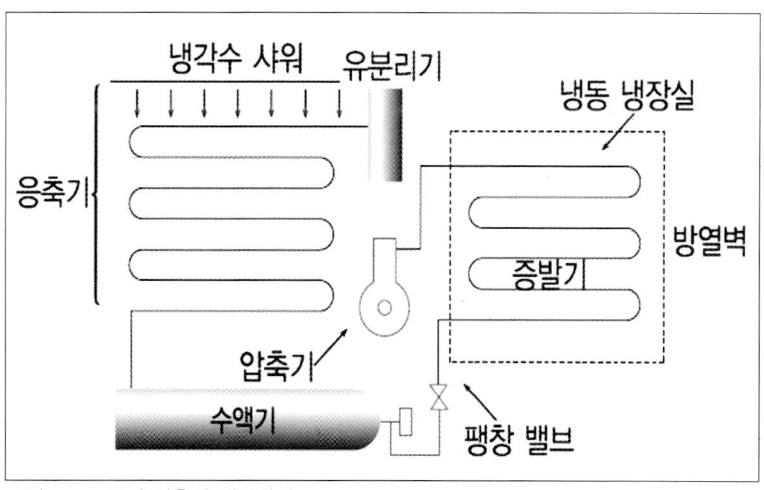

그림 4-12. 증기 압축식 냉동장치도

3절. 어패류의 저온저장법

1. 어패류의 냉장법

식품을 실온보다 낮고 동결점보다 높게 특정의 온도로 냉각하여 그 품온을 유지함으로써 선도 유지를 꾀하는 것을 냉장이라 한다. 이 중에서 얼음을 이용하여 식품을 냉각시켜 저장하는 것을 빙장법이라 하며, 수산물의 단기간 저장에 널리 이용되고 있다. 청수빙은 0℃, 해수빙은 약 -2℃에서 융해한다. 생선어류의 빙장에는 쇄빙법 또는 수빙법이 사용된다.

1) 쇄빙법

어류에 쇄빙을 직접 얹어서 얼음 자체의 냉각력을 이용하는 것이다. 대부분의 경우 어류를 그대로 쇄빙과 섞어서 저장하며, 대형어의 경우는 아가미나 내장을 제거하고 얼음을 채워 넣은 경우도 있다. 빙장에 있어서 얼음의 사용 비율은 빙장 일수와 계절에 따라서 변화한다. 이 방법은 선도 보존 효율이 떨어지며 얼음이 녹은 청수에 의한 등푸른 생선의 백택화 현상이 문제가 된다.

2) 수빙법

어류를 쇄빙을 가한 냉수 중에 침지하여 저장하는 방법으로, 어창에 냉각 해수 또는 청수를 넣고 어류를 쇄빙과 함께 투입하여 냉각시키는 방법이다. 수빙법은 냉각 속도가 빠르고 어패류를 공기와 차단할 수 있으며, 얼음에 의한 외형의 파손이 없으므로, 어류의 선도보존에 좋은 효과를 나타낼 수 있으나, 작업의 불편은 쇄빙법보다 많다.

2. 어패류의 동결법

1) 동결곡선

식품의 냉각이 진행되는 동안에 시간의 경과에 따른 품온의 강하 상태를 나타내는 것을 동결곡선(freezing curve)이라고 한다. 동결은 식품의 표면에서 중심으로 향하게 되며, 식품의 동결 과정에서 식품의 온도 변화를 그림 4-13에 나타내었다. 경사가 완만한 동결단계는 온도 강하에 시간이 많이 걸리는 구간으로 최대 빙결정 생성대라고도 하며, 이 구간에서 식품 중의 수분 함량의 약 80%가 빙 결정으로 변하므로, 가능한 한 빨리 통과시키는 급속 동결을 해야 한다. 이 구간을 지난 식품은 관능적으로 단단하게 되어서 동결상태로 되며, -18℃ 이하 저온으로 유지하도록 권고하고 있다.

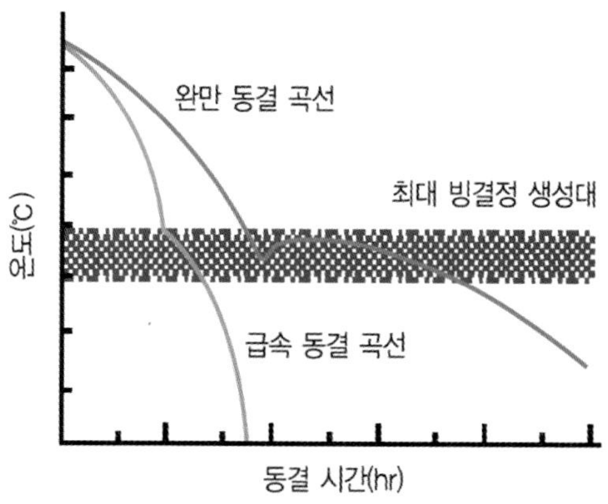

그림 4-13. 식품의 동결곡선

2) 급속 동결과 완만 동결

동결방법은 최대 빙결정 생성대를 통과하는 데에 걸리는 시간에 따라 급속 동결과 완만 동결로 대별되며, 급속 동결을 하면 세포 내외에 소립(小粒)의 빙결정이 다수(多數) 생성되는 반면에, 완만 동결을 하면 세포 외에 대립(大粒)의 빙결정이 소수(少數) 생성된다(그림 4-14). 동결 직후 또는 저장 초기에 해동하면 세포내 동결, 세포외 동결 어느 쪽도 품질에 큰 차이는 없으나, 저장기간이 길어지면 세포외 동결 쪽이 품질저하가 크게 된다.

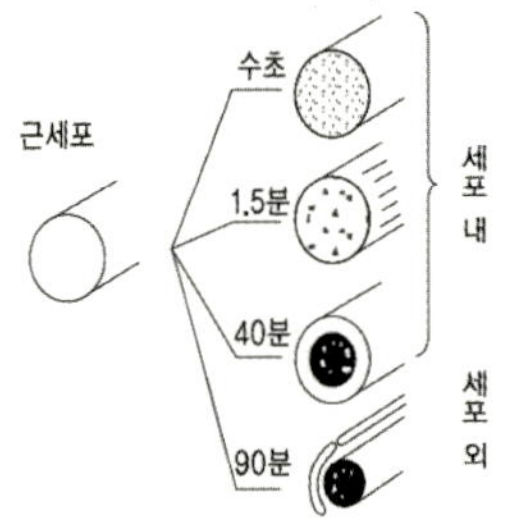

동결 속도 (-1~-5℃ 통과 시간, 얼음의 위치)	모양	크기 (지름×시간)	세포 내에 있어서
근세포 – 수초 (세포 내)	바늘 모양	~5㎛× 5~10㎛	동결 속도 ≫ 물의 이동도
1.5분 (세포 내)	막대 모양	5~20㎛× 20~500㎛	동결 속도 > 물의 이동도
40분 (세포 외)	기둥 모양	50~100㎛× 100㎛ 이상	동결 속도 < 물의 이동도
90분 (세포 외)	기둥 모양	50~200㎛× 2000㎛	동결 속도 ≪ 물의 이동도

그림 4-14. 동결속도에 따른 어육내의 빙결정 분포

4절. 식품의 해동

해동은 동결품의 품질 보존상 동결과 마찬가지로 중요한 공정이며, 해동품의 품질에 영향하는 인자로는 해동 전의 품질, 해동속도, 해동 종온도, 해동방법 등을 들 수 있다.

1. 복원

해동 과정에서 복원은 형태적 복원과 본질적 복원으로 나눌 수 있으며, 세포 외 동결이 된 동결품을 해동하면 녹은 수분이 다시 세포 내로 흡수되어 동결 전의 형태로 복원하게 되는데, 이런 흡수에 의한 복원을 형태적 복원이라고 한다.

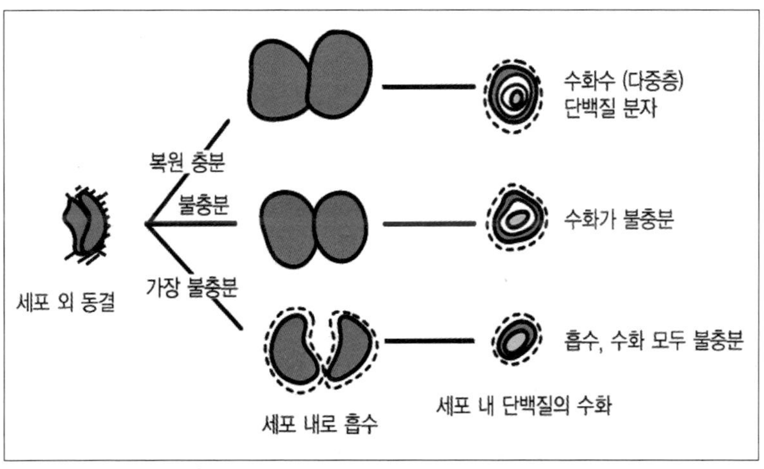

그림 4-15. 해동과 복원

세포 내에 흡수된 수분은 세포 내의 단백질과 재결합하게 되는데, 이런 결합을 수화(水和)라고 하며, 수화가 충분히 일어나기 위해서는 동결저장 중의 단백질 변성이 최소이어야 하며, 이때의 복원을 본질적 복원이라고 한다(그림 4-15).

수화가 충분히 일어나야 동결 전에 육이 가지고 있는 보수성 및 texture가 살아나게 되며, 형태적 복원이 충분히 일어난 경우에도 본질적 복원, 즉 수화가 불충분한 경우는 해동품으로서의 품질이 저하한다.

2. 해동 속도와 해동종 온도

종래부터 완만 해동의 장점으로 녹은 수분이 세포 및 조직에 흡수되어 복원하는 시간적인 여유가 있다고 지적해 왔으나, 세포 내의 복원상태를 동결 현미경으로 관찰한 결과, 복원은 대단히 신속하여 흡수력이 약해져 있는 세포도 흡수 시간은 10~20분으로 충분하므로 완만 해동의 필요성이 없는 것으로 알려져 있다. 또, 동결품을 해동시킬 때에는 동결 시와 마찬가지로, −5℃~동결점 사이의 온도대가 시간이 많이 걸리는 최대 빙결정 융해대에 해당되므로, 이 온도대에서는 생화학적 및 효소적인 반응, 그리고 미생물 증식의 관점에서 급속 해동이 바람직하다고 할 수 있다. 동결의 경우에는 동결 속도가 빙결정의 생성형태에 영향을 미쳐서 근육 세포에 물리적인 손상을 주어 품질 저하를 초래하게 되지만, 해동의 경우는 해동 속도가 품질에 미치는 영향은 적으며, 오히려 해동종 온도가 더 큰 영향을 미친다.

따라서 해동종 온도는 가능한 한 낮게(세균학적 측면에서는 5℃ 이하가 바람직하며, 허용된 상한은 10℃) 하며, 일단 그 온도에 도달하여서는 단시간 내에 처리해야 한다. 실제로는 완전히 해동시키지 않고 중심부가 아직 얼어서 약간 단단하며 칼이 들어갈 수 있는 반 해동의 단계(중심 온도로서 −3~−4℃)에서 다른 처리를 하는 것이 바람직하다.

3. 드립

동결식품을 해동하면 빙결정이 녹아서 수분이 생성되는데, 이 수분이 동결 전의 상태로 육질에 흡수되지 못하는 경우에는 drip으로서 밖으로 유출하게 된다. 또, drip 중에는 수용성 단백질, 엑스분, 염류, 비타민 등의 수용성 성분이 함께 유출되므로, 맛 및 영양분이 소실된다. drip의 종류는 다음과 같다.

- 유출드립(free drip) : 해동 시에 형태적 복원이 되지 못한 수분이 자연히 식품 밖으로 흘러나온 것
- 압출드립(expressible drip) : 유출드립이 나온 뒤 1~2kg/㎠의 압력을 가할 때에 본질적 복원이 되지 못한 수분이 밖으로 흘러나온 것

Drip의 발생량은 원료의 품질, 동결저장 기간 및 온도 관리, 해동방법, 해동종 온도 등에 따라 다르다. 일반적으로 선도가 좋고 동결 속도가 빠를수록, 동결저장 온도가 낮고 그 기간이 짧을수록, 온도의 상하 변동이 적고 해동 속도가 빠르며 또한 해동종 온도가 낮을수록 drip 발생량이 적다.

5절. 저온과 미생물

동결에 의한 식품의 저장법은 향미, 식감 및 식품 고유의 품질에 주는 영향이 적어서 가장 우수한 저장방법의 하나로 실용화되고 있다. 그러나 동결처리 자체는 식품 중의 미생물에 대한 살균 작용은 거의 가지고 있지 않으므로, 동결품은 일단 해동하게 되면 동결 전에 그 식품이 가지고 있던 미생물의 상황이 그대로 재현되어 식품의 부패 및 식중독 발생의 문제가 야기된다. 특히, 동결 전에 비위생적인 취급을 한 식품은 해동 후에 품질에 주는 영향이 크다는 특징을 가지고 있다.

1. 세균의 증식과 저온

세균은 주위환경의 온도가 낮을수록 증식이 억제된다. 즉, 식중독세균은 40~10℃에서 신속히 증식하며, 10~5℃에서 일부의 것은 완만히 증식하지만, 5℃ 이하에서는 증식하지 않는다. 그러나 저온세균은 0℃까지 신속히 증식하고, 0~-10℃에서도 완만히 증식하며, -10℃ 이하에서 증식이 중지되고 사멸도 일어난다. 저온세균이 저온영역에서 증식 가능한 이유는 저온에서도 세포막의 유동성 및 기질 투과성 기능의 유지 그리고 단백질 합성이 가능하기 때문이다.

2. 저온에 의한 미생물의 사멸

미생물을 급속히 냉각하면 동결점 이상의 온도에서도 일부는 사멸하게 되는데, 이 현상을 cold shock라고 부르며, 고온 및 중온세균이 저온세균보다 그 영향이 크다. 최대 빙결정 생성대에서는 빙결정의 생성에 따라 세포막이 손상을 받으므로 사멸균이 생기며, 이 온도대에서의 사멸률은 -20℃에서보다 현저하게 나타나는데, 그 이유는 -20℃에서는 구조적 손상(構造的損傷, 세포막의 파괴)만을 받는 데 비하여, 최대빙결정 생성대에서는 구조적 손상 외에 대사적 손상(代謝的 損傷)을 받으므로 사멸률이 증가한다. 동결에 의한 사멸 정도는 균 종류에 따라 다르며, 저온 부패 세균인 Pseudomonas는 동결에 대한 내성이 약하다. 일반적으로 gram negative균이 gram positive균보다 사멸률이 높다.

3. 식중독 세균의 최저증식온도와 동결 내성

1) 식중독 세균의 최저증식온도

식중독 세균의 최저증식온도와 독소 생성의 최저 온도는 표 4-7과 같다. 즉, Staphylococcus aureus와 Salmonella는 6.6℃에서 증식했다는 보고가 있으며, 장염 Vibrio 및 Clostridium botulinum A, B형 균은 10℃이지만, Clostridium botulinum E형 균은 3.3℃에서 발육한다는 보고가 있다. 식중독 세균의 증식 또는 독소 생성의 실용상의 최저온도를 정하는 것은 쉽지 않으나, 통상은 10℃가 한계로 되어 있다.

2) 식중독 세균의 동결 내성

동결저장 중의 식중독 세균의 사멸률은 식품의 종류, 그 외의 환경 조건에 따라 다르다. 식중독 세균 중에서 동결 내성이 가장 낮은 것은 장염비브리오균이며, Salmonella균도 Vibrio균 만큼은 아니지만 동결

표 4-7. 식중독 세균의 증식 및 독소 생성의 최저 온도

세 균	최 저 온 도(℃)		
	증 식	독소생성	생 존
Samonella	5.5~6.8	-	5.1~5.9
Vibrio parahaemolyticus	5.0~8.0	-	5.0~8.0
Staphylococus aureus	6.6	18	0
Clostridium botulinum A, B type	10	10	0
Clostridium botulinum E type	3.3	3.3	0

저장 중에 사멸하기 쉬운 균이다. 여기에 비교하여 Staphylococus aureus 및 Clostridium botulinum은 동결에 대한 내성이 강하여, 동결 저장 중에 거의 사멸하지 않는 균이다.

제4장 수산물의 영양 및 기능성

1절. 수산물의 영양 및 기능성 성분

1. 식생활과 성인병

표 4-8에 나타낸 바와 같이, 소득 수준의 향상으로 우리나라 국민의 동물성 단백질 섭취량은 1975년도 15.2g에서 2005년도 45.7g으로, 30년 사이에 3배로 증가하였다. 그런데 그중에서도 축육 단백질 량은 1975년 4.9g에서 2005년 26.4g으로 5.4배로 늘어난 반면에, 어패류 단백질량은 1975년 10.3g에서 2005년 18.9g으로 1.8배로 증가하였다. 이와 같이, 동물성 단백질 섭취량 중에서 축육 단백질 량의 급격한 증가는 우리 식생활이 서구화 되어 가고 있음을 의미하며, 지난 10년 사이에 성인병 발병률이 4~5배나 현저히 증가하고 있는 것은 식생활의 영향 때문이라고 생각할 수 있을 것이다.

표 4-8. 국민 1인당 1일 동물성 단백질 섭취량(g)의 변화

연 도	축 육	어 패 육	합 계
1975	4.9(32.2%)	10.3(67.8%)	15.2(100%)
1985	12.1(42.5%)	16.4(57.5%)	28.5(100%)
1995	22.9(58.2%)	16.4(41.8%)	39.2(100%)
2000	26.3(63.8%)	14.9(36.2%)	41.2(100%)
2005	26.4(57.7%)	18.9(41.3%)	45.7(100%)

자료 : 한국농촌경제연구원, 식품수급표(2006년), ( )안은 구성비(%)

2. 영양소

1) 각종 영양소

사람이 살아가기 위해서는 항상 외부로부터 영양을 공급받아야 하는데, 몸에 필요한 영양소에는 탄수화물, 지방, 단백질, 무기질, 비타민, 물이 있으며, 이것들을 '6대 영양소'라고 한다. 이 중에서 체내에서 에너지원이 되는 탄수화물, 지방질, 단백질을 '3대 영양소'라고 부르며, 이상적인 섭취 비율은 단백질 : 지방 : 탄수화물이 12~13% : 20~30% : 57~58%로 추천되고 있다.

지방은 세포막 등의 생체막의 구성 성분이고, 단백질은 근육 및 내장의 구성 성분이기도 하다. 그리고 무기질과 비타민은 몸의 기능 유지 및 조절에 필요한 영양소이며, 다른 영양소의 작용을 돕는 역할을 한다. 몸의 구성 성분 및 에너지로 되지 않는 식이섬유는 "인체에서 소화되지 않는 난 소화 성분"으로 정의하고, 유용한 기능성 성분으로 주목받고 있다.

2) 열량

성인이 하루에 필요한 열량은 약 2,500kcal(여자는 약 2,000kcal)이고, 이 열량은 음식을 섭취할 때에 3대 영양소인 단백질, 지방, 탄수화물로부터 얻는다. 생선에는 3대 영양소 중에서 탄수화물은 대단히 적고, 단백질이 평균 20%, 지방이 평균 3%이며 나머지 대부분은 수분이다. 이들 3대 영양소의 열량은 단백질과 탄수화물이 4kcal/g이고, 지방은 9kcal/g으로 단백질과 탄수화물의 배 이상의 칼로리를 갖고 있다.

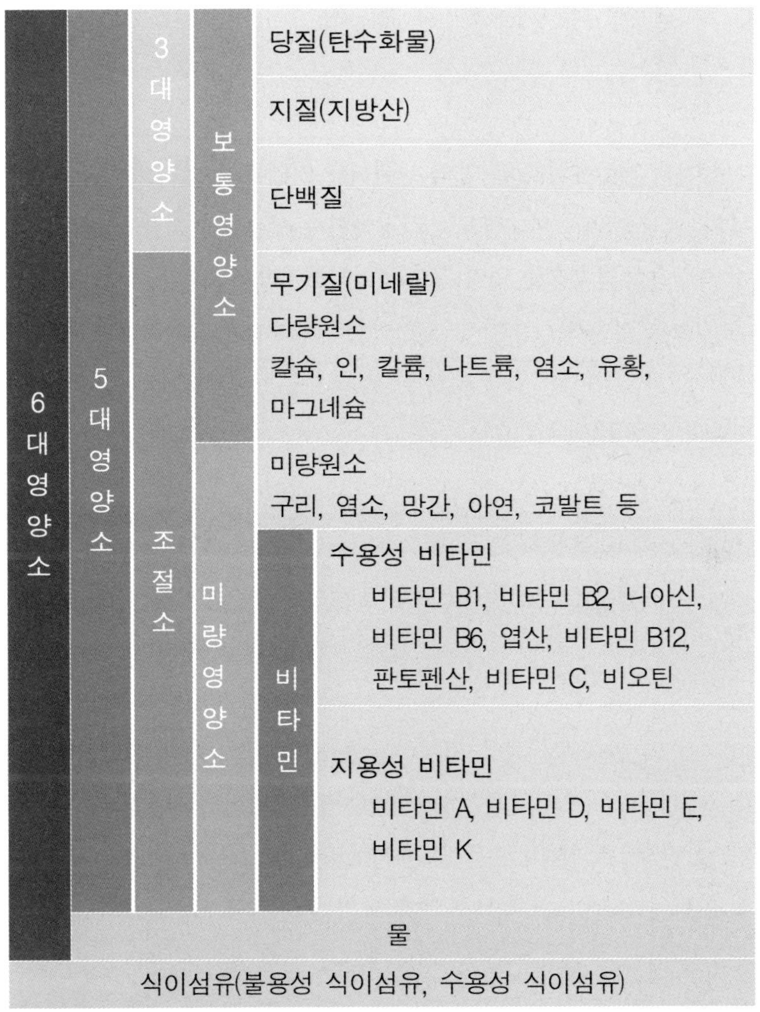

각종 영양소

흰살과 붉은살 생선회의 대표인 넙치와 방어의 성분 조성은 단백질이 각각 19.1% 및 21.4%, 지방이 1.2% 및 17.6%, 탄수화물 0.1% 및 0.3%인데, 이들 생선회를 각각 100g씩 섭취했을 때의 칼로리를 계산하면 다음과 같다.

넙치 : 〔(19.1+0.1)×4〕 + 〔1.2×9〕 = 87.6kcal/100g

방어 : 〔(21.4+0.3)×4〕 + 〔17.6×9〕 = 245.4kcal/100g

상기의 계산에서 같은 양의 생선회를 먹었을 때에 방어의 칼로리가 넙치의 약 2.8배이다. 비만을 걱정하면서 저칼로리 식품을 원하는 사람은 붉은살 생선회를 먹지 않으려고 하겠지만, 생선 기름에는 몸에 좋은 기능성 성분으로 오메가-3 지방산인 EPA 및 DHA가 많이 들어 있으므로, 고칼로리 섭취에 의한 해(害)보다는 이들 기능성 성분의 섭취에 의한 득(得)이 더 많다.

2절. 어패류의 지방

우육 및 돈육의 지방을 구성하는 주요 지방산은 단일불포화지방산(monoenoic acid)과 포화지방산이며, 필수지방산의 함량은 대단히 낮다. 한편, 어유의 지방산은 필수지방산인 오메가-3계 다가불포화지방산 함량이 높으며, 특히 EPA 및 DHA와 같은 장쇄 다가불포화지방산이 주성분이다. 그리고 식물성 기름에는 오메가-6계 다가불포화지방산 함량이 높다.

어패류의 지방 함량은 어종, 부위, 계절, 생식수역, 사료 등의 차이에 따라서 크게 다르며, 꽁치, 다랑어, 정어리 등의 붉은살 어류에는 많고, 넙치, 가자미 등의 흰살 어류와 오징어, 문어, 패류 등의 연체동물은 적다. 또, 등육은 복부육보다, 보통육은 혈합육보다, 천연어는 양식어보다 각각 지방 함량이 적다.

1. 지방산의 구조

지방산(fatty acid)은 지방의 주요한 구성 성분으로, 구조는 짝수개(4~30개)의 탄소원자로 이루어진 직쇄상 사슬의 한쪽에는 카르복실기(COOH), 다른 한쪽에는 메틸기(CH3)를 갖고 있다. 지방산의 분자 내에 이중결합이 없는 것을 포화지방산, 이중결합이 하나인 것을 단일 불포화지방산, 두 개 이상인 것을 다가불포화지방산이라고 하며, 다가불포화지방산에 오메가-3 지방산과 오메가-6 지방산이 있다.

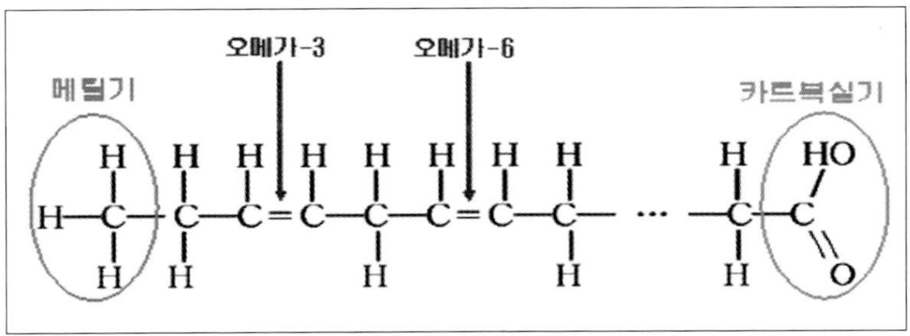

그림 4-16. 지방산의 구조

2. 지방산의 종류와 특징

1) 포화지방산

2중결합이 없는 지방산으로, 화학구조상 매우 안정하며 산화 안정성이 좋다. 또한 융점이 높기 때문에 상온이나 냉장고에서 모두 고체상태이며, 소, 돼지 등의 동물성 기름과 팜유나 야자유 등의 식물성 기름에 다량 포함되어 있다.

포화지방산의 과다 섭취는 동맥경화, 뇌졸중, 혈전, 고지혈증 등과 같은 순환기계통의 성인병이나 암 및 당뇨병 등의 원인이 된다.

2) 단일불포화지방산

2중결합이 하나 있는 지방산으로, 상온에서는 액체 상태이지만 냉장고에서는 탁해지거나 반고체 상태이며, 올리브유(80%)나 캐놀라유(90%)에 많이 들어있다. 심장병 및 암 예방, 당뇨병 예방, 노화에 의한 인지력 감퇴 완화 등에 효과가 있으며, 몸에 나쁜 저밀도 지방단백(LDL) 콜레스테롤 값을 낮춰준다.

3) 다가불포화지방산

2중결합이 2개 이상 있는 지방산으로, 융점이 낮아서 상온이나 냉장고에서 모두 액체 상태이다. 몸에서는 합성할 수 없으므로 음식을 통하여 섭취해야 하는 필수지방산으로, 오메가-3와 오메가-6로 나뉜다.

가. 오메가-3 지방산

그림 4-16에 나타낸 것처럼, 말단의 메틸기에서 3번과 4번째의 탄소원자 사이에 이중결합이 처음 시작되고 이중결합이 다수 있는 지방산으로, 생선, 쇠비름, 들깨, 호두, 아마씨 등의 기름에 많이 들어있다.

동맥경화, 뇌졸중, 심장질환 등의 순환기계통의 성인병 예방, 암 및 치매 예방, 당뇨병 예방, 머리를 좋게 하는 효과, 정신질환 관절염 등에 효과가 있다.

나. 오메가-6 지방산

그림 4-16에 나타낸 것처럼, 말단의 메틸기에서 6번과 7번째의 탄

소원자 사이에 이중결합이 처음 시작되고 이중결합이 다수 있는 지방산으로, 옥수수, 홍화, 해바라기, 대두, 목화, 포도씨, 달맞이꽃 등의 식물성 기름에 많이 들어있다. 과잉 섭취하면 암, 우울증, 비만, 인슐린 내성, 알레르기, 자가 면역장애, 당뇨병, 천식, 어린이 주의력 결핍증 등의 높은 발병률의 원인이다.

다. 트렌스지방산

이중결합이 많은 지방산은 산화가 되기 쉬울 뿐만 아니라 상온에서 액체 상태이므로 가공 적성이 떨어지므로, 다가불포화지방산의 이런 단점을 보완하기 위하여 인위적으로 수소를 첨가하는 경화유를 만들 때에 생기는 반고체의 지방산이다. 마가린, 쇼트닝, 정제 가공유지와 이들을 원료로 하여 만든 가공식품(스넥, 크레크, 쵸코렛, 빵, 튀김, 커피 및 아이스크림) 등에 많이 들어있으며, 많이 섭취하면 심혈관계 성인병, 당뇨병, 암, 어린이들의 비만과 아토피 등의 발병 원인이 된다. 특히, 트렌스지방산은 몸에 나쁜 LDL-콜레스테롤 함량을 높이고 HDL-콜레스테롤 함량을 낮추는 이중의 폐해가 있다.

표 4-9. 지방산의 종류별 특징

종 류	주요 지방산	많이 들어있는 식품	섭취시 영향
포화 지방산	Palmitic acid, Stearic acid, Lauric acid	· 동물성기름: 소, 돼지 등 · 식물성기름: 팜유, 야자유 등	· 순환기계통 성인 예방: 동맥경화, 뇌졸중, 혈전, 고지혈증 등 · 암 및 당뇨병 등의 성인병 발병
단일 지방산	Oleic acid	올리브유, 캐놀라유	· 심장병, 암, 당뇨병 등의 성인병 예방 · 인지력 감퇴 완화
오메가-3 지방산	DHA, EPA, α -linolenic	· 생선기름 · 식물성 기름: 쇠비름, 아마씨, 들깨, 호두 등	· 순환기계통 성인병 예방: 동맥경화, 뇌졸중, 혈전, 고지혈증 등 · 치매, 당뇨병, 암 등의 성인병 예방 · 머리를 좋게 함
오메가-6 지방산	Linoleic acid, γ -linolenic acid, Arachidonic acid	해바라기유, 옥수수유, 면실유, 대두유	암, 우울증, 비만, 인슐린 내성, 알레르기, 자가 면역장애, 당뇨병, 천식, 어린이 주의력 결핍증 등 발병
트랜스 지방산		마가린, 쇼트닝, 정제가공유지, 인스턴트식품	심혈관계 성인병, 당뇨병, 암, 어린이들의 비만과 아토피 등의 발병원인

3. 콜레스테롤과 수산물

1) 콜레스테롤

콜레스테롤 하면 일반적으로 성인병의 주범으로 취급하며, 가능한 섭취를 꺼린다. 그러나 콜레스테롤은 우리 몸을 구성하고 있는 세포막의 중요 구성 성분으로, 세포를 집으로 본다면 콜레스테롤은 기둥에 해당된다. 콜레스테롤의 대부분이 세포막의 재료로 사용되고, 나머지 극히 일부만이 혈액에 포함되어 있다. 성인은 하루에 1.3~2.0g 정도의 콜레스테롤이 반드시 필요하다. 이 중에서 1.0~1.5g(75%) 정도는 체내에서 합성하고, 나머지 0.3~0.5g(25%) 정도는 통상의 식사로 섭취한다.

우리 몸의 구성성분으로서 콜레스테롤의 역할은 ① 세포의 구조와 기능유지, ② 신경계의 기능유지. ③ 지방의 소화 및 흡수에 중요한 역할을 하는 담즙산의 생합성 원료, ④ 칼슘의 소장내로의 흡수와 뼈의 형성에 중요한 역할을 하는 비타민 D의 전구물질, ⑤ 성호르몬 등의 스테로이드 호르몬 생합성의 원료이다.

2) 콜레스테롤과 지방단백

혈액 중에는 콜레스테롤, 중성지질, 인지질 등의 지방 성분과 단백질 등의 여러 성분이 있는데 이들 지방 성분들은 보통 단백질과 결합하여 지방단백(lipoprotein) 형태로 존재한다.

가. 지방단백-콜레스테롤

① LDL-콜레스테롤

일명 '나쁜 콜레스테롤'이라고 하며, 성인병 발병의 원인 물질이다. 칼슘과 함께 혈관 내벽을 파고 들어가서 혈관벽에 침착하는데, 이렇게 되면 동맥의 혈관이 탄력성을 잃고 딱딱해지면서 굳어지게 되며, 이런 현상을 동맥경화라고 한다. 동맥경화는 좁아진 혈관 때문에 피를 순환시키는 심장에 무리가 가서 고혈압, 심근경색까지 발전하게 될 뿐만 아니라, 심장을 둘러싸고 있는 관상동맥에 LDL-콜레스테롤이 침착하면 협심증, 뇌졸중이 발병된다.

② HDL-콜레스테롤

일명 '좋은 콜레스테롤'이라고 하며, 성인병의 예방물질이다. 혈관에 침착되어 있는 LDL-콜레스테롤을 떼어내어 간장으로 운반하고 산화시켜서 에너지로 이용하거나, 담즙산과 담즙산염으로 변화시켜 육류와 같은 고지방 · 고단백 소화흡수에 관여한 다음에, 장(腸)을 거쳐서 배설된다. 혈액 중에 HDL-콜레스테롤 함량이 적은 사람은 협심증이나 심근경색 등의 순환기계통의 성인병 발병이 많은 반면에, 많은 사람들은 이들 성인병 발병률이 낮아진다.

나. 혈중 콜레스테롤

콜레스테롤은 유전적인 영향도 많지만, 운동부족, 흡연, 비만, 음식 등에 의한 영향도 크며, 총 콜레스테롤의 정상 수치는 200mg/dℓ 이하이고, 이 이상은 고지혈증으로 분류한다. 총 콜레스테롤 중에서 몸에 나쁜 LDL-콜레스테롤 함량은 130mg/dℓ 이하여야 하며, 몸에 좋은 HDL-콜레스테롤 함량은 남자는 45mg/dℓ 이상, 여자는 50mg/dℓ 이상이 바람직하다. 몸에 나쁜 LDL-콜레스테롤 함량을 줄이고 몸에 좋은 HDL-콜레스테롤 함량을 높이기 위해서는, 운동, 금연 등의 생활습관도 중요하며, 포화지방산, 오메가-6 지방산, 트렌스지방산이 많이 들어있는 육고기, 식물유, 인스턴트식품의 섭취를 줄이고, 단일지방산과 오메가-지방산의 함량이 높은 올리브유, 캐놀라유, 생선, 호두 등의 섭취량을 늘려야 한다.

다. 수산물의 종류에 따른 콜레스테롤 함량

수산물 중의 콜레스테롤 함량은, 다음의 표 4-10과 같이, 축육보다 대체로 1~3배 많으며, 특히 어란 및 계란은 그 함량이 높다. 그러나 수산물에는 성인병 발병인자인 LDL-콜레스테롤 양을 낮추고, 성인병 억제인자인 HDL-콜레스테롤 양을 높이는 기능을 가진 EPA, DHA, 타우린 등이 다량 함유되어 있으므로, 콜레스테롤 함량이 축산물보다 많다고 하여 몸에 해로운 것이 아니고, 오히려 동맥경화, 뇌졸중 등의 순환기 계통의 성인병을 예방하는 효과가 있다.

표 4-10. 수산물 및 축육 중의 콜레스테롤 함량 (mg/100g 가식부)

종 류	함 량	종 류	함 량	종 류	함 량
전갱이	41	방 어	56	건조김	21
갯장어	53	잉 어	75	다시마	0
정어리	85	연 어	62	미 역	0
가다랑어	64	굴	76	소(로스)	54
가자미	38	전 복	140	돼지(로스)	66
은 어	137	바지락	76	닭(가슴살)	114
참 치	370	오징어	180	양	58
꽁 치	50	문 어	139	계란(노른자)	1,030
참 돔	99	보리새우	164	계란(흰자)	0
대 구	52	왕 게	53	돼지고기	89
고등어	67	대구알	446	송아지고기	101
넙 치	65	연어알	485	버 터	219
볼 락	72	청어알	225	치 즈	106
복 어	60	성 게	290	생간(소, 돼지)	438

4. 육식과 생선식의 차이에 따른 혈액 성분 비교

1970년대에 덴마크의 Dyerberg와 Bang은 그린랜드 섬에 살고 있는 에스키모인과 덴마크 본토에 사는 백인들을 대상으로 혈액 중의 지방질 성분의 비율을 비교조사 하였다. 육식 중심의 덴마크인은 어육 중심인 에스키모인보다 혈액 중에 성인병 촉진인자인 총 콜레스테롤, 중성지방질, VLDL-콜레스테롤, LDL-콜레스테롤이 많은 반면에, 성인병 예방인자인 HDL-콜레스테롤 함량이 적었다. 이와 같은 결과는 순환기 계통의 성인병에 의한 사망률이 에스키모인의 10배 이상이라는 통계를 뒷받침하고 있다. 덴마크 백인에 못지않게 지방질의 40% 이상을 섭취하고 있는 에스키모인의 혈액 중에 성인병의 촉진 인자가 적고 예방 인자가 많은 것은, 생선 기름에 많이 들어 있는 EPA 및 DHA의 영향이다.

표 4-11. 에스키모인과 덴마크 백인과의 혈액중의 콜레스테롤 비율

종 류	에스키모인	덴마크 백인
총콜레스테롤	100%	130%
중성지방질	100%	140%
VLDL-콜레스테롤	100%	230%
LDL-콜레스테롤	100%	120%
HDL-콜레스테롤	100%	80%

5. 생선 기름 섭취에 의한 영향

5% 돼지 기름과 생선 기름을 각각 사료에 섞어 흰쥐에 4주간 투여한 실험의 결과, 표 4-12와 같이, 총 콜레스테롤 함량이 돼지 기름 투여군

에 비교하여 생선 기름 투여군이 거의 반으로 나타났을 뿐만 아니라, 콜레스테롤 억제인자인 HDL-콜레스테롤 함량이 돼지 기름 투여군에 비하여 생선 기름 투여군이 2배 이상 높은 것으로 나타났다.

표 4-12. 생선 기름 투여가 쥐의 지방질 성분에 미치는 영향표

혈장지방질성분	5% 돼지기름	5% 생선기름
총 콜레스테롤	100%	57%
HDL 콜레스테롤	100%	210%

이와 같이, 수산식품의 오메가-3계 고도불포화지방산이 성인병 발병의 원인 물질로 알려진 총 콜레스테롤량을 현저히 감소시킬 뿐만 아니라, 콜레스테롤 억제인자인 HDL-콜레스테롤량을 증가시키는 것은 대단히 흥미 있는 사실이다. 이와 같은 기능성은 EPA 및 DHA 역할인 것으로 알려져 있다.

6. 생선 기름과 축육 기름의 차이

표 4-13에 나타낸 바와 같이, 어유의 지방산 조성은 포화지방산이 30% 전후, 단일불포화지방산이 30~40%, 다가불포화지방산이 30~40%의 범위이다. 한편, 쇠고기 및 돼지고기의 지방산 조성은 각각 포화지방산이 42.1% 및 38.7%, 단일불포화지방산이 53.5% 및 49.6%로, 이들 두 종류가 거의 대부분을 차지한다. 그리고 다가불포화지방산은 각각 4.4% 및 11.7%로 어유의 30~40%에 비해서 조성비가 대단히 낮다.

장시간 가열하여 쇠고기 곰탕을 조리한 후 상온에 방치하면 윗부분

에 지방질이 굳은 상태로 모이게 되는데, 이것은 축육의 지방산 조성이 포화지방산과 단일불포화지방산을 주성분으로 하기 때문에 상온에서 고체 상태로 된 것이다. 즉, 포화지방산은 불포화지방산보다 응고점이 높기 때문에 상온에서도 고체 상태로 엉키게 되는 것이다. 한편, 지방 함량이 많은 고등어찌개를 먹다가 상온에 방치하는 경우에는 곰탕과 같이 지방이 굳어지는 현상이 나타나지 않는데, 이것은 어유 중에는 응고점이 낮은 다가불포화지방산 함량이 높기 때문이다.

표 4-13. 어육 및 축육 지방의 지방산 조성(%)

종 류	고등어	정어리	전갱이	소	돼지
총지방량(g/100g)	16.5	13.8	6.8	12.5	7.8
포화지방산(%)	27.2	31.1	35.0	42.1	38.7
단일불포화지방산	38.2	30.1	32.7	53.5	49.6
다가불포화지방산(%)	34.6	38.8	32.3	4.4	11.7

3절. 기타 기능성 성분

1. 단백질

단백질은 인체의 구성 성분으로서 그 함량이 높고 생명 유지에 없어서는 안 될 중요한 성분이며, 체내의 염분 배출 등의 기능이 있다. 식물성 식품과 동물성 식품으로부터 1:1의 비율로 섭취하는 것이 바람직하며, 어육 단백질은 축육(소, 돼지, 닭)과 동등의 영양가이다. 하루의 단백질 소요량은 연령, 운동량, 남녀별 등에 따라서 다른데, 체중 70kg

의 성인은 하루에 약 70g이 필요하다.

2. 엑스성분

1) 타우린

패류, 오징어, 문어 등의 연체 동물 및 갑각류, 어류에서는 붉은살 어류의 혈합육 등에 많이 함유되어 있는데, 타우린의 생리작용은 다음과 같다.

① 인슐린 분비 촉진을 통한 당뇨병 예방

② 망막기능 정상화를 통한 시력 회복

③ 콜레스테롤계의 담석 용해, 혈중 콜레스테롤 값의 감소, 혈압 정상

④ 강심 작용 및 부정맥 개선

⑤ 간장의 해독력 강화를 통한 피로회복

타우린은 체내에서 cholesterol과 결합하여 타우로콜산(taurocholic acid)으로 되어 콜레스테롤 체외 배설을 촉진시키는 작용을 한다. 이러한 작용으로 혈압의 정상화 및 심장병에 대하여 효과적이다. 오징어 및 새우는 콜레스테롤 함량이 많아서 일부러 먹지 않는 사람도 있지만, LDL-콜레스테롤을 체외로 배설시키므로 염려하지 않아도 좋다.

2) 콘드로이틴 황산

수산물 중에는 상어, 고래, 오징어 연골, 해삼의 세포벽 등에 분포되어 있다. 콘드로이틴 황산은 포유동물을 비롯하여 수산동물, 설치류 등의 연골, 피부 등에 널리 분포하고 있으며, 생리적 기능으로는 골형성 보조, 관절윤활제작용, 혈관신생 조절, 상처 치유, 혈액응고 억제 등이 있으며, 신경통, 요통, 관절통 등의 치료제로 이용되고 있다.

3. 무기질

1) 칼슘

사람의 체내에 있는 무기질 중에서 그 양이 가장 많은데, 칼슘이 부족하면 뼈와 치아 형성에 지장이 초래되며, 신경과민이 되거나 안절부절하게 된다. 효능은 뼈와 이빨의 형성, 뇌신경세포의 안정화, 출혈 시의 혈액 응고, 흥분 억제, 산소작용의 활성화, 근육 수축작용의 조정 등이며, 하루 필요량은 600mg이다. 칼슘의 흡수율은 우유는 50%, 생선은 30%, 야채는 17% 정도로 낮으나, 비타민 D와 같이 섭취하면 흡수율이 높아진다.

2) 철분

철분이 부족하면 빈혈, 피로감 등의 증상이 나타나며, 하루 필요량은 남자 10mg, 여자, 12mg이다. 철분의 흡수율은 35% 정도로 낮은데, 비타민 C가 흡수율을 높이므로 생선구이에 레몬즙이나 간 무우를 곁들여 먹으면 좋다.

3) 미량원소

가. 아연

인체의 세포 내에 있으며, 신체의 대사에 필요한 각종 효소의 작용을 돕는 역할을 한다. 부족하면 성장장애, 피부장애, 전립선비대증, 미각장애 등의 원인이 된다.

나. 세린

강력한 항산화작용 효과가 비타민 E의 50~100배로, 노화 방지 및 암 예방에 큰 효과가 있다.

4. 비타민류

비타민 A(눈의 비타민), 비타민 B1(지각기능에 관여), 비타민 B2(성장기의 필수영양소), 비타민 B12(악성 빈혈의 예방), 나이아신(건강한 피부), 비타민 D(내장에 풍부한 동물성 비타민), 비타민 E(강력한 항산화 작용) 등이 있다.

5. 다당류

1) 해조 다당류

해조는 옛날부터 식용, 호료, 비료, 사료로 이용되어 왔으며, 최근에는 식품 첨가물, 화장품 및 의약품의 원료로도 이용되고 있다. 해조에는 육상 식물에는 없는 각종의 다당류가 있으며, 이것들은 다음의 각종 생리기능을 갖고 있다.

① 구충작용 : 홍조류의 해인초 및 개서실 속에 구충 작용 성분인 α –kainic acid 및 domic acid가 있다.
② 혈압강하작용 : 다시마, 감태, 미역, 대황 등의 갈조류 및 싹새기 등 홍조류에 함유된 laminine은 혈압 강하 효과가 있다.
③ 혈중 콜레스테롤 저하작용 : 참홑파래 및 김에 함유된 베타인(betanie), 김에 함유된 타우린(taurine), 각종 해조류에 함유된 EPA, 모반류에 함유된 퓨코스테롤(fucosterol)등은 혈중 콜레스테롤 저하 작용이 있다.
④ 항혈액 응고작용 : 갈조류에 함유된 퓨코이단(fucoidan)
⑤ 항종양성 : 모자반류에 함유된 퓨코이단(fucoidan)
⑥ 항궤양성 : 참김 중의 포르피신(porphysin), 고시래기류 중의 베르코요신(vercoyosin)
⑦ 항균작용 : 알크릴산(acrylic acid), 테르페네(terpene), 브롬화합물 등
⑧ 응집소 : 녹조, 홍조, 갈조류에 널리 분포하고 있는 렉틴(lectin)

2) 키틴, 키토산(chitin, chitosan)

키틴은 새우, 게 등의 갑각류의 껍질, 곤충의 외피, 곰팡이, 효모, 버섯 등의 사상균(絲狀菌)류의 세포벽에 널리 분포하고 있는데, 껍질을 산 · 알칼리 및 효소 처리한 다음, 탈 단백 및 탈 회분 등의 공정을 거쳐서 추출하며, 키토산은 키틴을 탈 아세틸화시켜서 만든다.

항균제, 항암제, 기능성 식품소재, 의료용 및 분리재료, 포장재, 입상 다공질재료 등에 사용된다.

6. 기타

관절 연골의 회복이나 관절염 증상의 개선 효과를 갖고 있는 글루코사민(glucosamine), 피부재생 및 보습 효과가 있으므로 의약품 및 화장품용 기능성 소재로 사용되는 콜라겐(collagen), 피부보호용 화장품, 악성 관절염의 예비치료제, 지혈용 스폰지 등에 이용되는 젤라틴(gelatin), 항혈액 응고작용, 항암작용, 수용성 식이섬유 소재로 이용 가능한 퓨코이단(fucoidan) 등이 있다.

제5장 주요 수산물의 종류 및 특성

1절. 어류

1. 회유어

1) 고등어

농어목 고등어과로, 영명은 common mackerel, 일명은 '사바'이다. '바다의 보리'라고도 하고, 생산량에 있어서 정어리, 멸치, 갈치, 오징어와 더불어 우리나라 연근해 어업의 주요 어종중의 하나이며, 대형 선망어업의 본거지인 부산에 대부분 양륙된다. 정어리, 전갱이, 꽁치와 함께 4대 등푸른 생선으로 불리고, 3년에 성어가 되어 전장 40~50cm가 된다. 고등어가 1년 중 가장 맛이 있는 시기는 가을이며 겨울까지 지방함량이 최대로 되어서 맛이 가장 좋다. 고등어의 붉은살 어육에는 아미노산인 histidine이 많이 함유되어 있으며, 선도가 떨어지면 효소에 의하여 알레르기성 식중독을 일으키는 histamine으로 되어, 두드러기, 복통, 구토 등의 증상이 나타나지만, 열을 가하면 식중독의 염려는 없어진다.

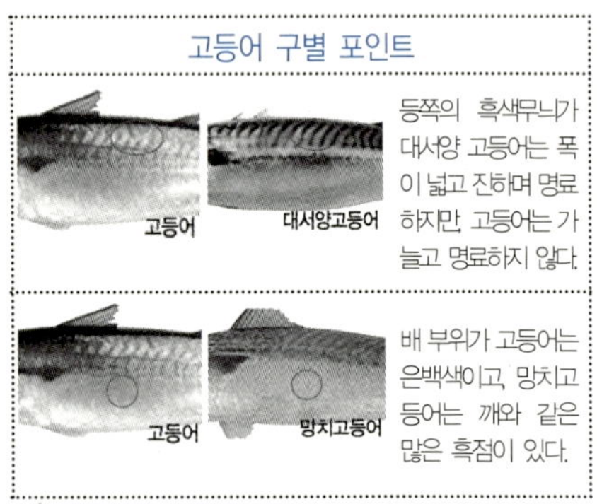

☞ 고등어가 양식되고 있다.

☞ 간고등어 산업이 필요한가 ?

2) 멸치

청어목 멸치과로, 영명은 Anchovy, 일명은 '카타쿠치이와시'이다. 극지방(極地方)을 제외한 세계 전역에 있고, 우리나라, 일본, 중국 연안에 분포하며, 수산자원으로서 매우 중요한 어종이다. 입이 크고 단단하며, 앞으로 돌출해 있고, 아래입이 짧은 것이 특징이다.

우리나라에서는 봄에 연안의 내만에 들어왔다가, 가을에 남쪽 바깥바다로 이동하여 겨울철을 보내고, 봄에 다시 연안으로 돌아온다. 서식장은 수심 20m 이내의 대륙붕 해역으로, 아침에는 5m층 내외, 낮에는 10m층 내외, 저녁에는 거의 표층에서 생활한다.

산란기는 봄, 가을의 2차례이며, 대륙붕의 수심 20~30m층에서 한밤중에 산란한다. 성장은 발생 후 1개월에 체장 3cm 내외, 여름에 5~7cm, 가을에 8~10cm로 자라며, 다음해 봄이 되면 체장 11~13cm로 자라서 산란을 위해 연안으로 몰려오며, 가을에 발생된 무리는 다음해 가을에 체장 11~12cm로 자라 산란에 참가한다. 최대 체장 15cm이며, 수명은 1년 반이다. 그리고 가을 멸치가 봄 멸치보다 지방 함량이 더 많다. 중멸까지는 마른 멸치로 많이 이용되고, 대멸은 젓갈과 액젓의 원료로 이용된다.

☞ 마른멸치의 색이 노랗게 된 것은 지방산화 때문이다.

죽방렴 멸치란?

죽방렴 어업이란 조류(潮流)가 흐르는 곳에 V자형으로 길게 말뚝을 박고, 대나무와 그물을 이용하여 V자 꽁지에 통발을 만들어서 물고기가 모이도록 하여 잡는 어업방법이다. V자 팔길이가 각각 100m나 되어서 이곳을 지나는 물고기는 어김없이 꽁지의 둥근 통속에 갇히게 된다.

멸치는 선도 저하가 대단히 빠른 생선으로, 권현망으로 어획할 때에는 상처가 나므로 선도 저하가 빠르고, 이것을 원료로 하여 만든 건멸치는 상품 가치가 떨어진다. 그러나 조수간만(潮水干滿)의 차이를 이용하여 멸치를 통발에 가둔 뒤에 물이 빠지고 건져내는 죽방렴 으로 어획한 멸치는 선도가 대단히 좋으므로, 이것을 원료로 하여 만든 건멸치는 최상급으로 판매되고 있다. 길이 6cm 크기의 죽방멸치 2kg 한 상자의 산지가격이 10만 원을 넘으며, 은색의 껍질이 벗겨지지 않았고 맛이 일품이며 비린내가 전혀 없다.

3) 청어

청어목 청어과에 속하며, 영명은 Herring, 일명은 '니신'이다. 한류성 회유어로 세계적으로 가장 풍부한 어종 중의 하나로, 우리나라 동·서해, 일본 북부, 발해만, 북태평양 등지에 분포하며, 등쪽은 짙은 청색이고 배쪽과 옆구리는 은색이며, 정어리와 비슷하게 생겼지만 체고가 높고 크다.

회유는 동해안에서는 수온이 2~10℃로 유지되는 저층 냉수대에서 식하며, 산란기 이외에는 해저 근처에 흩어져 서식하다가, 봄이 되면 대군을 이루어 북상한다. 산란기는 겨울~봄(주로 3~4월)이며, 얕은 연안이나 내만의 해조류에 산란한다.

성장은 1년에 체장 12cm, 2년 20cm, 3년 27cm, 5년 30cm로 자라며, 수명은 17년 전후다. 일본에서는 청어 알을 염장 처리한 것(카주노코)이 초밥용 등으로 시판되고 있고, 우리나라에서는 청어 알젓이 있다. 옛날에는 포항시의 특산품인 과메기의 원료로 사용되었으나, 어획량의 격감으로 그 자리를 수입산 꽁치에 내주고 말았다.

☞ 과메기는 청어로 만들어졌다.

4) 꽁치

동갈치목 꽁치과로, 영명은 Saury, 일명은 '삼마'이다. 태평양 북부의 아한대(亞寒帶) 해역에 분포하며, 최대 체장 40cm 정도가 되고, 1년

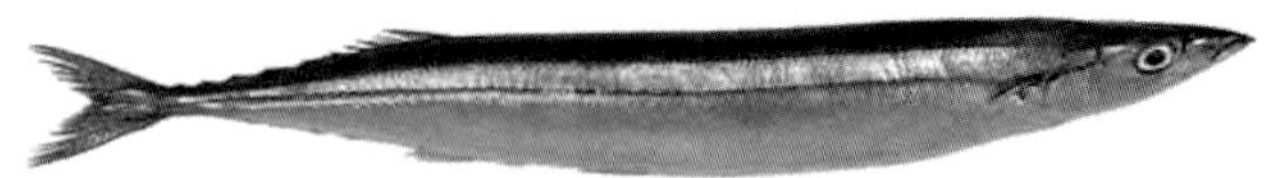

에 성숙하여 수회 산란 후에 죽는다. 등쪽이 청흑색이며 배쪽이 은백색으로 반짝이는 어체가 칼을 연상케 하고 가을에 많이 잡히므로, 한자로 추도어(秋刀魚)라고 하였다. 서식 수온이 15~18℃이므로, 여름에 북상하여 8월에는 오츠크해에 도달하고 가을에 남하하는데, 수온이 내려가지 않으면 남하가 늦어진다. 어획법은 꽁치가 빛에 모이는 습성을 이용하여, 야간에 집어등으로 꽁치를 유인하여 잡는다.

☞ 꽁치와 학공치는 과(科)가 다르다

5) 삼치

농어목 고등어과 삼치속으로 영명은 Spotted mackerel, 일명은 '사와라'이다. 연근해에는 5종이 있으며, 한자로는 어(魚)변에 봄춘(春)자를 써서 봄의 물고기로 알려져 있다. 연안성이 강하여 동계 외에는 내만 및 연안의 표층에 서식하고, 동계에는 외항의 깊은 곳으로 이동하여 겨울을 지낸다. 따라서 내해의 어기는 봄부터 가을까지이고, 외해에서는 겨울에도 잡힌다. 선도가 좋으면 횟감으로도 먹을 수 있으며, 고등어과 중에서는 유일하게 비린내가 없다. 삼치는 껍질째로 회로 조리하는데, 이것은 껍질과 육 사이에 향이 날 뿐만 아니라, 육이 연하므로 껍질째 씹어야 쫄깃쫄깃한 맛이 나기 때문이다. "입에서 살살 녹는다"

는 삼치는 기름기가 많아 고소하고 부드러운 맛이 일품이다.

삼치는 클수록 그리고 꼬리 쪽이 맛이 좋다

대부분의 생선은 작거나 너무 크면 맛이 떨어지고 중간 크기가 맛이 가장 좋으나, 삼치와 방어는 크면 클수록 지방, 단백질 등의 영양소가 많아지고 맛이 더 좋아진다. 또 다른 특징은 대부분의 생선은 머리쪽이 맛이 더 좋은 반면에 삼치는 꼬리 쪽이 맛이 더 좋다.

6) 갈치

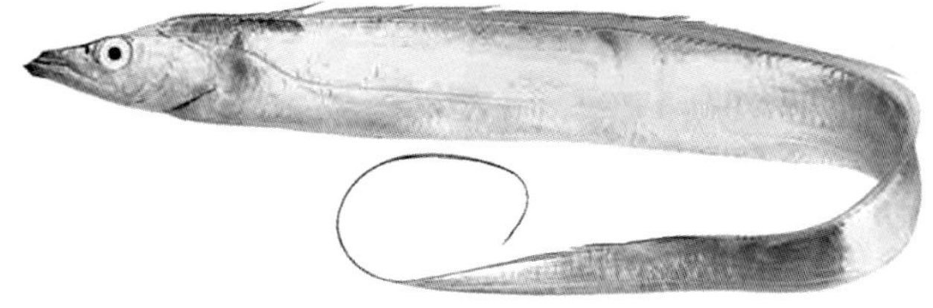

갈치는 농어목 갈치과이고, 영명은 Hair tail, 일명은 '타치우오'이다. 체색은 은색이고 살아있는 상태에서는 청색이 더해진 금속광택이 있으며, 등지느러미는 황색이 더해져 있고, 배지느러미는 없다. 대륙붕 및 대륙붕 사면의 해산 주변의 표층에서 수심 350m까지 서식한다.

성어와 치어는 반대의 일주성(日周性) 수직이동을 하는데, 치어는 낮에는 해저에서 100m 정도 위에 군집을 이루고 있으나, 야간에는 표층으로 올라와서 섭이활동을 하는 한편, 성어는 낮에는 표층에서 섭이활동을 하고, 야간에는 해저까지 내려간다. 4세까지 80cm 정도로 자라고 최대 전장은 1.2m이며, 이빨이 날카롭다. 갈치의 미끼는 먼저 낚아 올린 갈치를 썰어서 사용하는데, 이것은 표피의 반짝이는 은빛을 보고 갈치가 잘 물기 때문이다.

기름기가 많은 가을이 제철이고, 대형은 조리용으로, 소형(속칭 풀치)은 연제품 원료로 사용한다. 7월~11월 동안 연간 어획량의 75% 이상을 어획한다. 8월부터 시작되는 3만Kw 이상의 조명을 갖춘 어선 수백 척이 제주 앞바다 갈치 조업을 하는 광경은 장관이다.

한일 어업협정 이후 주요 갈치 어장이 일본 측에 편입되어, 갈치나 생태를 잘 먹지 않는 일본에서 고가로 수입하고 있다. 흰살 생선으로는 지방 함량이 높지만, 생선으로서는 특이하게 지방산 조성에 있어서 1가불포화지방산이 다가불포화지방산보다 2배나 많아서, 진한 맛이 없다. (1가불포화지방산 ; 7.26g/100g, 다가불포화지방산 ; 3.87g/100g)

고기이름 ○치

우리나라 생선 이름 중에는 "치"자가 들어 있는 것이 많이 있다. 생선회로서 좋아하는 넙치, 칼슘 공급원인 멸치, 서민 식탁의 단골 메뉴인 갈치와 꽁치, 오징어 사촌으로 다리 길이가 한치 밖에 되지 않는다는 한치, 간식용인 쥐치, 가시가 많은 준치, 산후 조리용의 가물치, 구이용의 삼치 등이 있다. 그런데 참치는 이들 생선 중 가장 크고 당당하게 생겼을 뿐만 아니라 가장 맛이 가장 좋기 때문에 으뜸이라고 '참'자를 붙여 '참치'라고 불렀다고 한다.

☞ 갈치와 명태는 일본 사람들은 잘 먹지 않는다

7) 숭어

숭어목 숭어과로 영명은 Gray mullet, 일명은 '보라'이다. 제철은 가을에서 겨울이며, 민물과 바닷물을 왔다 갔다 하는 어종이지만, 은어처럼 강 상류까지는 올라가지 않으며, 담수로 올라가는 것은 1년생(25cm)이고, 이후 내만의 염분이 낮은 기수(汽水)지역에서 4~5년 성장하여 체장 45cm 정도의 성어가 되면 바다로 나가서 산란한다. 숭어는 펄을 먹어서 동물성 플랑크톤, 규조류, 남조류, 녹조류 등을 체내로 흡수한 뒤에 펄을 다시 체외로 배출하는데, 이때에 중요한 역할을 하는 것이 위의 유문부(幽門部, 장과 연결되는 부위)에 주판알처럼 생긴 단단한 덩어리로 숭어의 배꼽이라고도 하는데, 이 부위는 아귀의 간처럼 귀한 것으로 쫄깃쫄깃하고 맛이 좋다.

숭어와 가숭어의 구별포인트

1. 숭어는 가슴지느러미 기저부에 진한 청색 반점이 있고, 가숭어는 없다.
2. 숭어는 기름 눈꺼풀이 잘 발달되어 있으나, 가숭어는 미약하다.
3. 숭어는 등의 체색이 암청색이고, 가숭어는 암갈색이다.
4. 숭어는 양식되지 않고, 가숭어는 양식된다.

8) 농어

농어목 농어과고, 영명은 Sea bass, 일명은 '수즈키'이다. 연안에 서식하며, 감성돔과 같이 패총(貝塚) 등에서 뼈가 발견되는 식재로서, 고대부터 이용된 어류다. 체형은 길고 측편이며, 낮에는 해저 근처에 있다가 밤에 해면의 1~2m 층까지 올라온다. 농어의 산란기는 10~3월로 기수역(汽水域)이나 강의 하구에 부유성 알을 낳으며, 여름에는 해수와 민물이 혼합하는 하천에 올라오는 경우도 있고 가을에는 깊은 바다로 이동한다.

여름철 대표적인 흰살 생선횟감으로, 우리나라에 판매되는 것은 대부분이 양식산 수입품이고, 활력도가 좋은 것은 수조탱크 내에서 일정방향(시계방향)으로 계속 유영하는 반면에, 활력도가 떨어진 것은 반대로 유영하거나 가라앉던지 혹은, 수면에 뜬다. 그리고 수조에 장기간 보관 시에는 입주둥이가 빨게 지고, 등지느러미는 하얗게 된다.

☞ 농어는 여름철의 대표적인 흰살 생선 횟감이다

9) 전어

청어목 청어과로, 영명은Hizzard-shad, 일명은 '코노시로'이다. 등쪽은 누런빛을 띠는 청색이고 배쪽은 은백색이며, 아가미 두껑 뒷부분

에 큰 흑색 반점이 있다. 연안성 어종으로 6~9월에는 외양에 있다가 10~5월에는 연안으로 이동하여 생활하며, 서해안 및 낙동강 하구역 등이 주요 어장이다. 체장은 1년 11cm, 2년 16cm로 자라며, 최대 체장 26cm, 최대 수명 7년이다. "가을 전어는 깨가 서말"이라는 말은 지방질 함량이 봄 전어보다 가을 전어가 3~4배로 많이 높기 때문이다. 전어는 수송 및 보관 시에 담수와 해수의 비율을 6 : 4로 해야 치사율이 떨어지며, 이렇게 해도 하루 이상 살리기가 어렵다. 활어 수송업자의 말에 의하면, 활 전어와 활 오징어의 저장기간을 연장시킬 수 있는 방법을 개발하면 돈을 벌 수 있을 것이라고 한다.

전어는 크기에 따라서 맛이 천차만별

전어(鰶)는 연안성 어종으로, 만 1년이면 체장 11cm, 3년 18cm, 6년 22cm 정도로 자라며, 최대 수명은 7년이다. 전어는 크기에 따라서 지방 함량의 차이가 대단히 많아서, 가을 전어라도 소형인 1년생은 5% 정도이나 대형은 20% 이상이다. 따라서 가을 전어라도 지방 함량이 적은 소형은 맛이 좋다는 의미의 '가을 전어'로 불리는 것은 잘못된 것으로, 적어도 만 2년생 이상이 되어야 지방 함량이 많아서 맛 좋은 '가을 전어'라는 이름을 붙일 수 있을 것이다. 매스컴의 홍보 영향으로 서울에서 전어회 소비량이 늘어나면서, 기름이 많아서 맛이 좋은 씨알 큰 전어는 서울로 올라가고, 남쪽 사람들은 맛이 떨어지는 소형 전어회밖에 먹을 수 없다고 한다. 돈 없는 지방 사람들은 전어에서도 차별을 당하는 건가 ?

■ 전어의 크기별에 따른 지방함량(가을전어)

크 기(cm)	지방함량(%)	크 기(cm)	지방함량(%)
13cm	5.42	16cm	14.42
14cm	8.50	17cm	16.78
15cm	12.03	18cm	19.03

☞ 소형 전어는 양식일 가능성이 있다.

☞ 여름철 먹는 전어회는 비브리오패혈증 발병의 우려가 많다.

2. 저서어

1) 넙치

가자미목 넙치과에 속하고, 영명은 Olive flounder, 일명은 '히라메'이다. 조피볼락과 더불어서 우리나라 해산어 양식량의 약 80%를 차지한다. 우리나라 사람들이 가장 선호하는 생선 횟감으로, 콜라겐(collagen)함량이 높아서 쫄깃쫄깃하며, 지방 함량이 적어서 담백한 맛을 낸다. 수심 10~200m의 모래펄에 서식하고 가자미보다 대형이며, 야행성으로 저서성어류 및 갑각류를 먹이로 한다. 제철은 겨울이고 봄에 산란하며, 일반적으로 수조 바닥에 안정된 상태로 정지해 있으나, 활력도가 떨어진 것은 수중에 뜬 상태로 힘없이 유영한다. 등쪽과 배쪽의 살의 비율은 65대 35정도이고, 넙치회의 가장 맛있는 부위는 지느러미에 붙어있는 '엔피라'라는 날갯살인데, 여기에는 기능성 성분인 코드로이틴이 많이 함유되어 있어서 쫄깃쫄깃하며 지방 함량도 높다. 자연산과 양식산의 구별은 배쪽 밑바닥이 깨끗한 흰색이면 자연산, 검은 무늬나 줄이 있으면 양식산으로 본다.

2) 가자미류

가자미목 가자미과에 속하고 종류가 많으며, 성장 속도가 느려서 양식이 산업화되질 못하고 있다. 자연산이라는 생각뿐 아니라, 육질도 단단하여 생선 횟감으로 인기가 높다.

대가리 앞에 서서 '좌광우도'

> **넙치와 가자미의 구별 포인트**
>
> 가자미목 안에 넙치과, 가자미과, 서대과가 있고, 가자미과 안에는 많은 종류가 있지만, 넙치는 종류가 많지 않다. 넙치와 가자미의 구별법은 눈의 위치로 판정하는 방법으로 '좌광우도'가 많이 이용되는데, 삽화에서처럼 눈의 앞쪽에 서서 눈이 왼쪽으로 쏠려 있으면 넙치(광어), 오른쪽으로 쏠려 있으면 가자미(도다리)로 판정하며, 예외적인 것도 있다. 이때에 '좌광우도'가 생각나지 않으면, 2자(왼쪽, 넙치) 3자(오른쪽, 가자미)로도 구별할 수 있다.

※ 도다리

영명은 Finespotted flounder, 일명은 '메이다가레이'이다. "봄 도다리. 가을 전어"로 알려진 봄철의 대표 생선횟감으로 도다리 뼈째 썰기(세꼬시)로 많이 소비되지만, 맛이 좋은 의미의 제철은 산란기 이전인 가을이다. 두 눈이 많이 돌출해 있고, 눈과 눈 사이가 산등성이처럼 부풀어 올라 있으며, 입이 작고 눈이 있는 유안측(有眼側)의 체표에 크고 작은 흑반이 밀집해 있는 것이 특징이다.

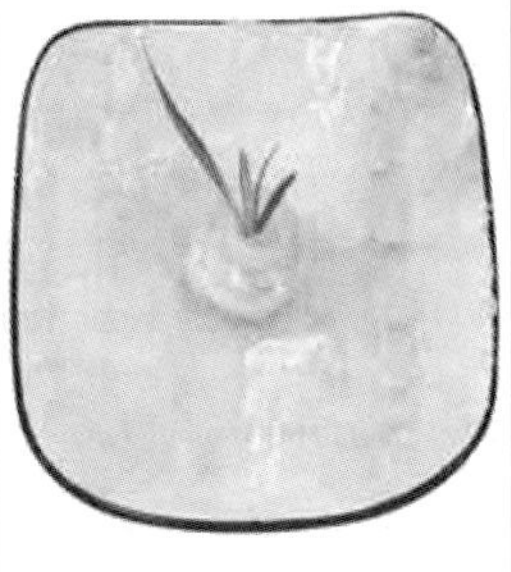

도다리(체표에 대소의 검은 얼룩이 치밀하게 분포되어 있으며, 물속에서는 두 눈이 많이 튀어나온 것이 특징)

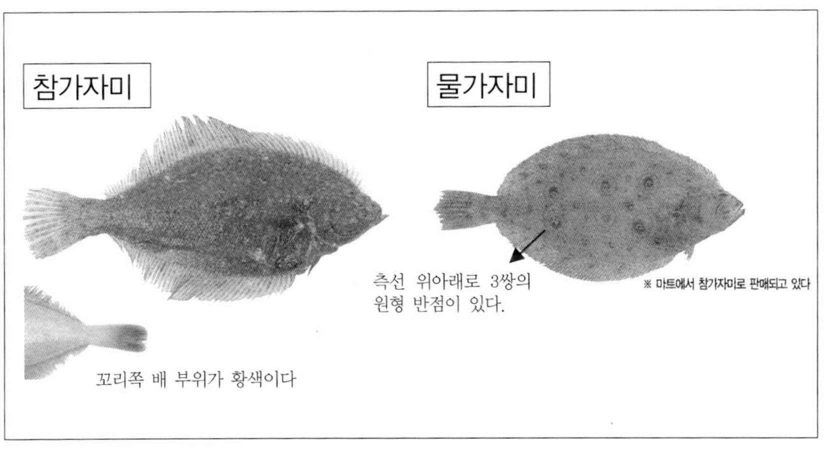

☞ 도다리는 봄에 맛이 가장 좋은가 ?

☞ 뼈째썰기(세꼬시, 背越し), 도다리가 맞는가 ?

☞ 이시가리는 줄가자미가 맞다.

☞ 물가자미가 참가자미로 판매되고 있다.

3) 대구

대구목 대구과이고, 영명은 Pacific cod, 일명은 '마다라'이다. 대부분은 북반구 아한대 해역에서 북극해에 걸쳐서 서식하며, 저서성이다. 대구는 옛날부터 중요한 수산자원이었으며, 북대서양의 명태자원 때문에 일어난 아이슬란드와 영국 사이의 대구전쟁이 유명하다.

대구(大口)는 입이 크다고 붙여진 이름이며, 한류성 어종이다. 명태와 같은 광범위한 회유는 하지 않지만, 겨울에서 봄까지 산란 회유를 하고 12월부터 4월까지가 산란기다. 1년이 되면 20~27cm, 2년이면 30~48cm, 3년이면 60cm 정도, 6년이면 90cm 이상, 그리고 최대 전장은 1m, 체중은 20kg이나 되며, 수명은 10년 이상으로 알려져 있다. 형태적인 특징은 등지느러미가 3개, 뒷지느러미는 2개, 머리가 크고 위턱이 아래턱보다 돌출해 있으며, 아래턱에 한 개의 긴 수염이 있다. 수심 10~550m의 대륙붕과 대륙붕사면에 서식하며, 식욕이 왕성하여, 어류, 갑각류, 두족류 등 닥치는대로 먹는다. 육은 담백한 흰 살로 여러 가지 요리의 재료로 사용되는데, 특히 생대구탕은 시원한 국물 맛이 애주가의 찌든 속을 풀어주므로 인기가 높다. 그러나 육이 부서지기 쉽고 선도저하가 빠르기 때문에 회는 살아있는 것만을 사용한다.

☞ 대구도 회로 먹는가?

4) 명태

명태는 대구목 대구과에 속하고, 영명은 Alaska pollack, 일명은 '스케소우다라'이다. 대구보다 가늘고 길며, 성장이 빠른데, 최대 전장 80cm, 체중 3kg이고, 수명은 14~15년이다. 대구와 반대로 아래턱이 위턱보다 돌출해 있고, 아래턱의 수염도 대단히 짧다. 발달된 부레와 발음근을 갖고 있어서, 수컷은 구애할 때에 부레를 진동시켜서 '쿳쿳'이라는 소리를 낸다. 겨울에서 초봄에 산란하고 치어는 연안에서 생활하다가, 성장하면서 중 · 저층으로 이동한다. 어묵 원료인 surimi의 대표적인 자원이고, 명태 육을 라운드 상태로 동결시키면 스폰지상으로 되지만, surimi로 만들어서 동결보관하면 품질이 유지된다. 난소는 명란, 창자는 창란젓, 정소는 고급요리에 이용된다.

생태탕이라고 무조건 맛이 좋은 것은 아니다

우리 국민들은 생태탕, 생대구탕을 최고로 치는 식습관을 갖고 있지만 우리 바다인 동해안에서는 최근 겨울철에도 명태가 잡히지 않고 있다. 해수 온도 상승 때문이다. 반면 일본인들은 생 명태를 잘 먹지 않으므로 북해도 근해에서 어획한 명태를 우리나라로 많이 수출하고 있다. 인근 마트의 수산물 코너에 가보면 '일본산 생태'라는 라벨이 붙어있는 북해도산 생태가 많은 공간을 점유하고 있다.

일본 어선이 명태를 어획한 후에, 양국에서 수출 및 수입 통관 절차를 거치고 마트에 진열된 일본산 생태를 구입하여 가정이나 음식점에서 생태탕으로 요리하여 먹는 시점은, 어획 후 1주일 정도 경과된 것으로 선도가 많이 떨어진 상태임을 추정할 수 있다. 부산시에 소재하는 5곳의 대형마트에서 판매되고 있는 일본산 생태와 우리 선사가 캄챠카에서 어획한 동태의 선도를 조사한 결과, 명태 육에 들어있는 감칠맛의 주성분인 이노신산(IMP)은 일본산 생태는 거의 소실되고 없는 반면에 동태에는 많이 남아 있었다. 그리고 수산물의 선도지표인 K값은 일본산 생태는 5곳 모두 선도가 가장 나쁜 값인 100%에 근접한 90% 이상이었으나, 동태는 선도가 가장 좋은 값인 0%에 근접한 10% 미만이었다. 생선을 재료로 하는 음식은 선도가 맛에 큰 영향을 미치는 대단히 중요한 요소임에도, 선도가 떨어진 명태를 냉동시키지 않은 생태라는 이유 하나만으로, 동태(냉동명태)보다 선호하고 고가로 거래하면서 일본 어부의 배를 불려주는 식문화는 분명히 잘못된 것이다.

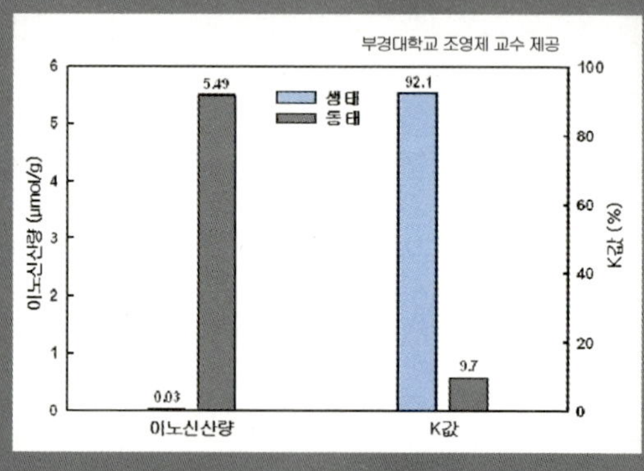

5) 돔류

농어목 도미과로, 돔이라는 이름이 붙어 있는 생선은 대단히 많으며, 참돔을 비롯하여 돌돔, 감성돔이 양식되고 있다. 참돔의 영명은 Red seabream, 일명은 '마다이'이다. 산란기 이전의 겨울에서 벚꽃이 필 무렵에 지방 함량이 많아서 맛이 좋으며, 육색은 담홍색이고 담백한 맛을 내는데, 1960년대에 일본에서 대량으로 양식이 이루어지게 되었다. 참돔은 맛이 좋아서 '百魚의 王'으로 불리며 우리나라나 일본에서는 최고급 생선으로 치지만, 유럽 등지에서는 하급 생선으로 취급되고 있어서, 식문화의 차이를 나타내는 대표적인 어종이라 할 수 있다. 영국에서는 '돔 같은 것은 유태인이나 먹는 잡어', 프랑스에서는 '돔은 식충어', 미국에서는 '낚시하기에 재미있는 고기'로 인식된다.

참돔은 발달된 지능과 엄격한 일부일처제를 유지하는 것 외에도, 수명이 옛날 사람의 평균수명과 거의 비슷한 30~40년이다. 참돔은 행운을 가져다 주는 물고기로, 회갑 때에는 수명이 길어서 오래 살라는 의미로, 결혼식에서는 일부일처제를 준수하며 일몰 때만 사랑을 나누는 도덕성을 지키라는 의미가 부여된다. 돔은 대가리가 맛이 좋으며, 어두일미(魚頭一味)라는 말은 돔에서 유래되었다.

6) 조기

참조기 부세

보구치 수조기

참조기의 영명은 Redlip croaker, 일명은 '키구치'이다. 조기(助氣)는 사람의 기운을 돋우는 생선이란 뜻이며, 머릿속에 돌(石)이 들어있기 때문에 석수어(石首魚)라고도 한다. 농어목 민어과에 속하고, 참조기, 보구치, 수조기, 흑조기, 부세, 민어 등이 있다. 참조기는 겨울철을 제주도 남서쪽 근해에서 월동한 다음에 3월경에 연평도 근해에서 산란하며, 체장은 1세 15.7cm, 2세 21.7cm, 3세 25.8cm이다.

굴비 가공산업에 대한 과학적인 검토가 필요하다.

굴비는 '소금에 약간 절여서 통으로 말린 조기'로 규정하고 있다. 굴비는 원료어 수집상(중국산은 수입상)→조기 도매업자→가공업자→굴비 도매업자→굴비 소매업자→소비자의 다단계로 유통되며,

소비자가 지불하는 굴비 가격이 조기 가격의 몇 배로 비싸질 수밖에 없는 유통 구조이다.

굴비는 저온시설이 보급되기 이전에, 염장(鹽藏)과 건조처리를 통해 조기의 보존성을 높이는 한편, 살 속에 침투한 소금이 염용성인 근원섬유 단백질을 녹여서 특유의 쫄깃한 식감을 만드는 목적으로 개발되었다. 그러나 저온시설이 일반화된 오늘날에는 보존의 목적으로 염장과 건조를 많이 할 필요가 없어졌으므로, 대부분의 굴비 가공업체에서도 전통식 가공 방법보다는 건조와 염장을 적게 하는 방법으로 가공하여, 냉장이나 냉동상태로 보관 및 유통하고 있다.

따라서 현대식 굴비는 전통적인 굴비에 비해 굴비 특유의 쫄깃한 맛이 떨어짐에도, 적당한 짠맛을 느낄 수 있는 굴비를 조기보다 수배로 비싸게 구입하는 것은 손해 중에서도 대박 손해다.

명절에 백화점이나 마트에서 선물용으로 팔리고 있는 고가의 굴비는 크기에 따라서 10마리 한 박스에 1백만 원을 호가할 정도여서 서민들로서는 구입할 엄두를 낼 수 없게 되어, 굴비가 사회의 양극화를 부채질하고 있다는 생각마저 들게 한다. 이번 구정에도 굴비로 한몫 챙기겠다는 악덕업자가 중국산 냉동조기를 무허가로 가공한 후 '영광굴비'로 둔갑시켜서 조기 값의 17배나 비싼 가격으로 소비자에게 판매했다거나, 선물용으로 비싼 가격에 백화점이나 마트에 주문한 굴비 대부분이 한두 등급 아래의 굴비로 바뀌어져서 배달되었다는 등의 방송 보도는 입맛을 씁쓸하게 한다. 굴비에 대한 선호나 그릇된 편견을 이용하여 소비자를 기만하는 등의 여러 가지 문제를 안고 있는 굴비 가공산업에 대한 재검토가 필요한 시점이다.

☞ 조기가 없으면 제사가 안 되는가?

7) 복어

복어는 복어목 참복과에 속하고, 열대 및 아열대 연안에 서식하며, 그 종류는 세계적으로 120~130여 종에 이르지만, 안심하고 먹을 수 있는 것은 자주복, 밀복, 까치복 정도이고, 한국, 일본, 중국 이외에는 거의 먹지 않는다. 복어는 지방 함량이 1.0% 이하로 아주 적고, 미네랄, 글리신, 알라닌 등이 단맛을 낸다. 그리고 육질이 제일 단단하므로 최고급 생선횟감으로 취급되며, 복어회는 캐비어(caviar, 철갑상어 알), 거위간(휘아구라), 떡갈나무 버섯(트리휴) 등과 함께 세계 4대 진미식품으로 미국 FDA에서 선정하기도 했다. 일본 시모노세키시(下關市)는 '복어 도시'로 유명한데, 일본에서 어획되는 복어의 약 80%가 이곳으로 집하되어 여러 가지 형태로 가공되고 있다.

※ 복어 독

복어독(tetrodotoxin)은 신경성 마비독으로, 무색, 무미, 무취이며, 독력이 청산가리(KCN)의 13배나 되고, 300℃로 가열해도 파괴되지 않는다. 산란기인 봄철에 독이 강할 때는 검자주복 한 마리의 내장이 성인 33명을 죽일 수 있는 위력을 갖고 있다. 독력은 복어의 종류, 부위, 계절, 어획 장소 등의 여러 가지 요인이 작용하며, 일반적으로 간장과 난소가 높고 껍질에 강한 독성이 있는 것도 있다.

표 4-14. 복어의 종류별 및 부위별 독력

종 류	난소	정소	간장	껍질	장	육
흰점복	●	◎	●	◎	◎	○
메리복	●	×	●	◎	◎	○
검 복	●	×	●	◎	◎	×
자주복	◎	×	◎	×	○	×
까치복	◎	×	◎	×	○	×
밀 복	×	×	×	×	×	×

● 맹독, 10g이하로 치명적　　◎ 강독, 10g이하로 치명적이 아님
○ 약독, 100g이하에서 치명적이 아님　　× 무독, 1000g이하에서 치명적 아님

※ 복어 독의 중독 증상

복어 독의 중독 증상은 4단계로 나누어지고, 식후 20분~3시간 사이에 나타나는데, 치사 시간은 빠르면 1.5시간, 길어도 8시간이며, 보통은 4~3시간이 가장 많다. 치료방법은 개발되어 있지 않으며, 구토 및 위세척 등의 대중요법에 의존한다.

☞ 양식산 복어도 독이 있는가 ?

☞ 까치복국과 은복국은 값 차이만큼 맛 차이가 있는가 ?

8) 장어류

장어류는 뱀장어목 뱀장어과인 뱀장어, 뱀장어목 붕장어과인 붕장어, 뱀장어목 갯장어과인 갯장어, 먹장어목 꾀장어과인 먹장어와 묵꾀장어, 그리고 칠성장어목 칠성장어과인 칠성장어 등으로 나눈다.

가. 뱀장어

뱀장어는 민물장어로 영명은 Common eel, 일명은 '우나기'이다. 등쪽은 암갈색이고 배쪽은 흰색이며, 비늘은 작은 것이 진피 안으로 매몰되어 있으므로 잘 보이지 않고, 체표에는 다량의 점액이 분비된다. 뱀장어는 지방과 비타민A 함량이 높고, 영양가도 많으며, 일본인들은 뱀장어 요리를 여름철 보양식으로 즐겨 먹는다.

나. 붕장어

일본말인 '아나고(穴子)'로 많이 불리는 붕장어는 영명이 Common conger이다. 배지느러미와 비늘이 없고, 명료한 흰 반점이 측선에 38~43개 있으며, 체 측은 회갈색이고 배 쪽은 색이 연하다. 붕장어도, 뱀장어나 갯장어와 마찬가지로, 알에서 깨어난 새끼는 유생기를 거치며, 쿠로시오 난류를 타고 북상한다. 수심 500m 이내의 연안 및 대륙붕, 대륙붕 사면에 서식하고, 암컷이 수컷보다 성장이 빠르고 수명도 길다. 낮에는 해저의 구멍에 몸통을 숨기고 머리만 내놓고 있으며, 밤에 주로 섭이활동을 한다.

다. 갯장어

일본말인 '하모'로 많이 불리는 갯장어의 영명 은 Sharp toothed eel이다. 등쪽은 회백색, 배 쪽은

은백색이고, 이빨이 대단히 날카로운 것이 특징이다. 야행성으로 장어류 중에서는 대형이고 암컷이 큰데, 최대 2.2m나 된다. 살 속에 작은 뼈가 많기 때문에, 칼로 뼈를 촘촘하게 잘라서(약 3cm 정도의 크기에 22~24개의 칼집을 넣음) 뜨거운 물에 약간 데친 다음, 바로 차가운 물에 넣어서 조리하는 데침 회가 유명하다.

라. 먹장어

포장마차의 소주 안주거리로 인식되어 있는 서민의 생선으로, 입이 동그랗고 흡반처럼 되어 있으며, 눈이 퇴화되어 피부에 매몰되어 있어서 눈이 없는 것처럼 보인다. 몸의 측면에 점액공이 있고 점액을 많이 분비하여 온몸을 감싸고 있으며, 점액은 수시로 걷어 주어야 한다. 10시간 정도 견딜 수 있는 강인한 생명력을 갖고 있으며, 수컷 한 마리에 암컷 100마리의 성비이고, 껍질로는 지갑 등의 공예품을 만든다.

장어 피의 독소

장어류의 피와 껍질의 점액질에는 이크티오헤모톡신(ichthyohemotoxin)이라는 단백독소(蛋白毒素)가 들어 있는데, 이것을 먹으면, 구토, 설사, 혈변, 호흡곤란 등의 증상을 일으키고, 심하면 죽는 경우도 있다. 붕장어를 회로 조리할 때에, 기계로 썰고 물로 깨끗이 씻은 다음에 탈수기로 수분을 완전히 제거하는데, 이와 같이 씻는 방법은 피와 점액질을 씻어내는 지혜이기도 하다. 그리고 이 독소는 가열(60℃ 이상)하면 분해된다.

뱀장어 구이 먹는 양을 제한하는 이유

우리나라 사람들은 초복, 중복, 말복의 복날 음식으로 영양탕과 삼계탕을 최고로 친다. 그러나 일본인들은 뱀장어 구이를 먹는데, 1회에 먹는 양을 약 50g 정도로 제한하고 있다. 이것은 비타민 A는 비타민 D, E, K와 같이 기름에 녹는 지용성으로 과잉 섭취하면 체지방에 축적되기 때문이다. 과잉 섭취 시에는 머리가 멍해지고, 두통이 생기고 메스꺼우며, 껍질 벗겨짐, 피부 건조증, 탈모증, 골반 비대 등의 증상을 수반하므로, 비타민 A의 하루 섭취량은 600㎍로 정하고 있다. 뱀장어 육중의 비타민 A 함량은 1,200㎍/100g이므로, 일본에서 뱀장어 구이 1회 먹는 양을 50g으로 제한하는 것은 과학적인 근거가 있는 것이다.

우리나라 사람들이 몸을 보신하기 위하여 뱀장어 곰을 만들어서 레트로트파우치에 밀봉한 것을 하루에 3개씩 먹는 것도, 비타민 A의 과잉 섭취가 아닌지, 또는 기능성 성분을 버리고 먹는 것이 아닌지 과학적으로 검토해 보아야 할 것이다.

☞ 장어 꼬리가 정력제인가 ?

☞ 로마나 중국 왕조에 비해서 이집트 왕조의 평균수명이 10년 정도 짧은 이유는 ?

☞ 붕장어(아나고) 회 조리법을 과학화해야 한다.

9) 홍어

홍어목 가오리과에 속하고, 영명은 Skate ray, 일명은 '간기에이'이다. 수심 30~100m의 연안에 서식하며, 난생(卵生)이고, 일부일처제를 지키는 홍어는 암컷이 수컷보다 몸집이 크고 맛도 좋으며, 가격도 고가이다.

홍어 수컷의 생식기는 대롱 모양으로 2개가 몸 밖으로 튀어나와 있고 가시가 붙어 있어서 손을 다치게 하는 등, 조업에 방해가 되므로 잡히면 칼로 쳐내 버린다.

☞ 홍어회의 톡 쏘는 성분은 무엇인가 ?

☞ 홍어회는 우리나라만 먹는다 ?

3. 소하성 어류

1) 연어

연어목 연어과이고, 영명은 Salmon, 일명은 '사케'이다. 장어, 송어 등과 같은 소하성(遡河性) 어류로, 산란을 위하여 태어난 하천으로 회귀

해 온다. 산란 후에 어미는 죽고, 부하된 새끼는 바다로 내려가서 바다 생활을 하면서 광범위한 영역을 회유한다. 체장은 70~100cm이고 봄부터 초가을까지 연근해에 접근하는데, 하천으로 올라오기 직전에 바다에서 잡은 것이 최상품인데, 은색의 체색이 반짝이고 기름이 많아서 맛이 가장 좋다.

하천으로 올라오면 살이 여위고 맛도 떨어지며, 체색은 검게 보이면서 체측 중앙에 폭이 넓은 적자색의 세로 띠가 나타나는 독특한 혼인색을 띠는 것이 특징이다. 회귀율을 높이기 위하여 인공 방류된 치어는 북태평양에서 3~5년간 성장한 후에 다시 방류되었던 강으로 모천회귀 하는데, 회귀율은 0.5% 정도로 아주 낮다.

물고기의 회유

물고기가 살아가는 해역을 바꾸는 데는 대부분 먹이와 종족 번식이 작용하는데, 다랑어, 고등어, 전갱이, 방어 등은 먹이 때문에, 그리고 연어, 뱀장어, 송어 등은 종족 번식을 위해 옮겨 다닌다. 종족 번식을 위한 물고기의 회유는 신비로운데, 연어는 자신이 태어난 곳에 알을 낳기 위해 1만km를 헤엄쳐 오고, 뱀장어는 1000~6400km까지 이동한다. 다만 연어는 바다에 살다 민물에 돌아와 산란하고, 뱀장는 민물에 살다가 먼 바다의 한가운데에서 알을 낳는 차이가 있다.

2절. 두족류

1. 오징어류

우리 연근해에 어획되는 오징어류는 살오징어(오징어), 화살오징어, 갑오징어가 대부분이며, 이 중에서 살오징어의 생산량이 제일 많다. 화살오징어는 후방의 지느러미(귀)가 화살처럼 생겼고, 갑오징어는 내장 부위에 단단한 연골이 들어있다. 오징어는 안정된 상태에서는 내장이 훤히 보일 정도로 투명하지만, 양육하면 스트레스를 받기 때문에 다갈색(茶褐色)으로 변하며, 사후에 황백색→유백색→핑크색→적자색으로 변하는데, 핑크색과 적자색인 것은 선도가 떨어진 것이다.

살오징어 화살오징어(한치) 갑오징어

1) 살오징어

수명은 1년생으로 다리 길이가 몸통의 절반 정도가 되고, 10개의 다리 중에서 가늘고 긴 2개의 다리는 먹이를 잡을 때나 교미 때에 사용한다. 산란기가 겨울과 가을인 두 종류로 구분되는데, 전자는 태평양에서, 후자는 동해에서 주로 어획된다.

2) 화살오징어

지느러미(귀)가 마름모꼴로 몸통 길이의 60% 정도 차지하며, 오징어보다 수분 함량이 많아서 연하고 껍질이 약하다. 다리 길이가 짧아서 한치(3.3cm) 밖에 안 된다고 하여 이름인 한치로 이름 붙여졌다.

3) 갑오징어

타원형으로 외투막의 등 쪽에 짙은 갈색의 가로줄이 있으며, 배 쪽은 희다. 외투막 양쪽의 전체에 걸쳐서 지느러미가 있고, 등 중앙부의 근육과 내장 사이에 갑(甲)이 있는데, 육은 두껍고 연하며 단맛이 있다.

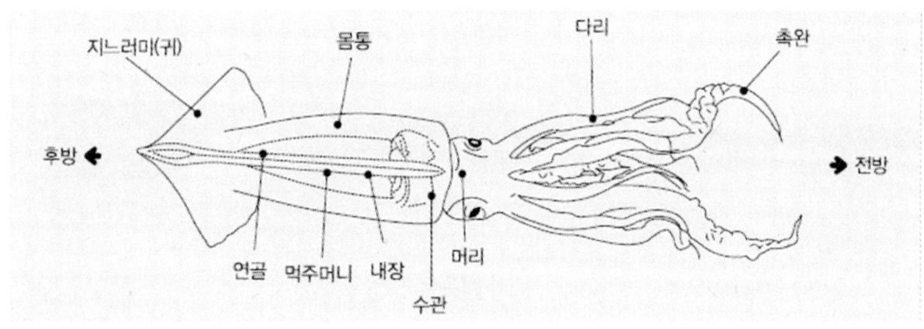

☞ 오징어와 문어 먹물의 차이점은 ?
☞ 마른 오징어 껍질에 있는 백분을 털어버리면 손해다.
☞ 오징어 회를 얇게 써는 이유는?

2. 문어류

1) 문어

수심 40m까지의 연안의 암초지대에 서식하고 수명은 2년이다. 긴 8개의 다리에 흡반이 2줄로 붙어 있으며, 공복 시 또는 먹이가 없을 때 자신의 다리를 잘라먹는 습관이 있지만 곧 다시 자란다. 서양에서는 '악마의 고기'로 알려져 있으며, 구멍에 들어가기를 좋아하는 습성을 이용하여 주로 통발어법으로 잡는다.

2) 주꾸미

전신이 작은 돌기로 덮혀 있고, 등 쪽에 금색의 환상(環狀) 무늬가 있으며, 2월에서 5월까지 서해안에서 주로 잡힌다. 밥알 크기의 알을 5~6월에 산란하는데, 알이 밴 주꾸미를 익혀서 먹으면 알이 마치 밥알을 연상케 하므로, '주꾸미 밥'으로 부른다.

3) 낙지

"봄 주꾸미, 가을 낙지"라고 부르며, 제철은 가을이다. 초보자는 주꾸미와 구별이 쉽지 않지만, 8개의 다리 중에서 2개의 다리가 유난히 길고 가늘므로 가늘 세(細)자를 넣어서 세발낙지라고 부르기도 한다.

오징어와 문어의 가열 특성

다리 수가 문어는 8개이고 오징어는 10개이다. 문어는 고온에서 가열하면 육질이 단단해지고 껍질도 허물 허물해지므로, 부드럽게 하기 위해서는 약한 불로 오래 삶아야 하며, 오징어는 반대로 끓는 물에 2~3분간 데치면 충분하다.

☞ 문어는 바다의 카멜레온

☞ 일본은 2차 대전 때에 카미카제 특공대의 시력을 좋게 하기 위하여 주꾸미를 달여서 먹였다.

☞ 연체동물의 피는 파란색이다.

3절. 패류

1. 굴

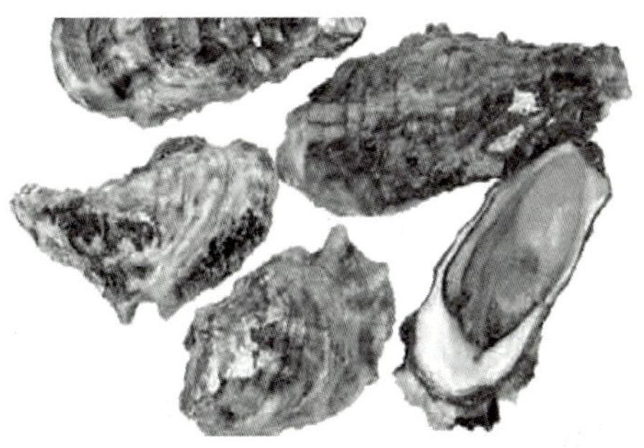

굴(oyster)은 돌에 붙어서 서식하므로 석화(石花)라고도 하며, '바다의 우유', '바다의 현미', '바다의 의약품' 등으로 불린다. 우유에 필적하는 완전식품으로, 수산물을 날 것으로 먹지 않았던 유럽 사람들도 옛날부터 날 것으로 먹었던 유일한 수산물이다. 이동성이 없는 굴은 해수를 여과하면서 아가미에서 영양분을 섭취하는데, 여과량은 1시간에 25~30ℓ 나 된다. 암초에 부착하여 간조 때에 공기 중에 노출되어서 먹이를 먹지 못하는 자연산보다 물속에서 항상 먹이를 섭취하는 양식산이 성장이 빠르다. 신선한 것은 패주가 반투명이며, 선도가 떨어지면 희어진다. 제철인 가을에서 겨울은 몸에 영양분을 축적하기 때문에 글리코겐양도 가장 많고 맛도 좋으며, 영양가도 높다.

☞ 여름철 굴은 독(毒)이 있다 ?
☞ 생굴을 반각굴 형태로 유통하는 이유 ?
☞ 봄철 굴과 진주담치는 마비성 패류독(PSP)을 조심해야 한다.

굴은 정력제이면서 완전식품이다.

굴은 패류 중에서 번식력이 강하여 가장 흔한 조개 중의 하나인데, 구석기 시대에서부터 먹어 왔다는 것을 고대의 패총 등에서 확인할 수 있다. 굴을 식용으로 이용한 것은 동 · 서양을 막론하고 인류 최초의 역사와 함께 시작되었지만, 특히 그리스, 로마 사람들이 많이 먹었던 것으로 알려져 있다. 서양인들은 "굴을 먹어라, 보다 오래 사랑하리라, Eat oyster, love longer"라고 했으며, 영웅들도 굴을 좋아했는지 암가계((癌家系)로 유명한 나폴레옹도 끊임없이 굴을 먹었다고 알려져 있으며, 독일 철혈재상 비스마르크도 하루에 175개의 굴을 먹었다고 한다. 그리고 희대의 바람둥이 카사노바도 매일 아침 굴 50개를 먹었다는 일화가 있다. 굴속에는 정력성분인 아연(Zn)이 수산물 중에서 가장 많이 들어 있다.

2. 전복

전복(abalone)은 예로부터 우리 국민들이 선호하는 패류로, 연근해에는 소형인 오분자기를 비롯하여, 참전복, 말전복, 둥근전복 등 5종이 있으며, 최근에는 완도를 중심으로 대량 양식되고 있다. 전복은 자웅이체로 바다에 체외수정을 하고, 대형 갈조류가 많은 해역에 주로 서식한다. 수컷은 육색이 청흑색이고 단단하여 횟감으로 적합하고, 암컷은 붉은색을 띠고 육질이 연하므로 가열조리용으로 주로 사용된다. 오분자기와 다른 점은 호흡공(呼吸孔)이 패각위로 많이 돌출되어 있으며, 열려 있는 구멍이 4~5개로 오분자기의 6~7개보다 많고, 패각 모양이 원추형이다. 전복은 다시마를 비롯한 미역, 모자반 등의 해조류를 먹이로 하므로, 내장에 검게 있는 것은 해조류가 소화된 것으로 몸에 좋으며, 생식소가 황색인 것은 수컷이고 녹색인 것은 암컷이다.

3. 가리비

국자가리비과의 자웅이체로, 수심 10~50m의 암초지대나 모래자갈 바닥에 서식한다. 우각은 깊이가 깊고 흰색이며, 좌각은 깊이가 얕고 어두운 색인데, 양식산은 채롱에 넣거나 귀에 구멍을 뚫어서 매달아서 양식하므로, 좌각과 우각의 색택 차이가 크지 않다. 가리비의 패주(貝柱)는 하나로, 전후에 2개 있는 바지락 및 백합과는 다른데, 이것은 가리비가 바지락이나 백합처럼 해저의 모래 안에 잠입하는 것이 아니고 노출생활을 하기 때문이다. 활 가리비는 관리가 소홀할 경우에 패류 중에서 가장 폐사하기 쉬운 종류로, 폐사하거나 선도가 좋지 못한 경우에 심한 악취가 난다. 활력도가 나쁜 경우에는 외투막이 패각에 잘 붙어있지 않고 패각 끝에서부터 안으로 말려 들어가므로, 말려 들어가는 정도로 활력도를 알 수 있다. 그리고 호흡하기 위하여 열려있는 패각이 외부 자극 시에 신속히 닫히면 활력이 좋은 개체고, 서서히 닫히거나 미세한 움직임만 있으면 활력이 나쁜 개체다.

☞ 가리비 중장선에는 독이 있다.

4. 바지락

바지락(little neck clam)은 하천수와 바닷물이 섞이고, 모래가 많고 자갈이 섞인 곳에 서식하는데, 수명은 8~9년이다. 제철인 봄철에 글리코겐 함량이 높다.

봄 조개, 가을 낙지

"봄 도다리, 가을 전어"라는 말이 있는데, 봄에는 도다리가, 가을에는 전어가 1년 4계절을 통하여 가장 맛있는 철로, 체내에 지방 함량이 가장 높은 시기이다. "봄 조개, 가을 낙지"도 봄에는 조개가, 가을에는 낙지가 가장 맛있는 제철이라는 의미이다. 바지락, 재첩, 대합, 가막조개 등의 조개류를 삶은 뽀얀 국물에는 타우린, 베타인, 글루탐산, 이노신산, 호박산 등이 어우러져 감칠맛이 있으며 몸에도 좋다.

5. 재첩

재첩(marsh clam)은 담수 또는 기수역의 모래와 자갈 밑을 좋아하는 이매패로, 크기는 각장 3cm 정도로 각정이 부풀어 오른 삼각형 형태다. 패류 중에서 호박산의 함량이 가장 많으며, 재첩에 많이 들어있는 함황아미노산인 메티오닌, 시스틴, 타우린은 간 기능을 향상시키기 때문에 황달 등에 효과가 좋다.

☞ 재첩과 부추는 음식 궁합이 맞다.

대합
백합
개조개
새조개
꼬막
피조개
키조개
진주담치

6. 소라

소라의 특징인 관상(管狀)의 돌기는 굵은 나륵(螺肋) 위의 성장맥이 부풀어 올라서 7층으로 되어 있는데, 두껍고 단단하다. 생식선은 암컷은 암녹색, 수컷은 백색으로 맛의 차이는 없으며, 먹이가 전복과 같은 갈조류이기 때문에 내장의 맛은 전복과 비슷하다. 내장의 육은 연하지만 다리 육은 단단하며, 산란기는 7~9월이고, 그 직전인 봄이 제철이다.

☞ 매물고둥류의 타액선에는 테트라민(tetramine) 독소가 들어있다.

피뿔고둥

물레고둥(골뱅이)

북방매물고둥

4절. 갑각류

1. 새우류

새우는 크게 보행류와 유영류로 분류되는데, 보행류는 대하, 유영류는 보리새우가 대표적이다. 또한 보행류의 대형은 lobster, 유영류의 중형을 prawn, 소형의 새우를 shrimp로 구별하고 있다. 새우류는 한 번에 60만개의 알을 1년에 2~3번 산란한다. 새우류는 게류와 같이 betaine류, glycine 및 글루타민산 등의 아미노산 특유의 단맛, 감칠맛 성분을 많이 함유하고 있다. 최근에는 갑각류 껍질로부터 chitin과 chitosan을 추출하여 기능성 식품 소재, 의료용 재료, 오니(sludge) 분리재료, 분해성 포장재 등의 다양한 용도로 이용하고 있다.

1) 보리새우

보리새우(kuruma prawn)는 야행성으로 주간에는 갯벌에 잠수해 있다가 밤에 유영하면서 작은 조개 등을 잡아먹으며, 저인망으로 어획한다. 수명은 1년 정도이고, 비교적 좁은 면적에서 단기간에 성장하며, 수질 등의 생식환경조건에 까다롭지 않는 등, 양식에 좋은 특성을 갖고 있으므로, 동남아 등지에서 많이 양식된다. 양식산은 아가미 부위에 펄이 고여서 검게 되어 있고 이 펄이 부패를 빠르게 한다. 또, 장(腸)에도 펄이 고여서 검게 되어 있으므로, 조리할 때는 반드시 등 가장자리에 길게 있는 장을 제거해야 한다.

'오도리'는 보리새우의 정식 일본 명칭이 아니다

보리새우의 일본말이 '오도리'인 것으로 오인하는 사람이 많은데, 보리새우의 일본 명칭은 '구루마에비'이다. 일본말로 '오도리'란 춤이란 뜻이며, 살아있는 보리새우를 회로 먹기 위하여 물에서 끄집어내면 팔딱팔딱 튀는데, 이 모습이 춤을 추는 것처럼 보인다 하여 속칭 '오도리'라고 부르게 된 것이다.

보리새우와 홍다리얼룩새우의 구별 포인트

보리새우

- 체표 무늬가 밝은 갈색
- 얼룩띠가 몸통부위 마디 중간에 있다

홍다리얼룩새우

- 체표 무늬가 밝은 암갈색에 가깝다
- 얼룩띠가 몸통부위 마디 끝부분에 있다

☞ 콜레스테롤 값이 높은 사람은 새우와 오징어를 먹으면 안 된다고 하는 것은 잘못된 것이다.

2) 대하

겉껍질이 매끈하고 털이 없으며, 체색은 연한 홍회색에 청회색의 점무늬가 산재해 있다. 촉수역할을 하는 몸길이의 2배나 되는 긴 수염이 2개 있고, 담청색의 색소포가 산재해 있으며, 보리새우속의 다른 종보다 깊은 수심(90~180m)에 서식한다. 보리새우와 대하는 생김새는 물론이고 크기도 비슷한데, 보리새우는 호랑이 무늬 같은 줄이 있는 것으로 구별한다. 대하는 양식이 많이 되고 있으며, 자연산과 양식산의 구별법은 자연산 대하의 수염 길이가 양식산의 2배정도로 길고, 색택에 있어서 자연산은 밝은색, 양식산은 어두운색으로 구별한다. 대하는 성질이 대단히 급하여 그물로 잡아서 올려놓고 1분 정도 지나면 90% 이상이 죽는다.

2. 게류

게는 지방 함량이 낮고, 단맛이 나는데, 글루타민산, glycine, arginine, guanine 등의 감미성분이 많으므로 특유의 맛이 난다. 게는 대기 호흡을 하므로 수송 시에는 톱밥으로 동면 처리하여 수송한다.

1) 대게

대게(snow crab)는 우리나라의 경우에 암컷의 어획을 금지하고 잇는데, 갑장(甲長)은 수컷이 암컷보다 배 정도로 크다. 대게의 체색은 등이 암갈색이고 배는 밝은 회색인데, 비슷하게 생긴 붉은대게는 몸통 전체가 짙은 주홍색을 띤다. 그리고 서식 수심은 대게가 150~600m, 붉은대게가 250~2,300m로, 수심 450m 부근의 서식역이 중복되는 곳에서는 대게와 붉은대게가 교잡하여 생긴 너도대게가 서식하는데, 생김새가 대게와 붉은대게의 중간 모양이다.

대게 붉은대게 너도대게

☞ 새우나 게의 껍질을 갈아서 먹는다고 키토산이 흡수되는 것은 아니다.

2) 꽃게

게는 한자로 해(蟹)라고 하며, 이를 풀어 쓰면 '解+虫'으로 되는데, 규합총서에서는 게를 해(蟹)로 일컫는 것이 늦은 여름과 초가을에 매미가 허물을 벗듯이 껍질을 벗기 때문이라고 한다. 꽃게(blue crab)는 완도, 대천, 안면도 등의 서해안에 많이 분포하고, 1년 만에 성장이 거의 끝나며, 산란기는 6월~9월이다. 따라서 제철은 암컷의 경우, 산란기 전인 봄이고, 수컷은 가을이다. 한 겨울에 모래에 숨어서 동면을 하는 습성을 이용하여, 꽃게를 차가운 물에 넣어서 기절시킨 후에 톱밥에 묻어서 냉각상태로 유통시키면 수면상태가 되므로 유통이나 보관이 쉽다.

참게 털게 왕게

☞ 게나 새우를 가열하면 붉은색으로 변하는 이유는 ?

☞ 게의 암수 구별 포인트는 배 덮개의 모양이다.

☞ 게류는 위험에 처하면 다리를 스스로 자른다.

☞ 보름에는 게의 살이 야위어진다 ?

5절. 기타

1. 멍게

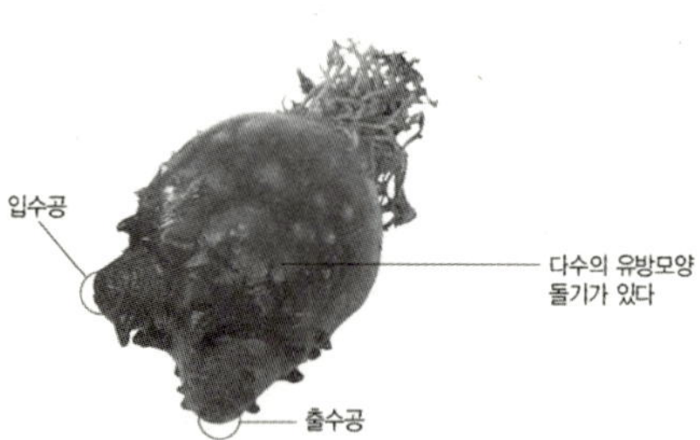

멍게(sea squirt)는 척색동물의 미색류(尾索類)에 속하고 체형은 항아리형이며, 상단에 2개의 구멍(입수공과 출수공)이 있다. 입수공에서 물을 빨아들이면서 호흡도 하고 영양분도 섭취한다. 외피가 70% 정도를 차지하고 가식부의 90%가 수분이며, 정미성분으로는 글리신, 베타인, 글리코겐이 들어 있다. 그리고 멍게의 독특한 향은 옥타놀, 신티아놀 등의 불포화 알콜에 의한 것이다. 선도 저하 시에 강력한 tyrosinase 효소에 의한 melanine 색소 생성으로 흑갈색이 되므로 가공 적성이 대단히 낮다. 멍게류에 속하는 미더덕과 주름미더덕도 양식되고 있다.

붉은우렁쉥이

미더덕

주름미더덕

2. 개불

몸에 마디가 없는 의충(螠蟲)동물이고, 내만의 모래펄 속에 U자형의 굴을 파고 산다. 체색은 어릴 때는 선홍색이며, 성장함에 따라서 붉은색이 진해지면서 암적색이 된다. 근육 중에 콜라겐 함량이 많을 뿐만 아니라, 몸의 마디가 없는 특수한 조직 때문에 씹히는 맛이 좋으며, 글리신과 알라닌이 많아서 단맛도 많다.

3. 해삼

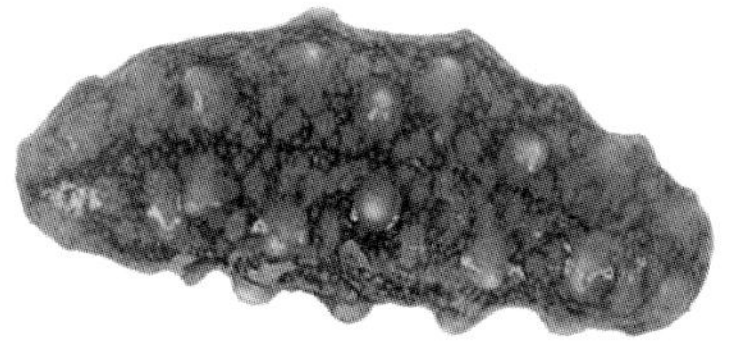

'바다의 인삼', '바다의 오이'로 불리는 해삼(sea cucumber)은 성게, 불가사리와 같은 극피동물이며, 암수이체이다. 우리나라 해삼에는 청해삼, 홍해삼, 흑해삼이 있으며, 체색과 서식 장소가 다르다. 해삼은 입 주위의 촉수로 해저의 모래와 펄을 모아서 소화관에서 유기물만을 흡수한다. 수분이 90% 이상이지만 오돌오돌한 식감이 나는 것은 체벽의 단백질이 대부분 콜라겐이고, 그 사이를 뮤코다당이 메워져서 단백질과 복합체를 이루고 있기 때문이다.

재생력이 탁월한 해삼

해삼을 2개로 절단하여 두면, 3개월 만에 절단 부위가 치유되는 놀라운 재생력을 갖고 있는데, 항문이 있는 뒷부분의 재생력이 훨씬 높다. 그리고 해삼을 길게 째고 내장만을 들어낸 다음에 다시 바다에 넣어두면, 수개월 만에 내장이 가득 찬다. 일본의 시코쿠(四國) 지방에서는 해삼의 이런 특성을 이용하여 해삼 창자젓을 특산품으로 만들고 있다.

☞ 해삼은 용혈독소를 갖고 있다.

☞ 해삼은 여름잠을 잔다.

4. 성게

성게(sea urchin)는 극피동물에 속하고 자웅이체로, 식용하는 것은 황갈색인 난소와 황백색인 정소다. 성게는 풍미가 좋고 입안에서 녹는 것과 같은 유연한 식감이 매력인데, 이는 인지질 성분에 의한 것이며, 성게의 독특한 맛은 메티오닌 때문이다. 시장에서는 알의 색택에 따라서 흰 성게와 붉은 성게로 나누며, 붉은 것이 성게의 독특한 감칠맛이 강하고, 흰 것은 상쾌한 맛이 난다.

6절. 해조류

해조류는 인간에게 유용한 해산물로서, 색소에 따라 녹조류, 갈조류, 홍조류로 분류된다. 해조류에는 식이섬유질(dietary fiber)이 많은데, 이것은 콜레스테롤 저하 작용, 혈당 조절 작용, 항유해물질 작용, 정장 작용, 혈압 강하 작용, 변비나 비만 예방 효과 등이 알려져 있다.

식이섬유질이란 식품체의 세포벽이나 세포질에 존재하는 다당류로, 인체의 소화효소로는 소화되지 않는 비소화성 복합 탄수화물로 분류되며, 식품 중의 함량은 다음 표와 같다.

표 4-15. 식품중의 식이섬유 함유량(건물당 %)

식품명	식이섬유(%)	식품명	식이섬유(%)	식품명	식이섬유(%)
식빵	4.5	양파	14.9	배	9.2
쌀	0.8	토마토	17.8	표고버섯	45.1
감자	7.2	배추	24.0	파래	43.6
곤약	87.0	시금치	36.3	김	31.0
참깨	26.1	딸기	18.3	다시마	31.2
팥	18.5	귤	10.2	한천	97.3
무	26.5	사과	11.9	미역	43.7

식이섬유

식이섬유에는 수용성과 불용성으로 나누어지는데, 불용성 식이섬유는 변비나 장암 등의 예방, 비만, 당뇨병에 효과가 있다. 그리고 수용성 식이섬유는 지방과 콜레스테롤 흡수를 억제시켜서, 비만과 대장암 예방, 당뇨나 순환기 계통의 성인병 예방 효과가 있다.

1. 갈조류

갈조류에는 여러 가지 종류가 있으나, 대표적인 것으로는 미역, 다시마, 톳, 곰피, 쇠미역 등을 들 수 있다. 이들 갈조류는 건제품으로 가공하여 식용품으로 이용하기도 하고, 호료, 요오드, 알긴산(alginic acid) 등을 추출하여 공업용으로도 이용한다.

1) 미역

미역(sea mustard)은 1년생 해조류로 해저가 평탄하고 조류가 빠르고 깊은 곳에서 생육하는데, 수확 시기는 12월~4월까지 이고, 거의 대부분이 양식이다.

마른 미역에는 칼륨, 마그네슘, 칼슘 등의 무기질 함량이 높으며, 알칼리도가 38.4로 채소류인 시금치 5.63보다 훨씬 높다. 그리고 마른 미역은 식이섬유량도 매우 많아서 다이어트 식품으로 각광받고 있다. 마른미역에는 씻은 다음에 천일 건조한 소건미역, 끓는 물속에서 가열한 다음에 건조한 자건미역이 있으며, 최근에는 수확기에 대량 생산되는 것을 염장해 둔(염장미역) 다음에 필요할 때에 건조하는 방법이 주를 이루고 있다.

2) 다시마

다시마(tangle weed)는 다년생으로 수명은 2~3년이고, 주로 2년생을 7월~10월에 채취한다. 마른다시마에도 미역과 유사하게 무기질 함량이 높으며, 알칼리도가 38.2이고, 식이섬유 함량이 매우 높다. 다시마는 주로 식용으로 이용되며, 식용 외에도 알긴산의 원료로 많이 사용된다. 감칠맛을 내는 글루타민산이 많아서 멸치와 같이 국물을 내면 멸치의 이노신산(IMP)과 상승작용을 일으켜서 국물 맛이 대단히 좋아진다.

3) 톳

톳(sea lentil)은 다년생으로, 생산 시기는 6월~9월이다. 톳은 바닷가 바위에 붙어서 자라고, 빛깔은 황갈색이나 건조하면 흑갈색이 된다. 살짝 데쳐서 무친 맛이 산뜻하고, 살캉거리며 씹히는 것이 특징이다.

2. 홍조류

홍조류에는 유용한 종류가 매우 많다. 김은 건제품으로 가공되어 우리들의 식탁에 가장 많이 오르는 홍조류이며, 우뭇가사리, 비단풀, 꼬시래기, 석묵, 싹새기 등은 한천 제조 원료로 이용된다. 진두발, 돌가사리 등은 카라기난(carrageenan) 제조 원료로 이용하고, 풀가사리, 누아리, 은행초 등은 호료 제조 원료로 이용하고 있다. 그리고 해인초는 회충약으로 이용된다.

1) 김

김(laver)은 1년생으로, 생산 시기는 11월~4월이며, 대부분이 양식이다. 마른김에는 나트륨, 칼륨, 마그네슘, 칼슘 등의 무기질이 해조류 중에서는 많은 편이 아니지만, 야채류보다는 많다. 마른김에는 비타민 A의 함량이 44,500IU로 다시마의 622IU, 톳의 360IU보다 높으며, 비타민 A의 보고로 알려진 칠성장어(25,000IU)보다도 월등히 높다. 마른김의 품질은 색깔, 윤택, 향기, 맛에 의하여 결정되는데, 품질이 좋은 것일수록 흑자색을 띠고 윤택이 나며, 클로로필 함량이 높다.

마른김은 1차 건조 후 수분함량이 10~13% 상태로 저장하면 변질, 변색되어서 품질이 손상되는데, 이는 저장 중에 클로로필이 분해되고 피코비린이 남아서 적자색을 띠게 되기 때문이다. 따라서 2차 열처리(180~200℃, 5~30초)를 하여 수분 함량을 5% 이하로 낮추면, 열처리 중에 열에 약한 적갈색의 피코비린 색소가 분해되고 비교적 열에 안정적인 클로로필이 많이 남아서 청록색을 띠게 된다.

3. 녹조류

녹조류로는 파래류, 청각류가 있으며, 파래류에는 가시파래, 납작파래, 창자파래, 잎파래, 구멍갈파래 등이 있고, 주로 식용 건제품으로 가공하고 있다. 청각류는 그 종류가 많고 형태는 여러 가지이지만, 식용으로 이용되는 것은 청각뿐이다.

1) 파래

우리나라 연안의 파래(green laver)는 11월~3월에 대부분 채취되며, 전남 완도일대에서 80% 이상이 생산되는데, 대부분이 양식산이다. 김은 홍조류, 파래는 녹조류에 속하지만, 비슷한 시기 및 지역에서 자라므로 양식 김발에 파래가 함께 부착하게 되는데, 파래의 성장이 김보다 빠르므로 김 양식을 망치게 된다. 그래서 논농사를 지을 때에 피를 없애기 위하여 제초제를 뿌리는 것과 같이, 산성에 저항력이 약한 파래의 특성을 이용하여 김발에 산(염산, 유기산)을 뿌려서 파래를 제거한다. 그러나 최근에는 파래만을 따로 양식하기도 한다.

2) 매생이

매생이는 옛날에는 파래와 함께 김발에 달라붙으면 난리가 나는 천덕꾸러기였으나, 최근에는 건강식품으로 각광받고 있다. 파래와 비슷하게 생겼지만, 파래보다 가늘고 부드러우며 특유의 향과 맛을 내는데, 바다가 조금이라도 오염되면 자라지 못한다.

매생이는 펄펄 끓어도 김이 나지 않으므로 서둘러서 먹으면 입천장을 데기 때문에, "미운 사위에게 매생이 국을 준다"는 속담이 있다.

제6장 수산가공품

1절. 수산가공품의 개요

1. 가공처리의 목적

1) 저장성 부여

미생물의 작용을 방지하여 저장성을 높인다.

2) 부가가치 증대

어패류가 본래 갖고 있는 가치를 향상시킨다.

3) 자원의 유효 이용

① 심해어나 남극 크릴 등의 미이용 자원의 이용가치 제고
② 정어리 등의 일시 다획성 어종의 이용가치 제고
③ 유효성분 추출을 통한 부산물의 이용가치 제고

4) 운반 및 조리의 용이

머리, 내장 등의 비가식부 제거를 통해 운반 및 조리의 용이성 제고

2. 수산물 가공품의 분류

1) 식용품

가. 냉동품

① 원형 동결품(round) : 삼치, 전갱이, 전어, 새우(whole), 게 등

② 처리 동결품

나. 건제품

소건품, 자건품, 염건품, 훈건품, 동건품, 자배건품으로 나뉜다.

다. 염장품

간고등어를 비롯하여, 염장미역, 염장어란 등이 있다.

라. 수산발효식품

젓갈, 액젓, 식해로 나누어진다.

마. 조미가공품

① 절임류 : 초절임, 설탕조림, 쌀겨담금 등

② 조림류 : 장조림품, 각종 어패류의 자숙조미제품 등

③ 조미건제품 : 맛오징어, 맛김, 꽃포 등

바. 훈제품

냉훈법, 온훈법, 액훈법이 있다.

사. 통조림품

보일드 통조림, 가미 통조림, 기름담금 통조림, 훈제기름담금 통조림, 토마토담금 통조림 등으로 나뉜다.

아. 연제품

① 어묵류 : 판어묵(kamaboko), 구운어묵(chikuwa), 포장어묵, 튀김어묵, 어단(fish ball)

② 어육소세지(fish sausage) : 다랑어, 가다랭이, 고등어, 꽁치 등

③ 어육햄(fish ham) : 다랑어, 연어, 송어 등

④ 어육버거(fish burger) : 고등어 등

자. 한천

실한천, 가루한천, 설한천, 각한천, 인상한천, 그레뉴러한천 등으로 나뉜다.

2) 공용품(工用品)

① 어유(魚油) : 정어리, 상어, 고래, 오징어 등

② 피혁(皮革) : 상어, 고래, 곰장어 등

③ 어교(魚膠) : 상어, isinglass 등

④ 알긴산(alginic acid) : 미역, 감태 등의 갈조류 추출물

⑤ 카라기난(carrageenan) : 진두발, 돌가사리 등의 홍조류 추출물

⑥ 호료 : 돌가사리, 도박 등

⑦ 공예품 : 산호, 인공진주, 패각, 고래수염 등

3) 약용품(藥用品)

① 간유(肝油) : 대구, 명태, 상어 등

② 인슐린(insulin) : 어류의 췌장

③ 뇌유(腦油) : 향고래

④ 요오드 : 미역, 다시마 등 갈조류

3. 어체의 처리형태

표 4-16. 어체 및 어육의 명칭과 처리방법

종류	명칭	처리 방법
어체	라운드(round)	머리, 내장이 붙은 전어체
	세미 드레스(semi dress)	아가미, 내장 제거
	드레스(dress)	아가미, 내장, 머리 제거
	팬 드레스(pan dress)	머리, 아가미, 내장, 지느러미, 꼬리 제거
어육	필렛(fillet)	dresss하여 3장 뜨기한 것
	청크(chunk)	dress한 것을 뼈를 제거하고 통째 썰기한 것
	스테이크(steak)	fillet를 약 2cm 두께로 자른 것
	다이스(dice)	육편을 2~3cm 각으로 자른 것
	초프(chop)	채육기에 걸어서 발라낸 육

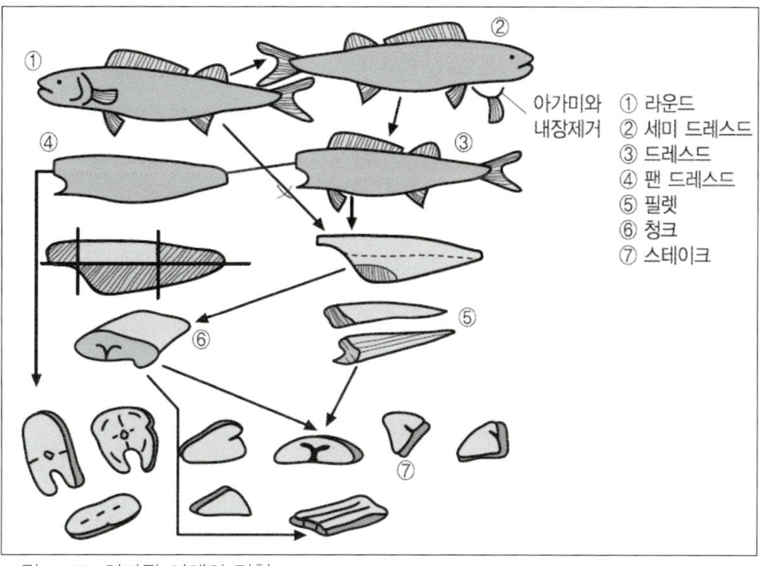

그림 4-17. 처리된 어체의 명칭

2절. 주요 수산가공품

1. 건제품

1) 건제품의 가공원리

수산 건제품은 식품 중의 수분을 제거하여 수분 활성도를 낮춤으로써 미생물의 생육을 억제함과 동시에 독특한 풍미나 조직을 가지도록 한 것이다.

일반적으로 식품의 수분이 40% 이하가 되면 거의 부패가 일어나지는 않으며, 미생물의 발육이나 식품의 저장성은 단순한 수분의 영향을 받는다기보다는 미생물이 이용할 수 있는 수분의 다소에 따라 결정된다. 이와 같은 의미의 물의 존재 상태를 표시하는 것이 수분활성도(water activity, Aw)이다.

2) 건조방법

가. 천일 건조법(Sun drying)

천일 건조법은 태양열이나 바람과 같은 자연조건을 이용하여 건조하는 것으로, 옛부터 행해져 온 가장 간단한 식품의 저장법이다. 특별한 설비는 필요하지 않지만 일정한 건조장이 있어야 한다. 경비를 절감시킬 수 있는 방법이지만, 날씨가 나쁘면 작업을 할 수 없어서 계획생산에 적합하지 않다.

나. 열풍 건조법(Hot-air drying)

원료 중의 수분을 열풍으로 가열 · 증발시키고, 증발한 수분을 송풍기로 기류를 순환시켜서 제거하는 방법이다. 열풍 건조는 건조 속도가 빠르기 때문에 천일 건조법에 비하여 유지 산화 변색이나 퇴색이 적지만, 30~40℃ 온도 영역에서는 단시간 내에 갈변을 일으키는 수도 있다.

다. 냉풍 건조법(Cool-air drying)

Heat-pump 장치를 이용하여 공기 중의 수분을 제습하여 수증기압이 낮은 냉풍(15~35℃, 상대습도 20%)을 원료에 접촉시켜서 수증기압 차로 건조한다. 열풍 건조보다 시설비 및 운전경비가 비싸지만, 건조 온도가 낮아서 건조 중의 품질 변화가 적다.

라. 진공동결 건조법(Vaccum freeze-drying)

동결된 식품을 진공하에서 건조시키는 방법으로, 원료식품의 색, 맛, 향기, 물성 등의 변화가 억제되고 복원성이 좋은 제품이 얻어지므로 가장 좋은 건조법이지만, 시설비 및 운전경비가 가장 비싸다. 진공동결 건조 장치는 ① 건조실, ② 가열장치, ③ 응축기(cold trap), ④ 진공펌프로 나눌 수 있다.

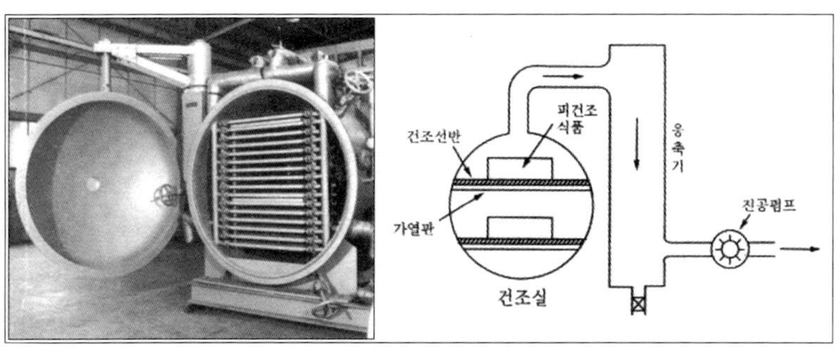

그림 4-18. 진공 동결 건조기 및 장치도

마. 자연 동건법(Natural freeze-drying)

겨울철에 야간의 기온이 -3～-5℃, 주간의 기온이 0℃ 이상 되는 곳에서 건조시키는 방법으로, 황태나 한천 등의 건조에 이용된다. 동건법에서는 식품이 동결 및 해동이 반복되므로 육질이 sponge상으로 되는 독특한 물성을 갖는다. 최근에는 냉동장치를 이용한 동건법이 개발되고 있다.

표 4-17. 건조방법의 경비비교

건조 방법	경비
열풍 건조	1.0
드럼 건조	1.2
분무 건조	1.4
진공 건조	2.8
진공 동결 건조	5.7

표 4-18. 건제품의 종류

건제품	처리 방법
소건품	오징어, 한치, 상어 지느러미, 김, 미역, 다시마
자건품	멸치, 해삼, 패주, 전복, 새우
염건품	굴비, 가자미, 민어, 대구, 옥돔, 정어리, 고등어, 전갱이, 꽁치
동건품	황태, 한천
자배건품	가다랑어, 고등어, 정어리
훈건품	연어, 조미 오징어, 굴

3) 각종 건제품

① 소건품(素乾品) : 원료를 그대로 또는 간단히 조리한 후에 말린 것으로, 오징어, 한치, 새우, 상어지느러미, 마른 김, 마른 미역, 마른 다시마 등이 있다.

② 자건품(煮乾品) : 원료를 삶은 후에 말린 것으로, 마른 멸치, 마른 해삼, 마른 패주, 마른 전복, 마른 새우 등이 있다.

③ 염건품(鹽乾品) : 원료를 소금에 절인 후에 말린 것으로, 굴비, 가자미, 민어, 대구, 옥돔, 정어리, 고등어, 전갱이, 꽁치 등이 있다. 염건품은 건제품 중에서 가장 생산량이 많으며, 최근에는 염분이 적고 건조도가 낮은 제품을 선호한다.

④ 동건품(凍乾品) : 천연 또는 동결 장치로 원료를 동결시킨 후 융

해시키는 작업을 반복하여 탈수, 건조시켜서 만든 것으로, 동건 명태(북어)와 한천이 대표적이다.

⑤ 자배건품(煮焙乾品) : 원료를 자숙, 배건 및 일건시킨 제품으로 일본에서는 부시류라고 하며, 가다랑어 부시, 고등어 부시, 정어리 부시도 있다. 제조 공정에 곰팡이가 이용되므로 발효식품으로 분류되기도 한다.

⑥ 훈건품(燻乾品) : 목재를 불완전 연소시켜서, 그 훈연 중에 어패류를 건조시킨 것으로, 연어 훈건품, 오징어 조미훈건품, 굴 훈건품 등이 있다.

2. 염장품

1) 염장품의 가공원리

염장법에 의해 어패류의 저장성이 증진되는 원리는 식염에 의한 삼투압적 탈수작용(osomotic dehydration)이다. 고농도의 식염수가 어체에 작용할 때에 어체 내의 수분은 외부로 이동하고, 이와 동시에 식염은 어패육 중으로 침투하여 수분 활성도가 감소하기 때문에 저장성이 증가한다.

2) 식염 농도와 세균의 발육

식염의 정균작용(靜菌作用)은 극히 약하여 1~3%의 식염 농도에서는 부패세균이나 병원균 등은 오히려 발육이 촉진되는 경우가 많다. 일반적으로 식염 농도가 15% 이상이 되면 세균의 발육은 억제되지만, 식염 농도가 20% 이하에서는 결국은 부패하게 된다.

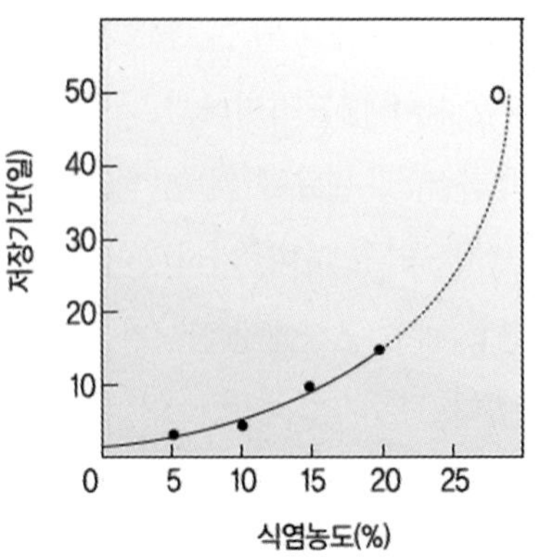

그림 4-19. 소금농도와 저장일수의 관계

3) 염장 방법

가. 마른간법(撒鹽法, dry salting)

마른간법은 식염을 직접 어체에 뿌려서 염장하는 방법으로, 특별한 설비가 필요 없고, 단순히 바닥이 경사진 저장 탱크에 어체와 소금을 번갈아 가면서 쌓으면 된다. 사용 염량은 제품의 종류, 기후 등에 따라 다르며, 보통 원료무게의 20~35%를 사용한다.

나. 물간법(立鹽漬法, brine salting)

물간법은 진한 식염수에 어체를 침지하여 염장하는 방법으로, 육상에서의 염장 또는 소형어의 염장에 주로 사용된다. 물간법에서는 물이 새지 않는 통에 일정 농도의 식염수를 넣고 그 안에 어체와 보충의 식염을 넣는다.

다. 개량법

이 방법은 마른간법과 물간법을 혼합하여 개량한 염장법이다. 마른간법을 이용하여 개량하는 것은 염장용기에 원료 어체를 1단씩 마른간을 하여 재우고 난 후, 그 위에 누름돌을 얹어 적당히 가압한다. 이와 같이 하면 어체로부터 유출된 수분에 의하여 포화식염수가 형성되어 결과적으로 물간을 한 것과 같은 효과를 얻게 된다.

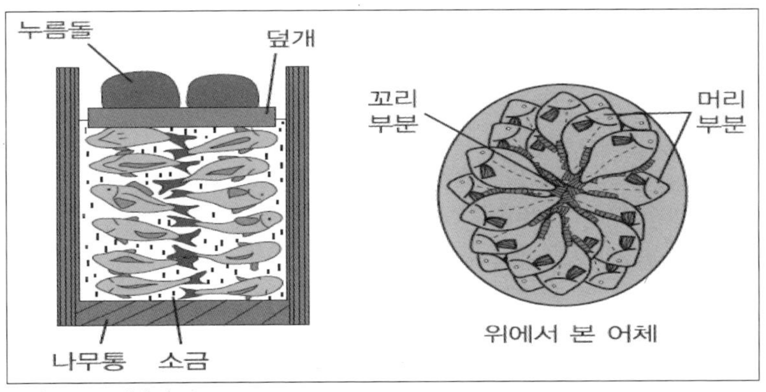

그림 4-20. 개량법

라. 수산 염장품의 종류

① 어류 : 고등어, 청어, 대구, 연어, 방어, 정어리, 멸치, 다랑어, 오징어

② 어란 : 명태알, 연어알, 청어알, 철갑상어알

③ 해조류 : 미역

3. 훈제품

훈제품은 조리, 염지, 염 제거, 탈수, 훈건 등의 공정을 거쳐서 만들어지며, 훈연법에는 냉훈법, 온훈법, 액훈법 등이 있다. 목재로는 일반적으로 활엽수인 참나무, 떡갈나무, 벚나무, 밤나무, 자작나무, 포플라, 플라타너스 등이 사용되며, 나무의 종류에 따라서 향기가 크게 다

르다. 훈연 중에 포함된 알데하이드(aldehyde)류, 페놀(phenol)류는 살균력이 있으며, 페놀류는 항산화성도 갖고 있다.

1) 냉훈법

어패류의 근육 단백질이 응고하지 않을 정도의 저온(15~30℃)에서 1~3주간 훈연한다. 제품의 수분은 40% 정도로 단단하고, 1개월 이상의 장기 보존이 가능하나, 풍미는 온훈품에 미치지 못한다. 연어류, 대구, 임연수어, 청어 등의 제품이 있다.

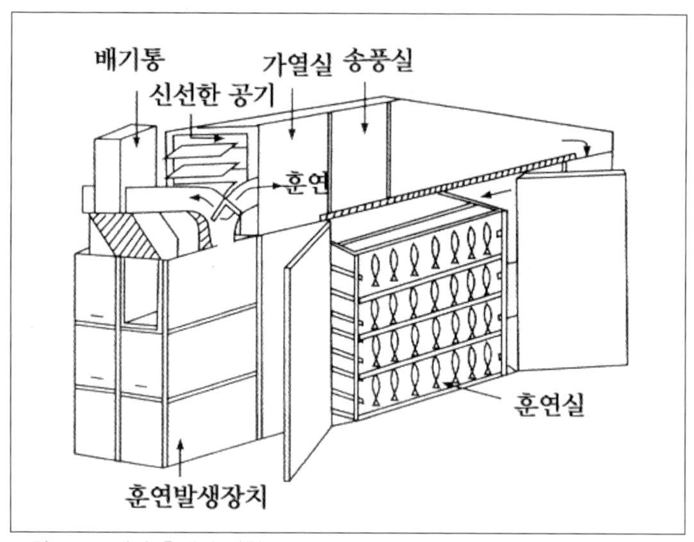

그림 4-21. 간이 훈제실 모형도

2) 온훈법

보존보다 풍미 부여를 목적으로 하며, 고온(30~80℃)에서 단시간(3~5시간) 훈연한다. 염분 5% 이하, 수분 50% 전후로 연한 제품이 되며, 저온에서 저장해야 한다. 연어 · 송어류, 오징어 · 문어류, 뱀장어, 청어 등의 제품이 있다.

3) 액훈법

식품에 훈연액을 첨가하는 방법으로, 훈연액은 목재분을 건류하여 얻은 목초액 또는 훈연 중의 향기 성분에 해당하는 훈연 향료에 식품을 침지하여 건조한 제품이다. 식품에 첨가하는 방법은 직접첨가법, 침지법, 도포법, 분무법 등이 있다.

4. 동결품

1) 공기동결법(sharp freezing)

동결실 내의 냉각관으로 선반을 만들어 여기에 피 동결물을 올려 놓거나 정지한 공기 중에서 동결시키는 방법으로, 동결장치는 비교적 간단하다. 동결 속도가 느려서 최근에는 거의 사용되지 않으며, 동결 속도를 1.5~2m/sec 정도로 하는 반송풍동결법(semi-air blast freezing)이 많이 이용되어 왔다.

2) 송풍동결법(air blast freezing)

피동결물의 주변에 3~5m/sec의 냉풍을 순환시켜서 단시간 내에 동결하는 방법이다. 이 방법은 동결실의 상단에 냉각관을 설치하여 송풍기로 공기를 보내고, 차갑게 된 냉풍을 다시 피 동결물 쪽으

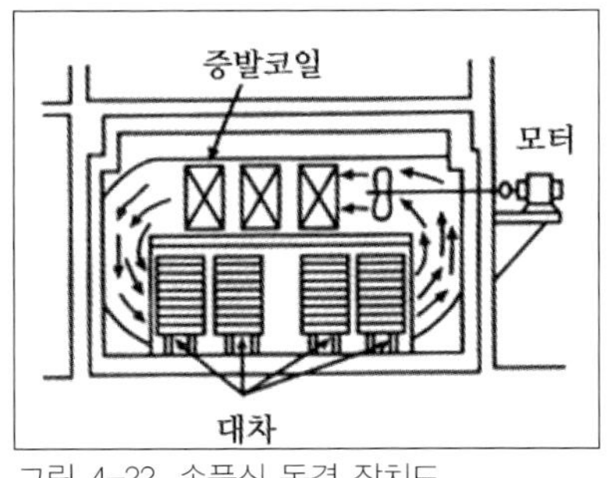

그림 4-22. 송풍식 동결 장치도

로 순환시켜 동결 속도를 빠르게 한 경우로, 수산물 동결에 널리 이용되고 있다. 또, 동결실을 터널형으로 만들어 피 동결물을 conveyer 위에 얹어서 이동시키면서 동결시키는 방법도 있다.

3) 접촉식 동결법(contact freezing)

냉각된 냉매 또는 염수(brine)를 흘려서 금속판을 냉각시킨 후, 이 금속판 사이에 피 동결물을 끼워서 동결하는 방법으로, 보통 0.02~0.2 kg/cm2의 접촉 압력을 가하여 동결한다. 피 동결물이 금속판에 충분히 접속되기 때문에 동결 속도가 빠르고 일정한 모양을 가진 포장식품인 경우에 더욱 효과적인 방법이다.

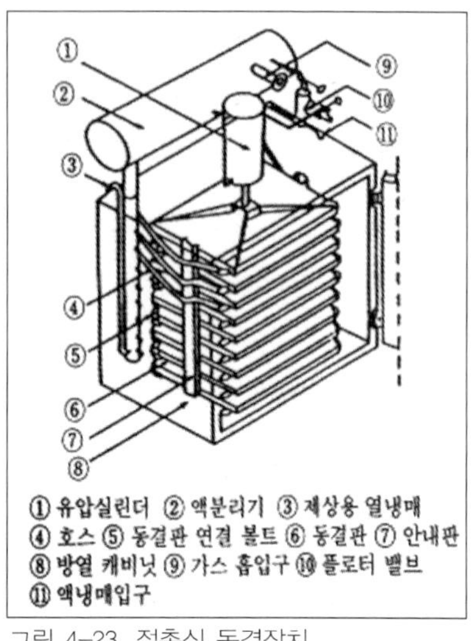

그림 4-23. 접촉식 동결장치

4) 침지식 동결법(immersion freezing)

냉각된 부동액 중에 피 동결물을 침지하여 동결시키는 방법으로, 23% 식염수(동결점 -21℃)를 -15~-16℃로 냉각하여 여기에 어류를 침지한다. 표층으로부터 급속히 동결하기 때문에 식염이 어체에 침입하는 것은 적지만, 염수가 혈액이나 점액으로 오염되는 결점이 있다. 따라서 가공품 원료어의 동결에 많이 이용되며, 개체별로 포장하여 침지하는 경우도 있다. 원양에서 조업하는 다랑어 어선은 침지식 동결장치(CaCl2 brine)를 설치한 것이 많다.

5) 액화가스 동결법(cryogenic freezing)

액체질소나 액체탄소 등을 식품에 직접 살포하여 동결하는 방법으로, 종전의 급속 동결법에 비해 약 10배의 동결 속도를 얻을 수 있다. 이러한 급속 동결에 의하면 제품의 품질이 향상되는 것은 물론이고, 개별 동결식품(IQF 식품, individually quick frozen food)의 제조가 용이하다. 그러나 설치비가 많이 소요되어 고급 어종에 한정적으로 이용되고 있는 실정이다.

5. 연제품

어육을 단순히 가열만 하면 단백질이 변성 응고하여 보수력이 상실되므로 육중의 수분은 드립(drip)으로 빠져나오게 되어 겔(gel)로 되지 못하고 부서지기 쉬운 육 덩어리의 상태로 된다. 그러나 어육에 2~3%의 식염을 가하고 고기갈이하면 점질성의 졸(sol)로 되며, 이것을 가열하면 탄력 있는 겔 제품이 된다. 연제품의 특징은 어종이나 어체의 크기에 관계없이 원료의 사용 범위가 넓고 맛의 조절이 자유로우며, 또한 어떤 소재라고 배합이 가능하고, 외관이나 향미 및 물성이 어육과는 다르며 바로 섭취할 수 있다.

1) 동결 수리미

동결 수리미(surimi)는 1960년대에 북양 명태 자원의 고도 이용을 위하여 일본에 의해서 개발된 것으로, 오늘날 대부분의 연제품 원료로 동결 수리미가 사용되고 있다. 동결 변성을 막기 위하여 채육 후 수세한 어육에 설탕(4%), 솔비톨(4%), 중합 인산염(0.2~0.3%)을 첨가한다. 연제품 원료로서 동결 수리미의 장점은 어육에 동결 내성을 부여하여 장기 저장이 가능하며, 비 가식부의 일괄처리가 가능한 점이다.

대부분의 어종이 동결 수리미의 원료가 될 수 있는데, 온수성 및 열대성 어종으로서는 민어류, 참조기, 보구치, 매퉁이, 갯장어, 갈치, 실꼬리돔 등이, 냉수성 어종으로는 명태, 임연수어, 대구류, 원양어획물로는 참치류, 청새리상어, 붉은살 어종으로는 정어리, 고등어, 전갱이 등이 대표적인 것들이다. 제조된 수리미는 동결하여 수송 및 장기 저장하는데, 일반적으로 −20℃ 이하로 동결 저장한다.

2) 어묵의 제조방법

어묵의 기본적인 제조 공정은 그림 4-24와 같이, ① 어체를 처리하여 채육한 후, ② 육을 수세하고, ③ 식염, 조미료 및 부 원료를 가하여 고기갈이 한 후, ④ 일정한 모양으로 성형하고, ⑤ 가열하여 겔화시킨 다음, ⑥ 냉각하여 포장하는 순서로 진행된다. 그러나 동결 수리미를 이용하는 경우에는 원료어의 전처리 공정이 필요 없으므로, 제조 공정을 보다 단순화시킬 수 있다.

표 4-19. 가열 방법에 따른 어묵의 분류

가열방법	가열온도(℃)	가열매체	제품예
증자법	80~90	수증기	찐어묵, 판어묵
배소법	100~180	공기	부들어묵
탕자법	80~95	물	어육소시지, 마어묵
튀김법	170~200	식용유	튀김어묵, 어단

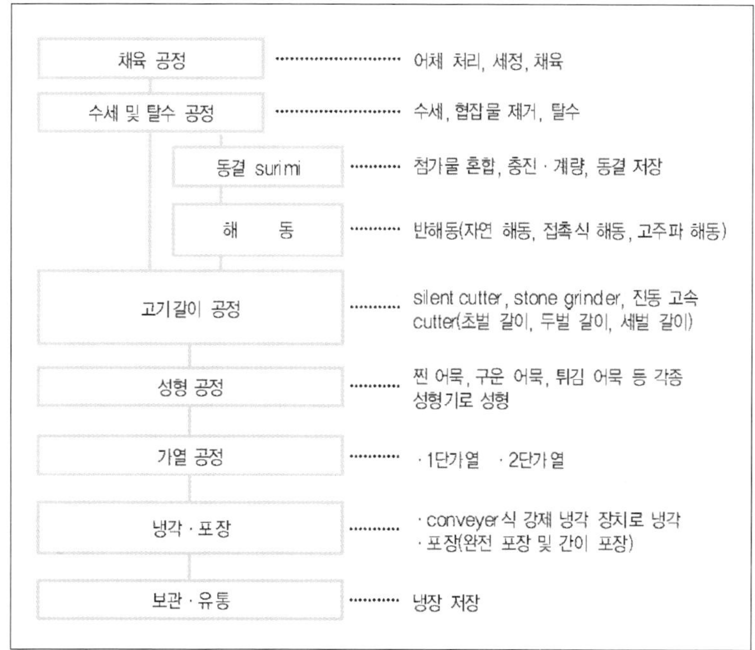

그림 4-24. 어묵의 제조공정

3) 어묵의 종류

어묵류는 배합하는 소재의 종류가 많고 성형이 자유로우며, 가열 방법이 다양하므로 그 종류가 많다. 형태별로는 찐어묵, 구운어묵, 튀김어묵, 게맛살어묵 등이 있으며, 가열 방법에 따라서도 표 4-19와 같이 분류된다.

4) 어육 소시지

제조 원리는 일반 연제품과 같으나, 동결 수리미에 돼지기름, 전분, 향신료 등을 배합하여 축육 소시지와 같은 풍미를 가지게 한 것과, 기체 투과성이 없는 열수축성 포장 재료에 채워 고압 살균하여 저장성을 가지도록 한 것이 있는데, 최근 이들의 생산량이 늘고 있다.

6. 통조림 및 레토르트식품

통조림 식품(canned foods)이란 공관에 식품을 넣고 탈기하여 밀봉한 다음 가열 및 살균한 것으로, 공기 유통을 차단함으로써 미생물의 침입을 방지하여 식품의 변패를 막고 장기 저장이 가능하도록 한 것이다. 통조림의 제조법은 1804년에 프랑스에서 발명되었으며, 위생적이고 간편하며 대량 생산이 가능한 장점 때문에 미국의 남북전쟁 및 제2차 세계 대전 중에 급속하게 발전하였다. 우리나라에서 통조림 제조가 시작된 것은 1892년 전라남도 완도에 수산물 통조림 공장이 건설되면서부터이다.

레토르트(retort)식품은 1950년대 후반에 미국에 의해 통조림 및 병조림 용기를 대체한 플라스틱 용기가 개발됨에 따라 발달하였다.

1) 통조림 식품

가. 가공공정

통조림 가공은 일반적으로 원료→조리→세정→살 쟁임→액 주입→칭량→탈기→밀봉→살균→냉각→검사→포장 등의 단계로 이루어지며, 이 가운데에서 가장 중요한 공정은 탈기, 밀봉, 살균 및 냉각이다.

① 탈기 공정

식품을 용기에 넣고 밀봉하기 전에 용기 안의 공기를 제거하는 작업을 탈기(脫氣, exhausting)라 하며, 일반적으로 사용되는 탈기법에는 가열 탈기법, 기계적 탈기법, 증기 분사법, 가스 취입법 등이 있다. 보통 가열 탈기법과 기계적 탈기법이 많이 사용되며, 가스 취입법은 맥주, 청량음료, 분유, 녹차 등의 통조림에 CO2 또는 N2가스를 취입한다.

② 밀봉 공정

통조림 제조 공정 중에서 가장 중요한 공정으로, 밀봉기로서는 이중 밀봉기가 사용되는데, 이중 밀봉기는 척(chuck), 리프터(lifter), 제1 밀봉롤 및 제2 밀봉롤의 4요소로 구성되어 있다〈그림4-25〉.

척은 리프터와 같이 관을 고정시키는 역할을 하며, 제1 밀봉롤은 관 뚜껑의 컬(curl)을 관 몸통의 플랜지(flange) 밑으로 이중으로 겹쳐서 말아 넣는 작용을 하고, 제2 밀봉롤은 이것을 더욱 압착하여 견고하게 접합시켜 밀봉을 완성시키는 역할을 한다. 따라서 제1 밀봉롤은 홈의 폭이 좁고 깊은 데에 비해, 제2 밀봉롤은 홈의 폭이 넓고 얕다〈그림 4-26〉.

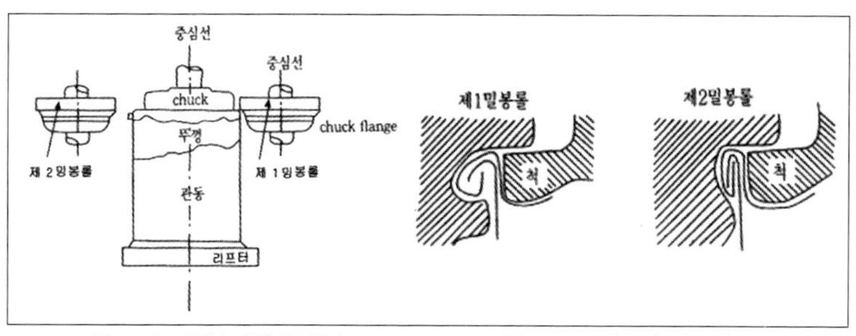

그림 4-25. 밀봉기의 주요부　　　　그림 4-26. 제1 및 제2 밀봉롤

③ 살균 공정

통조림은 밀봉 후 살균 처리를 하여 내용물 중의 효소 및 세균을 파

괴하거나 발육할 수 없게 함으로써 식품의 변패를 방지한 것이다. 통조림의 살균에는 가열 살균법이 가장 효과적이고 실용적인 방법인데, 일반적으로 통조림의 살균은 115℃, 60~80분, 또는 120℃, 20~30분 레토르트 중에서 가열 살균한다.
통조림의 내용물을 부패시키는 세균은 사멸시키되 내용물의 품질을 크게 손상시키지 않는 범위 내에서 살균하게 되는데, 이러한 것을 상업적 살균이라 한다. 그리고 pH가 4.5 이하인 식품은 클로스트리듐 보툴리늄균이 발육할 염려가 없기 때문에 병원성 미생물의 발육을 억제하기 위한 저온 살균(100℃ 이하)을 한다.

④ 냉각공정
가열 살균을 끝낸 통조림은 가능한 한 신속히 냉각시켜서 호열성 세균과 아포발육, 내용물의 조직 연화, 황화수소 발생, 스트루바이트 생성 등을 막아야 한다.

나. 통조림 제품의 종류
① 보일드 통조림
원료 조리 후에 소량의 식염을 가하여 밀봉 살균한 제품으로, 연어, 고등어, 정어리, 굴, 새우, 게, 바지락 통조림 등이 있다.

② 조미 통조림
설탕과 간장을 주체로 한 조미액을 사용하여 만드는 고등어, 전갱이, 오징어 통조림 등이 있다.

③ 기름담금 통조림
참치나 가다랑어를 삶은 후에 뼈, 껍질, 혈합육 등을 제거하고 소량

의 식염과 식물유를 같이 넣어서 만든 통조림이다.

2) 레토르트 식품(retortable food)

레토르트 식품의 용기에는 플라스틱 외에 알미늄박(aluminium foil)이 들어 있는 불투명 파우치(pouch), 투명 파우치 및 성형 용기가 있다. 알루미늄이 들어있는 3층 적층 가공한 대표적인 파우치의 구조 예는 그림 4-27과 같다.

레토르트 식품의 제조 공정은 ⓐ 식품을 파우치에 수납, ⓑ 공기 탈기, ⓒ 금속제 열판으로 필림 열융착, ⓓ 레토르트로 가열 살균, ⓔ 냉각의 순서로 이루어진다. 주요한 레토르트 식품으로는 카레, 스프(soup), 야채 조리식품 등이 있으며, 수산물로는 참치 기름담금 레토르트 파우치가 일본에서 생산되고 있다.

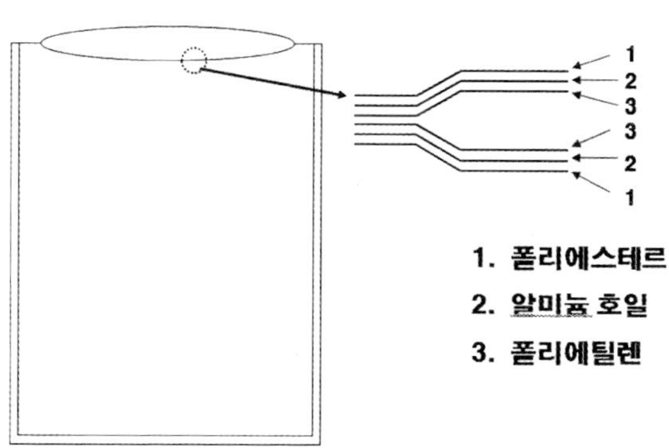

그림 4-27. 레트르트파우치 필름 구조

7. 조미 가공품

어패류 및 건조물에 식염, 감미료, 조미료, 향신료 등의 혼합 조미액을 첨가하여, 맛과 저장성을 부가하기 위하여 바짝 조리고 건조하는 등의 공정을 거쳐서 만든 제품을 조미가공품이라고 하며, 조림류와 조미 건조품이 있다.

1) 조림류

조림류는 어류, 패류, 새우류 및 해조류 등을 간장, 설탕, 물엿, 화학 조미료 등을 진하게 배합한 조미액으로 비교적 장시간 조려서 만든 것인데, 조미 자숙품이라고도 한다.

2) 조미 건제품

소형 어패류 및 해조류를 간장, 설탕, 물엿, 향신료 등의 조미액에 침지한 다음, 불, 열풍 또는 일광으로 건조시켜 보존성을 부가한 제품이다. 장어구이처럼 조미 후 배소(焙燒)하는 제품과 찢은 조미 오징어 및 오징어 훈제품과 같이 조미 후 배건(焙乾)하는 제품으로 대별된다.

8. 수산 발효식품

어패류의 근육 및 내장에 식염을 가하여 부패를 방지하면서, 원료의 자가소화 효소, 세균 · 효모, 밥 · 쌀겨 · 지게미 등에 의해 특유의 풍미를 생성시킨 것을 수산 발효식품이라고 하며, 젓갈, 액젓, 식해가 있다.

1) 젓갈

젓갈은 육, 내장, 생식소 등의 원료에 고농도의 식염을 가하여 부패를 억제하면서 숙성시킨 것이다. 저장성을 갖게 하는 점에서는 염장품과 같으나, 일반 염장품은 염장 중에 육질의 분해가 억제되어야 좋은 제품인 반면에, 젓갈은 원료를 적당히 분해 숙성시켜서 독특한 풍미를 갖게 한 점이 다르다.

가. 젓갈의 제조법

그림 4-28의 제조 공정도처럼, 전통식 젓갈류의 제조방법은 젓갈 원료인 어패류와 고농도(20%~30%)의 소금을 혼합하여 용기에 넣고 상온에서 발효시킨다. 2~3개월간 발효시키면, 육 단백질이 일부 분해되면서 펩티드, 아미노산, 유기산 등이 생기면서 특유의 맛을 내는 젓갈이 완성되는데, 육은 고체상태이다.

그리고 1년 이상 발효시키면 육 단백질이 분해 및 액화되는데, 이것을 여과한 것이 원액 액젓(육젓)이다. 그리고 액화되지 않은 잔사에 소금을 넣고 일정기간 재발효시켜서 만든 것이 재발효 액젓(육젓)이고, 재발효 기간 중에도 액화되지 않은 잔사를 소금물을 넣고 끓여서 추출한 액젓이 추출액젓(육젓)이다. 원액액젓, 재발효 액젓, 추출액젓의 혼합 정도에 따라서 상품으로서 액젓의 품질이 달라진다. 액젓과 육젓의 차이점은 여과한 것이 액젓이고, 여과하지 않고 육과 액이 혼합된 뻑뻑한 상태로 되어있는 것이 육젓이다.

나. 젓갈의 종류

젓갈은 육, 내장, 생식소 등의 원료에 고농도의 식염을 가하여 부패를 억제하면서 분해 숙성시켜서 독특한 풍미를 갖게 한 것으로, 대부분

의 어패류가 젓갈의 원료가 될 수 있으며, 사용 원료에 따라서 다음 표 4-20과 같이 나눌 수 있다

표 4-20. 사용 원료에 따른 젓갈의 분류

육	내장	생식소
멸치젓, 조기젓, 전어젓, 정어리젓, 소라젓, 전복젓, 오징어젓 등	창란젓, 참치 내장젓, 해삼 창자젓, 갈치 내장젓 등	명란젓, 성게알젓, 숭어알젓, 청어알젓, 상어알젓 등

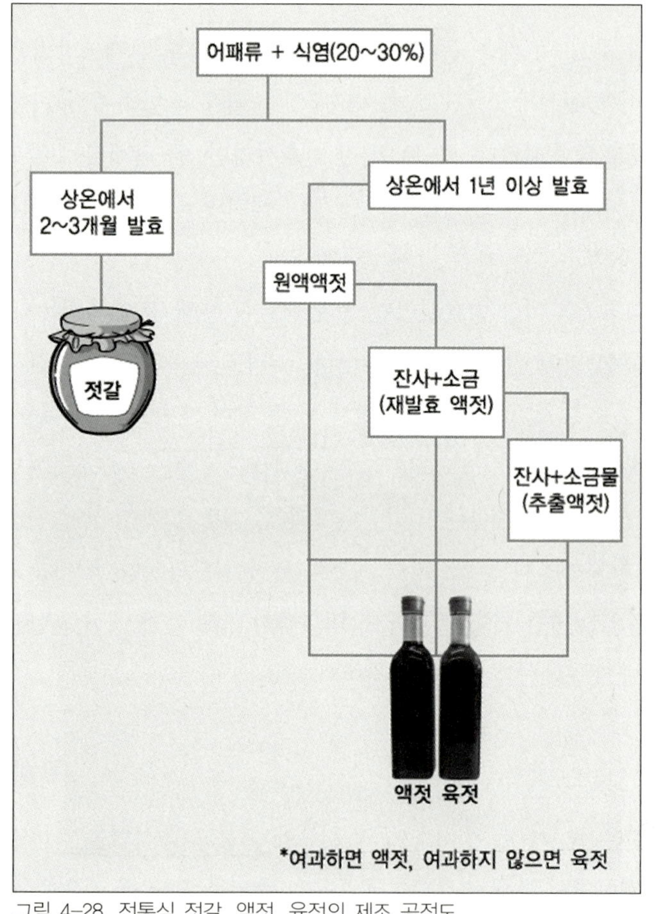

그림 4-28. 전통식 젓갈, 액젓, 육젓의 제조 공정도

다. 전통식 발효 젓갈과 현대식 조미 젓갈의 차이

전통식 발효 젓갈은 저온시설이 산업화되기 이전에 생선을 장기 보존하는 가공법으로, 생선에 20% 이상의 소금을 혼합함으로써 부패 세균의 활성과 증식을 억제하여 부패를 막으면서, 동시에 2~3개월간 상온(常溫)에서의 발효 기간에 자가소화효소의 활성을 통해 단백질의 분해로 생기는 아미노산을 비롯한 유기산 및 향기성분에 의해 독특한 풍미를 갖게 한 것이다.

이에 비해, 현대식 조미 젓갈은 저온시설이 산업화되면서 소금의 과잉 섭취에 의한 성인병(위암, 고혈압, 신장질환, 뇌졸중, 골다공증 등)을 예방할 목적으로 개발되었다. 조미 젓갈은 저염(4~7%)을 첨가하여, 저온의 냉장(0~5℃) 상태로 약 1개월 정도 발효시킨다. 조미 젓갈은 저온에서 단기간 발효시키므로 발효가 충분히 되지 못하기 때문에 전통식 젓갈의 독특한 풍미가 생기지 않는다. 따라서 조미 젓갈에는 맛을 내기 위하여 조미료(설탕, MSG 등)를 첨가하고, 유통기간을 늘이기 위하여 구연산 등의 보존제를 사용하며 냉장상태로 보관한다. 그리고 광택, 보습작용이 있는 솔비톨, 색택을 좋게 하기 위한 아질산나트륨 등의 인공 색소를 첨가하기도 하므로 위생적인 측면에서 문제를 갖고 있다. (MBC 불만제로-제로맨이 간다. 2009년 11월 25일)

전통식 젓갈은 발효에 의한 보존 식품인 반면, 현대식 조미 젓갈은 조미료 첨가에 의해 감칠맛을 내는 기호식품인 점에 차이가 있다.

표 4-21. 전통식 발효 젓갈과 현대식 조미 젓갈의 비교

	전통식 발효 젓갈	현대식 조미 젓갈
소금농도	20% 이상	4~7%
발효온도	상온	0~5℃
발효기간	2~3개월	1개월
감칠맛 생성	자가소화에 의한 아미노산 등의 맛 성분 생성	조미료 등에 의한 맛 부여
부패방지	식염에 의한 부패 방지	방부제 및 수분활성 조정에 의한 방부(냉장)
보존성	높다(상온 저장 가능)	낮다(냉장)
제품특성	발효 보존식품	조미 기호식품

2) 액젓

액젓(fish sauce)이란 어패류를 고농도의 소금으로 염장하여 1년 이상의 장기간에 걸친 숙성을 통해 액화시킨 것으로〈그림 4-28〉, 액젓은 동물성 단백질에서 유래되는 아미노산을 많이 함유하기 때문에 주로 조미료(특히 김치 제조시)로 사용되고 있다. 액젓은 동남아시아에서 많이 생산되며, 우리나라, 일본, 그리고 유럽 등지에서도 이용되고 있다〈표 4-22〉.

표 4-22. 세계 각국에서 생산되는 액젓의 종류

국 가	제 품 명	국 가	제 품 명
한국	멸치액젓, 까나리액젓	미얀마	나가피(nagapi)
일본	솟쯔루(shottsuru)	필리핀	파티스(patis)
중국	魚露	인도, 파키스탄	콜롬보큐어colombocure)
베트남	노욕맘(noucmam)	그리스	가로스(garos)
태국	남플라(nampla)	프랑스	피살라(pissala)
말레이시아	부두(budu)	칠 레	안쵸비소스(anchovy sauce)

3) 식해류

식해란 주로 어패류를 주원료로 하며, 소금과 가열한 전분(쌀밥)을 혼합하여 유산발효시킨 보존 식품이다. 식해에는 가자미 식해, 명태 식해, 오징어 식해 등이 있다.

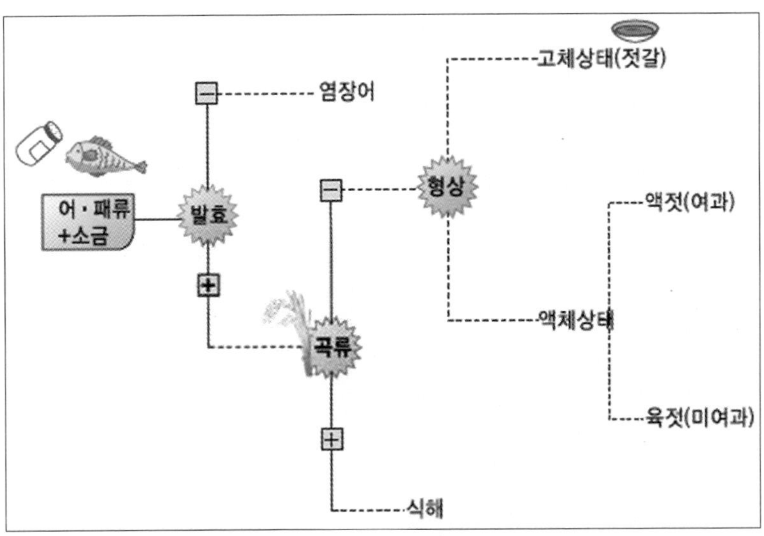

그림 4-29. 염장어, 식해, 젓갈, 액젓, 육젓의 관계

9. 해조 가공품

1) 한천

우뭇가사리, 꼬시래기, 석묵, 비단풀 등과 같은 홍조류의 다당류를 열수 추출 및 냉각할 때에 생기는 우무겔을 표백, 탈수한 것이 한천(agar-agar)이다. 제조 방법에 따라서 공업 한천과 천연 한천으로 나뉘며, 한천 성분의 80~90%는 아가로즈(agarose)가 주성분인 다당류

이다. 한천은 응고력이 강하고, 보수성, 점탄성, 식감 등이 좋으며, 미생물에 의하여 분해되지 않는 등의 특징을 갖고 있다. 식품 가공용으로는 제과용 및 양조용의 청정제, 의약용의 완하제, 정정제, 연고 등으로, 학술 연구용으로는 세균 배지 및 겔 여과제 등으로 사용된다.

2) 알긴산

알긴산(alginic acid)은 다시마, 미역, 모자반, 감태 등과 같은 갈조류에 들어 있는 친수성 고분자 다당류이다. 알긴산의 이용은 직물용 호료, 식품 가공용으로는 주스류의 점증제나 아이스크림의 안정제 등에, 의약용으로는 봉합사나 지혈제 등에, 화장품 공업에서 증점제 및 침전방지제, 그리고 폐수 처리제 등에 사용된다.

3) 카르기난

카르기난(carrageenan)은 진두발, 돌가사리 등의 홍조류에서 열수 추출한 점질성 다당류이다. 카르기난의 점성, 겔 형성능, 유화 안정성, 결착성 등을 이용하여, 아이스크림 안정제, 초콜렛 우유의 침전 방지제, 식빵 및 과자류의 조직 개량 및 보수제, 화장품의 점도 증강제 등에 이용된다.

10. 비식용 수산 제품

1) 어분과 어유

다획성 어류, 식품가공에 부적합한 잡어, 수산가공 부산물인 머리, 뼈, 내장 등의 비 가식부의 대량 처리를 목적으로 하여 어분과 어유 등이 생산된다.

가. 어분

어분(fish meal)은 전 어체 또는 그 가공 부산물을 삶고 압착하여 수분과 기름을 짜낸 다음에 건조시키고 분쇄하여 가루로 만든 것으로, 주로 가축이나 양어의 사료나 비료로 사용되는데, 정제한 것은 가공식품의 원료로 이용되는 경우도 있다.

어분의 종류에는 가자미류, 명태 등과 같이 흰살 어류로 만든 것을 백색 어분(white meal 또는light meal)이라 하며, 정어리, 멸치, 꽁치 등과 같이 붉은살 어류로 만든 것을 갈색 어분(dark meal 또는 brown meal)이라고 한다. 백색 어분은 색택이 연하고 저장 중에 변색이 적은 반면에, 갈색 어분은 유지산화 등으로 저장 중에 품질 변화가 심하다.

나. 어유

어분의 제조 공정에서 부산물로 생기는 자숙액과 압출액, 그리고 오징어 내장 등에서는 어유가 채취된다. 이들은 다시 어유(fish oil), 간유(liver oil) 및 해수유(blubber oil)의 세 가지로 구분할 수 있다.

어유는 유지 공업의 중요한 원료가 되는데, 식용으로는 경화유로서 마가린이나 쇼트닝(shortening)에 첨가하든지 계면활성제로 이용되고, 비식용으로는 도료, 플라스틱 가소제, 내한성 윤활유, 세제 등에 쓰인다. 간유는 명태, 대구, 상어, 다랑어와 같은 어류의 간장을 원료로 하여 만드는데, 비타민 A 및 D를 많이 함유하고 있으므로 농축하여 영양제로 쓰기도 한다.

상어 간유에 있는 탄화수소의 일종인 스쿠알렌(squalene, C30H50)은 윤활유로 우수하기 때문에 정밀기계, 항공기 등에 사용될 뿐만 아니라, 최근에는 화장품의 원료로 사용되며, 가격이 비싸다.

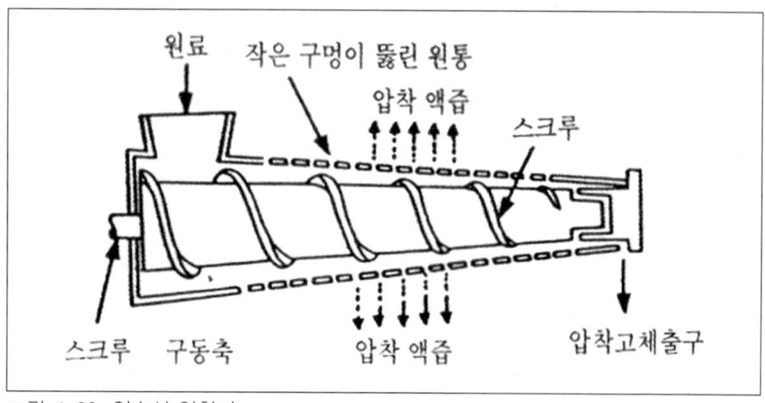

그림 4-30. 연속식 압착기

2) 수산 피혁

물개, 바다표범과 같은 해수의 가죽이나 상어, 가오리, 복어, 먹장어 등의 어류 껍질을 원료로 하여 만드는데, 모피나 고급 핸드백, 벨트 등의 가죽 제품 제조에 이용된다.

3) 어교

어류의 껍질, 뼈, 비늘, 부레 등에는 콜라겐(collagen)이 많이 들어 있는데, 이들을 수증기나 끓는 물로 가열하면 아교 또는 젤라틴(gelatin)이 얻어진다. 이를 통틀어 어교(fish glue)라 하며, 원료에 따라 뼈 어교, 껍질 어교, 비늘 어교, 아이징글라스 등으로 나뉜다. 아이징글라스란 철갑상어, 대구, 조기, 보구치, 잉어 등의 부레로써 만든 것이다.

4) 그 밖의 가공품

공예품으로는 진주 및 모조진주, 조가비 공예품, 산호, 귀갑(龜甲), 해면(海綿) 등이 있으며, 농용품으로는 어박(魚粕), 어비(魚肥), 그리고 약용품으로는 간유, 인슐린, 요오드 등이 있다.

참고문헌

1. 조영제 외, 응용수산가공학, 수협문화사, 2000
2. 조영제, 생선횟감 바로알기, 한글그라픽스, 2006
3. 조영제, 액젓 바로알기, 한글그라픽스, 2011
4. 부경대학교 1종도서 편찬위원회, 고등학교 수산가공(상), 교육부, 1999
5. 부경대학교 1종도서 편찬위원회, 고등학교 수산가공(하), 교육부, 1999
6. 교육과학기술부, 고등학교 수산일반, 2011
7. 한국직업능력개발원, 공업계 고등학교「2 · 1체제」수산식품제조응용, 교육부, 1999
8. 국립수산진흥원, 한국연근해 유용어류도감, 1994
9. 수협중앙회, 한국수산물 명산품 총람, 수협문화사, 2001
10. 국립수산과학원, 한국수산물성분표, 제2증보판, 2009
10. 변재형, 전증균역, 수산이용화학, 수학사, 1999
11. 최진호, 바다음식을 먹어야 하는 백한가지 이유, 교문사, 1999
12. 김세권, 미래가 보이는 해양의학과 과학, 양서각, 2000
13. 山中英明, 田中宗彦, 水産物の利用-原料から加工 · 調理まで-, 成山堂書店, 1999
14. 竹內昌昭, 水産食品の事典, 朝倉書店, 2000
15. 食材魚貝大百科, 平凡社, 2000

제5편 수산경제 및 경영

제1장 수산업의 산업적 특성

1절. 생산의 불확실성

생산을 위해서는 노동이나 각종 생산시설, 원재료를 투입해야 하는데, 이러한 투입에 대한 산출의 비율을 생산성이라 한다. 기술의 발전은 적은 투입을 통해 많은 산출을 이끌어내는 과정으로 생산성 향상을 지향하는 것이다.

공업에 있어서는, 일정한 기술수준을 전제로 할 때, 투입에 따른 산출은 대체로 안정되어 나타나는데, 이것은 생산과정이나 생산 여건을 인위적으로 통제할 수 있기 때문이다. 기후 조건이나 계절 변화 등 자연적 조건의 변화에도 불구하고 공장 내의 작업 조건은 크게 영향을 받지 않으며, 생산시설에 일정량의 노동과 원재료를 투입하는 경우, 일정량의 산출을 비교적 확실하게 얻어낼 수 있다.

그러나 수산업이나 농업과 같이 자연을 대상으로 생산활동을 수행하는 1차 산업의 경우에는 투입과 산출의 관계가 안정적이지 못하고 불확실한 양상을 나타내게 된다.

농업의 경우, 밭을 비옥하게 하고 파종이나 시비, 잡초 제거 등에 많은 노력을 기울였음에도 불구하고, 한발이나 가뭄, 홍수 등의 기후 조건 악화로 산출이 보잘 것 없이 되는 예를 종종 볼 수 있다. 이러한 일은 생산의 성과가 인위적인 노력으로 극복할 수 없는 자연의 영향을 결정적으로 받게 되는 때문이다. 그래서 농업은 수 천년 간에 걸쳐서 자연의 영향을 극복하기 위한 궁리를 계속해 왔으며, 오늘날 시설농업 등에서는 그러한 성과가 상당히 실현되고 있다. 하지만, 전체적으로 볼 때, 생산은 여전히 자연의 영향에 의해 좌우되는 정도가 크며, 농업인의 입장에서 생산활동의 성과는 여전히 불확실한 것으로 인식된다.

이러한 경향은 수산업에서 한층 더 심하게 나타난다. 수산업은 생산활동이 수계에서 이루어지기 때문에 풍랑이 심한 경우에는 작업 자체가 불가능하게 되며, 생산대상인 수산자원이 이동성을 가지는 것이므로, 해류나 조류, 수온 등 자연적 조건의 변동에 따라 생산량이 급격하게 변동하기 때문이다. 또한 비교적 정착성을 가진 수산자원이라 하더라도 번식이나 성장이 해양 조건에 결정적으로 좌우되므로, 지역에 따라서 자원량의 변동은 급격하게 나타나게 된다.

생산활동 자체나 생산 대상인 수산자원의 양이 자연의 영향을 결정적으로 받게 되는 것인 만큼, 생산의 성과는 어선 등의 시설이나 투입된 각종 어구자재, 노동 등의 인위적 노력과 무관하게 나타나는 듯한 경향을 보이게 된다. 그리고 어업인으로서는 생산의 성과를 인위적으로 통제할 수 없는 것으로, 다시 말해서 운수소관의 일처럼 생각하게 되는 것이다.

수산업에서의 생산 성과가 인위적인 노력보다는 자연적인 요인에 결정적으로 좌우된다는 점은 기술의 진보가 급속히 이루어지고 있는 오늘날에 있어서는 실제에 비해 다소 과장되어 어업인들에게 인식되고 있는 듯하다. 그리고 이러한 인식은 어업인들의 투자활동을 저해하고 합리적인 경영관리 의욕을 저하시킴으로써 수산업 발전에 커다란 장애요소가 되고 있다.

생산의 불확실성은 생산 성과에 대한 자연적 요인의 영향을 극복함으로써 완화될 수 있는 것이며, 구체적인 방법은 생산시설에 대한 투자를 확대하고 새로운 기술을 활용하는 데에 있다. 예를 들면, 어선의 규모를 크게 하고 추진력을 높이며, 또한 어군탐지기 등의 어로장비를 장

착함으로써 이용하는 어장의 범위를 확대하고 어군의 포착을 용이하게 하는 한편, 포착한 어군에 대해 추적조업을 하게 된다면, 자연적 요인에 의한 불확실성은 대폭 감소될 것이다. 그러나 이와 같이 하기 위해서는 많은 투자가 필요하게 되는데, 그러한 투자에 따라 수익이 증대된다는 확실성이 없다면, 투자는 원활하게 이루어질 수 없게 된다. 그 결과, 수산업에 있어서는 생산의 불확실성이 크기 때문에 투자가 이루어지지 못하게 되고, 전근대적인 생산수단에 의존하기 때문에 불확실성이 극복되지 않는다는 악순환이 되풀이되는 것이다.

한편, 운으로 간주되는 자연적 요인의 작용에 따라 변동하는 생산의 성과에 비해서 비용 절감이나 생산관리를 통해 얻어지는 수익 증대를 하찮은 것으로 생각하게 되어, 그러한 경영관리 노력을 등한히 하게 되는 경향이 나타난다. 그 결과, 장기적인 안목을 가지고 경영 개선의 노력을 꾸준히 실행하기 보다는 그날그날의 생산 성과를 수동적인 자세로 받아들이고 그것에 안주해 버림으로써 경영 개선의 기회를 스스로 놓쳐 버리게 되는 것이다.

수산업이 자연을 대상으로 생산활동을 수행하는 산업이기 때문에 생산의 불확실성을 갖게 되는 것은 어쩔 수 없는 일이라 하더라도, 인위적인 노력을 통해 극복할 수 있는 부분들은 많으며, 그렇게 함으로써 수익 증대와 경영 안정을 기할 수 있는 여지도 많다. 더욱이 어업인 개개인으로서가 아니라, 같은 지역내의 어업인이라든지, 혹은 같은 업종에 종사하는 어업인들이 협동하여 대처한다면, 불확실성의 극복은 한층 용이해질 수 있다. 어군을 공동으로 탐색하여 어장 정보를 서로 교환한다거나, 많은 자금이 소요되는 시설을 공동으로 투자하여 갖추며, 자원이나 어장을 협동하여 관리하는 일 등을 통해 불확실성을 극복할 수 있는 여지는 많이 있다고 생각된다.

2절. 생산물의 강부패성

수산업 생산의 궁극적인 목표는 생산물을 시장에 판매하여 수익을 확보하는 데에 있다. 그러므로 어업인들로서는 많은 양을 효율적으로 생산하는 일도 중요하지만, 동일한 생산물이더라도 높은 가격으로 판매하는 일 또한 매우 중요하다.

수산물이란 원래 물속에 서식하던 생물이므로 생산이 이루어지고 난 다음부터는 선도 저하와 부패가 급속히 진행되며, 그 용도가 주로 식품이기 때문에, 이러한 변화는 곧 가치의 저하를 의미하는 것이다.

모든 생산물은 소비가 최종적인 목적인데, 일반적으로 생산과 소비 사이에는 그 주체가 다름은 물론이거니와 시간적 · 공간적인 간격이 나타난다. 생산자로부터 소비자로의 보유 주체의 변경에는 거래와 관련된 마아진이 비용으로서 생겨나게 되고, 생산지에서 소비지로의 장소적 이동에도 운반비 등이 소요된다. 그리고 이러한 과정에 시간이 소요되는데, 그 동안에 수산물은 가치 저하가 급속히 나타나게 되므로, 수산물을 신속하게 운반하고, 가치 저하를 완화시키기 위해서는 각별한 수고가 필요하게 된다.

수산물 거래에 있어서 새로운 구매자는 판매자가 부담하였던 일체의 비용을 지불하게 되지만, 구입한 수산물을 다음 단계의 구매자에게 적절한 가격으로 판매하여 대금을 회수하기 위해서는 가치 보존과 신속한 판매, 그리고 거래상대의 발견이라는 일을 동시에 수행하지 않으면 안 된다. 만약 이러한 것 가운데 어느 하나라도 원활히 이루어지지 않으면 경제적인 불이익을 감수해야 하는 위험을 항상 껴안고 있는 것이며, 수산물이 강한 부패성을 가진다는 사실은 그러한 위험을 매우 크게 만든다.

수산물 유통이 독특한 유통구조나 거래방식을 가지게 되는 것은 이러한 수산물의 강한 부패성에 기인한다. 그리고 어업인들이 생산물을 판매하는 과정에서 부당한 경제적 손해를 감수하게 된다거나 가격을 조절하는 기능을 갖지 못하게 되는 점, 그리고 직접 판매활동을 수행하기 어렵게 된다거나 가공과 불가분의 관련을 가지게 되는 점 등도 마찬가지 이유에서이다.

수산물 유통에 있어서 수협에 의해 운영되는 생산지 도매시장(흔히 수협위판장이라고 함)은 현실적으로 영세한 어업인들이 수산물을 판매하는 가장 중요한 유통경로이다. 양식업을 제외하고는 개별 어업인이 생산하는 수산물은 품목별로 매우 소량이어서 다수 어업인들의 생산물을 모으지 않고서는 유통과정에 올리기가 어렵다. 그리고 영세한 어업인들은 각자 생산한 소량의 수산물 판매를 위해 어획활동을 중단하는 일도 어렵거니와, 시간에 따라 가치가 급속히 저하되는 관계로 적당한 가격을 받을 수 있을 때까지 판매를 지연시키는 일도 거의 불가능하다.

이러한 생산물 판매에 있어서의 애로를 해결하고 또한 적절한 가격 실현을 위해 만들어진 것이 생산지 도매시장인데, 어업인들은 수협에 생산물의 판매를 위탁하고 일정한 수수료를 지불함으로써 판매 및 대금결제 문제를 해결하게 되는 것이다. 하지만 이 경우의 가격결정 방식은 수산물 구매자인 중도매인들간의 경쟁매매(간단히 경매라고 함)에 의하므로, 가격 결정에 있어서 어업인의 의사가 반영될 수 있는 여지는 없으며, 이로 인해 어업인들은 생산물의 판매활동으로부터 격리되어 버리는 결과가 초래된다고 할 수 있다.

한편, 수산물의 강한 부패성으로 말미암아 운반이나 보관에 비용이 많이 들게 되고, 유통업자들로서는 거래상의 위험을 크게 부담해야 하므로 자연히 높은 마진을 붙이게 된다. 그 결과, 최초에 어업인들이 판매하는 가격(생산자 수취가격이라고 함)과 최종 소비자가 지불하는 가격(소비자 지불가격이라고 함) 사이에는 커다란 차이가 나타나게 된다.

이러한 과다 유통비용의 존재는 어업인들에게는 수익 감소를, 그리고 소비자에게는 과다 지출을 초래하는 부정적인 현상으로 인식되어 수산물 유통구조 개선을 위한 노력이 강조되어 왔지만, 수산업의 생산구조나 수산물 소비형태의 개선이 먼저 이루어지지 않는다면, 그러한 노력도 큰 성과를 기대하기 어려울 것으로 생각된다. 다만, 어업인 단체가 중심이 되어 소비자 또는 소비자 단체와의 직거래를 활성화한다면 그러한 문제들이 대폭 개선될 가능성은 있으며, 이를 통해 어업인과 소비자 모두 그 이익을 나누어 가질 수 있게 될 것이다.

3절. 수산자원 및 어장의 공유재산적 성격

자본주의 경제가 고도로 발전된 오늘날에 있어서 생산을 위해 사용되는 각종 생산요소는 생산자 내지 기업의 사유재산으로 되어 있으며, 생산요소의 사용에 따른 대가는 사용자가 전액 부담하게 된다. 따라서 생산요소의 합리적 사용은 경제적 이익과 직결되는 것이므로, 생산자 내지 기업은 이를 철저히 관리하게 되는 것이다.

수산업에 있어서도 어선이나 어구 등은 어업인 각자의 사유재산이므로 이에 대한 관리는 비교적 철저하게 이루어지는 편이지만, 생산의 가장 중요한 요소인 어장이나 거기에 서식하는 수산자원은 사유화되기 어려운 것이어서, 이를 이용하고자 하는 모든 사람들의 공유재산이라는 형태로 이용되고 있다. 그리고 어장이나 수산자원의 이용에 따른 이용자의 부담은 매우 작기 때문에 서로 더 많은 양을 이용하려고 하는 경쟁이 나타나게 되고, 관리는 소홀하게 되어 버린다.

포획만으로써 경제적 가치를 실현하게 되는 수산자원임에도 불구하고 그것이 사유화되기 어려운 것은 그 자체가 이동성을 가지기 때문이며, 또한 소유자를 구별하기 위해 그 각각에 표식을 한다거나 표식된 수산자원을 소유자만이 포획하도록 하는 일이 기술적으로 거의 불가능하기 때문이다. 그러나 일부의 정착성 수산자원에 대해서는 서식 장소를 기준으로 해서 사유화되어 있는 것도 있는데, 마을어장 내의 수산자원이나 양식어장 내의 수산자원이 그러하다.

한편, 어장을 사유화하는 일은 그 목적이 어장 내의 수산자원에 대한 독점적 이용에 있다고 할 것인데, 이들 수산자원이 이동성을 가지는 경우에는 원래의 목적을 달성하지 못하게 된다. 그렇다고 수산자원의 이동을 막기 위해 광대한 해역에 인공적인 장벽을 설치하는 일도 경제적 · 기술적 측면에서 무모한 일이 된다. 따라서 어장을 사유화하는 일은 무의미한 일이 된다.

하지만, 자연적 조건이 뛰어나서 경제적 가치가 큰 수산자원이 상대적으로 풍부하고 또한 포획이 용이하다는 등의 이유로 종래부터 그 어장을 이용해 왔던 지역어업인 만이 배타독점적으로 어장을 이용하는 경우도 있다. 또한 어업권어업에서와 같이 생산의 효율화를 위해 어구를 부설하거나 시설을 할 필요가 있는 경우에 이를 통한 경제적 이익을 보호할 목적에서 어장을 구획하여 배타적 이용권을 부여하는 경우도 있다.

어장이나 수산자원은, 일부 예외적인 경우를 제외하고는, 이를 이용하고자 하는 사람들에게 이용의 기회는 원칙적으로 자유롭고 공평하게 주어진다. 한편, 이용에 따른 각자의 부담은 거의 없기 때문에 그 이용을 둘러싼 경쟁이 발생하게 되며, 그 결과 과다 이용, 즉 수산자원의 남획이나 밀식 등이 초래되기 쉽다. 따라서 이용자 간의 과잉 경쟁에 따른 폐단을 방지하고자 정부가 규제를 가하게 되는 것이다.

전통적으로 어장이나 수산자원은, 주로 어업인들에 의해 이용되어 왔다는 사실과 국민경제에 있어서 수산업의 역할을 인식하여, 산업적 이용(어업적 이용)을 우선하고 있으며, 이를 저해하지 않는 정도에서 유어를 포함한 생활적 이용의 기회를 일반인에게 제공하고 있다. 또한 산업적 이용의 경우에 있어서도 사회적 측면과 경제적 측면을 동시에 고려하여, 지역사회의 유지를 위해 영세 어가경영의 기반이 되는 연안어장을 기업적 어업의 이용으로부터 보호하고자 어장을 구분하여 관리하고 있다.

하지만, 이러한 관리노력에도 불구하고 수산업의 존립이 어려울 정도로 수산자원의 고갈이 심각하게 되자, 최근에는 수산자원의 유지 · 증대를 위한 직접적인 수단으로서 총허용어획량(TAC ;Total Allowable Catch)에 의한 관리가 강구되기에 이르렀다.

어장이나 수산자원은 공유재산적 성격을 가지는 것이므로 어획을 위한 과잉 경쟁이나 남획에 따른 폐단이 나타나게 되며, 이러한 폐단을 방지하여 수산업을 유지 · 발전시키기 위해서는 정부에 의한 규제가 필수적인 것이 된다. 수산업을 "규제에 의한 산업"이라 부르는 이유가 여기에 있다.

4절. 노동 및 자본의 비유동성

수산업에 사용되는 노동이나 자본은 일단 사용된 후에는 다른 산업부문으로 전환되는 일이 매우 제한을 받게 된다. 그 결과, 수산업의 여건이 악화되어 소득 수준이나 수익성이 다른 산업에 비해 낮더라도 이들 노동이나 자본은 어쩔 수 없이 수산업에 계속 남게 됨으로써 경제적 사정을 침체에 빠뜨리게 된다.

먼저 노동의 경우를 생각해 보면, 수산업에 종사하는 노동력은 어촌지역에서 자라나서 가족노동 중심의 어가경영에 흡수되어 취업하는 것이 일반적인 형태이며, 대체로 10대 중반 이후부터 본격적으로 취업하게 된다. 그리고 어촌지역의 교육 여건이나 교육에 대한 부모들의 인식 수준, 어업노동의 불규칙성 등에 기인하여 그들의 교육 수준은 사회 일반의 그것에 비해 낮다.

이러한 사정으로 말미암아, 일단 수산업에 종사한 후 30대 정도의 연령에 도달하게 되면, 다른 산업부문으로의 직업 전환을 위해 새로운 지식이나 기술을 습득하는 일이 매우 어렵다. 그래서 부득이하게 수산업을 그만두게 되는 경우에도 취업이 가능한 분야는 자유업이나 단순노무자 정도에 불과하게 된다.

그러나 이들은 이미 오랜 기간 수산업에 종사해 오면서 수산업 노동으로서는 숙련된 기능노동이므로 이에 상응하는 소득을 획득해 왔다고 볼 수 있으며, 직업을 전환하는 경우에 단순노동자로서 받을 수 있는 임금이 이전의 소득 수준 정도로 되는 일은 매우 드물게 된다. 따라서 기능노동자로서 취업하던 수산업을 떠나서 저임금의 단순노동자로 스스로를 전락시키는 일을 주저하게 되는 것이다. 또한 다른 산업부문으로의 직업 전환은 대부분의 경우에 주거지의 이동을 불가피하게 하는

데, 조상대대로 살아 온 정든 어촌을 떠나야 한다는 사실도 직업 전환을 제약하는 정서적 요인이 된다.

1970년대 이후 수산업 종사자 수의 감소는 기존 수산업 노동의 자연감소에 주로 기인하였으며, 10대 이후의 젊은 층에 의한 노동력의 보충이 제대로 이루어지지 않은 결과인 것이다.

한편, 어선이나 어업시설, 어업권 등의 형태로 수산업에 일단 투입된 자본이 다른 산업부문으로 빠져 나가기 위해서는 이들을 매각하여 화폐형태로 전환시키지 않으면 안 되는데, 그러한 일 자체가 용이하지 않을 뿐더러, 반드시 매각하고자 하는 경우에는 상당한 경제적 손해를 감수하지 않으면 안 된다.

수산업에 투자된 자본이 다른 산업부문으로 빠져 나가려는 경우는 일반적으로 수산업의 경제적 사정이 악화되었기 때문이며, 따라서 이러한 때에 어선이나 어업시설 등을 매각하려고 하더라도 이를 구입하고자 하는 사람은 거의 없기 마련이다. 이러한 사정에도 불구하고 반드시 매각하려고 한다면, 어선이나 어업시설 등의 실제가치보다 매우 낮은 가격으로 처분해야 한다.

그 결과, 커다란 경제적 손실을 감수하면서까지 자본을 회수하여 투자 대상을 변경하려고 하는 대신에, 비록 현재로서는 수산업으로부터의 수익이 상대적으로 적다고 하더라도 미래에 기대를 걸면서 수산업을 계속하게 되는 것이다.

이와 같이 수산업의 노동이나 자본은 일단 투입된 이후에는 경제적 사정이 나쁘더라도 그대로 수산업에 남아 있게 됨으로써 경제적 침체 상태가 장기간 지속되는 원인이 된다고 할 수 있다. 더욱이 우리나라의 경우에 이러한 노동이나 자본의 비유동성은 경영체의 대부분을 점하는 어가경영에 있어서 노동과 자본이 가족 단위로 통합되어 있다는 점에서 한층 크게 나타난다고 할 것이다.

제2장 수산업을 규정하는 요인

2008년도 우리나라 어업(해면어업) 생산량은 약 330만 톤이었는데, 이는 우연하게 나타난 것이 아니라 여러 가지 요인들이 복합적으로 작용하여 얻어진 결과라고 생각할 수 있다. 그리고 이들 여러 가지 요인들을 몇 가지로 단순화시켜 본다면, 인위적 요인과 자연적 요인, 그리고 시장적 요인으로 구분할 수 있는데, 이를 수산업을 규정하는 요인이라고 한다.

1절. 인위적 요인

어업생산이 이루어지기 위해서는 먼저 수산자원을 채포 또는 양식할 수 있는 능력을 갖추고 있어야 하는데, 이러한 생산 능력은 어선이나 어구, 어로장비 등과 같은 물적 생산수단과 함께 인간의 노동력에 의해 그 크기가 정해진다. 우리나라가 연간 300만 톤 이상의 어업 생산을 실현하는 데에 있어서는 적어도 이 만큼을 채포 또는 양식할 수 있는 물적 생산수단과 노동력을 가지고 있다는 것이 전제된다.

물적 생산수단에 대해서 살펴보면, 이는 대부분 자금을 가지고 구입해야 하는 것들이어서 어업자본이라고 바꾸어 부르기도 한다. 우리나라는 1960년대 이후의 어업 근대화 과정에서 어선 규모의 증대, 목선에서 강선이나 FRP선으로의 선질 개선, 동력화 및 고마력화, 어군탐지기 등의 어로장비 도입 등이 이루어지면서 어획 능력의 비약적 증대를 위한 기반이 구축되었다. 한편, 어업 노동력은 1970년대 초반까지는 어업인구의 자연 증가와 농업으로부터의 인구 유입 등에 의해 증가되었지만, 이후 공업의 발달과 인구의 도시집중 현상에 따라 계속 감소되었다. 이러한 물적 생산수단과 노동력의 양적 변동에도 불구하고 1990년대 초반까지의 기간에 있어서 어업의 생산 능력은 물적 생산수단의 증대에 따라 계속 증대되었다고 할 수 있다.

하지만 1990년대 중반 이후에는 어장의 외연적인 확대가 한계를 드러내기 시작하고, 수산자원의 감소에 따른 생산성의 정체 내지는 저하가 나타남에 따라 어업으로의 투자가 활발하게 이루어지지 못하였다. 특히 한일 및 한중 어업협정에 따른 어장의 축소는 근해어업의 경영기반을 대폭 위축시키는 결과를 초래하여 어업자로 하여금 투자 의욕을 상실하게 만들었다. 그 결과, 어선의 신조나 어로장비의 교체가 이루어지지 않는 가운데 어선 및 어로장비의 노후화가 나타나게 되는 등, 물적 생산수단의 축소가 초래되었고, 어업협정과 관련한 어선의 대대적인 감척정책은 이러한 현상을 가중시키는 결정적인 요인이 되었다.

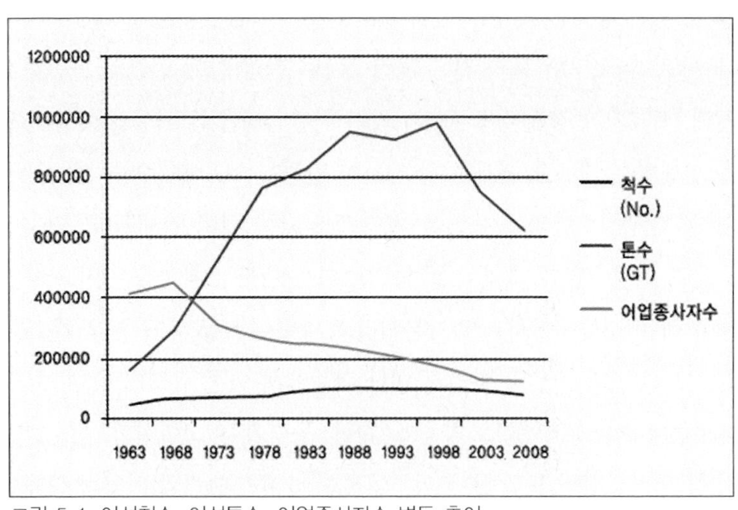

그림 5-1. 어선척수, 어선톤수, 어업종사자수 변동 추이

한편, 어업 노동력에 있어서도 1990년대 들어서면서 본격화된 '3D업종에 대한 취업기피 현상'에 따라 젊은이들의 어업 취업이 이루어지지 않게 되고, 또한 젊은 층을 중심으로 한 탈어촌 현상이 심각한 형태로 나타나게 되었다. 이에 따라 어업 노동력은 양적으로 감소됨과 함께, 고령화 및 여성의 비율 증대 등에 의해 질적 저하마저 초래되어 실질적인 어업 노동력은 급격히 감소되었다.

어업에 대한 투자나 어업 노동의 고용은 어업경영의 수익성과 직결되는 것이다. 높은 수익성이 기대된다면 어업자는 이익을 극대화하기 위해 투자 의욕을 나타낼 것이고, 이에 따라 물적 생산수단은 한층 증대될 것이다. 또한 높은 수익성이 기대될 때에는 어업으로의 신규 참여가 이루어져 어업경영체의 수가 증가할 것이고, 많은 이익을 실현한다면 어업자는 그들이 고용하고 있는 어업종사자에 대해 많은 임금을 지불할 것이므로 어업으로의 취업자 수도 증가하게 되어 전체적으로 어업 노동력은 증대될 것이다.

이와 같이, 물적 생산수단이나 어업 노동력의 크기는 어업 경영에 의해 좌우되는 것이므로 이들을 경영적 요소라고 한다.

2절. 자연적 요인

실제의 어업생산이 이루어지기 위해서는, 물적 생산수단이나 어업 노동력에 의한 생산능력만 있다고 해서 되는 것은 아니며, 생산의 대상 내지 생산활동이 이루어지는 터전으로서 수산자원 및 어장을 가지고 있어야 한다. 그런데 이들은 종래 자연에 의해 주어진 것으로 인식되고 있었으므로 자연적 요소라고 한다.

동일한 크기의 어업 생산능력을 사용하더라도 생산량은 수산자원의 풍도나 어장적 여건에 따라 다르게 된다. 즉, 자원이 풍부한 어장에서 조업한다면 어획량은 많을 것이고, 자원이 고갈된 어장에서 조업한다면 어획량은 매우 적을 것이다. 그리고 양식업의 경우, 어장적 여건이 좋은 곳에서 생산한다면 생산량은 많을 것이지만, 조류 소통이 원활하지 못하거나 오염된 어장, 또는 장기간 양식에 사용된 노후 어장에서 생산한다면 생산량은 적게 될 것이다.

우리나라가 년간 300만 톤 이상의 어업 생산량을 유지할 수 있었던 것은 보유하고 있는 생산능력과 함께, 이 정도를 생산할 수 있을 만큼의 수산자원 및 어장을 이용할 수 있었기에 가능했다고 할 수 있다.

한편, 보유하고 있는 생산능력이 일정하다고 하더라도 인공적으로 수산자원을 증대시키거나 어장 환경을 개선한다면 어업 생산량은 많게 될 것인데, 최근 이에 관한 눈부신 기술 진보에 힘입어서 종래 물적 생산수단에만 집중되어 있던 투자의 대상이 수산자원 및 어장으로 확대되고 있다. 수산자원 및 어장에 투자하는 일은 현재로서는 대부분이 국가나 지자체 등에 의해 이루어지고 있는데, 구체적으로는 인공종묘의 방류나 인공어초 시설, 해중림 조성, 바다목장화사업 등이 그것이다. 하지만, 어촌계에 의한 마을어장 내의 전복 종패 살포라든지 양식어장의 바닥 준설과 같이, 어업인에 의한 투자활동도 점차 증대되고 있으며, 머지않은 장래에는 그러한 일들이 어업인 주도하에 본격화될 것으로 기대된다.

3절. 시장적 요인

어업 생산이 이루어지기 위해서는 생산을 담당하는 주체가 있어야 하며, 이러한 생산주체가 바로 어업경영인데, 어업경영이 존립 · 발전하기 위해서는 수익성의 확보가 전제조건이 된다.

어업경영의 이익은 '생산량×가격-비용'으로 나타낼 수 있는데, 생산량과 비용이 일정하다면 생산물의 가격이 높을수록 이익은 증대될 것이고, 어업경영의 수익성도 높게 될 것이다. 아무리 풍부한 수산자원을 가지고 있고 또 이를 채포할 생산능력이 있다고 하더라도 생산물의 가격이 낮아서 생산을 하는 경우에 손해를 보게 된다거나 혹은 이익이 작기 때문에 경영이 성립하지 못한다면, 이러한 수산자원을 대상으로 하는 생산활동은 이루어지지 않게 될 것이고, 또 생산능력 자체도 곧 없어지게 될 것이다. 따라서 경영의 성립을 가능하게 해 줄 수 있을 정도의 가격 수준은 어업생산의 중요한 조건 가운데 하나가 된다.

수산물의 가격도 여느 상품과 마찬가지로 수요와 공급에 의해 정해지며, 수요가 클수록 가격은 높아지게 된다. 수산물 시장이란 어업자의 입장에서는 생산물의 판매처이며, 수산물에 대한 구매 요구라고 할 수 있다. 수산물을 판매할 수 있는 지리적 범위가 광범하게 되어 더 많은 수요자를 대상으로 판매할 수 있게 되고, 또한 개개인들의 구매 요구가 증대함으로써 수산물에 대한 수요가 증대되는 일을 수산물 시장의 발달이라고 말할 수 있다.

수산물의 중요한 특징 가운데 하나는 부패성이 강하다는 것인데, 이 때문에 상품성을 유지하면서 운반할 수 있는 지리적 범위가 제한을 받게 된다. 이러한 부패성을 극복하는 방법으로는 수산물을 신속히 그리고 저온을 유지하면서 운반하는 일과 가공처리 하는 일을 생각할 수 있다. 전자의 기능을 물적 유통이라 하는데, 교통 시설이나 냉동냉장시설의 발달에 따라 신선도를 유지하면서 수산물을 먼 거리까지 운반하는 일이 가능하게 된다면 판매처의 지리적 범위가 확대되고, 그 결과 더 많은 수요를 확보하게 됨으로써 어업자들은 높은 가격으로 생산물을 판매할 수 있게 된다.

한편, 수산물에 대한 개개인의 구매 요구는 주로 소득 수준이나 기호와 관련된 것으로, 우리나라 국민들의 수산물에 대한 기호도는 어떤 나라에 비해서도 높은 편이며, 소득 증대와 함께 꾸준히 수요가 증대되어 왔다. 적어도 1990년대 초반까지만 하더라도 물적 유통 및 가공의 발달과 높은 기호도, 그리고 소득 증대 등에 힘입어서 어업자들은 생산물에 대해 높은 가격을 받게 되고, 그 결과 상당한 이익을 실현할 수 있게 되어 활발한 투자가 이루어졌다. 그리고 이러한 일은 곧 수산업의 발전으로 이어졌다. 하지만, 1990년대 중반 이후에는 시장적 여건을 악화시키는 일들이 나타나고 있는데, 하나는 수산물 수입 증대이며, 또 다른 하나는 수산물 수요의 위축 현상이다.

수산물 수입시장 개방에 따라 중국을 비롯한 외국의 저렴한 수산물이 대량으로 수입되고, 이들이 국내산 수산물의 가격에 영향을 미치게 되어 종전과 같은 가격 상승을 기대할 수 없게 되었다. 이러한 사실은 어획량 감소 및 비용 증대와 더불어 수익성 저하를 초래하게 되고, 어업으로의 투자를 저해하는 요인으로 작용하게 된다.

한편, 주거 형태가 아파트와 같은 폐쇄형으로 바뀌게 되면서 냄새 때문에 가정 내에서 수산물을 요리하는 것을 꺼리게 되거나, 주부들의 사회활동이 늘어나면서 조리하기 번거로운 수산물을 식재료로 선택하는 것을 꺼리게 되는 경향이 나타나면서 수산물은 예전과 같은 기호도를 유지하지 못하게 되었다. 그 결과, 전체적으로는 수산물에 대한 수요가 위축되고, 이러한 점이 수산물 가격 저하의 요인으로 작용하게 된다.

수산물 시장과 관련하여 심각한 문제는 젊은 계층일수록 수산물에 대한 기호가 낮아진다는 사실이다. 수산물에 대한 기호는 어릴 적부터의 식경험(食經驗)에 의해 만들어지는 것인데, 수산물을 먹을 기회를 자주 가지지 못한다면 기호도가 낮아지게 될 것이고, 이러한 현상은 다음 세대에서는 한층 심하게 나타나게 될 것이다. 그리고 이러한 일이 여러 세대에 걸쳐 계속된다면 결국은 수산물에 대한 수요는 격감하게 되어 수산업의 존립 자체를 위태롭게 만들 우려조차 있다. 따라서 청소년기 이전의 학생들에 대해 수산물을 자주 먹게 함으로써 이들이 성년이 되어서도 스스로 수산물을 먹거리로 선택하도록 하고, 또한 다음 세대인 그들의 자녀들에게도 자주 먹게 함으로써 수산물에 대한 높은 기호도를 유지하도록 해야 한다.

이렇게 생각할 때, 학교 급식 등의 단체 급식에서 가능한 한 수산물을 자주 메뉴에 올릴 수 있도록 노력하는 것은 장래 수산물 수요를 유지 · 증대시키는 데에 있어서 매우 중요한 일이다. 하지만 단체 급식에 있어서는 안전성과 간편성, 그리고 가격의 안정성이 식재 선택에 있어서 중요한 요소인데, 수산물은 이러한 점을 충족시키는 데에 많은 문제를 가진다고 할 수 있다.

따라서 어업인들이 생산과정이나 유통과정에서 서로 협동하여 어장환경을 위생적으로 관리하고, 냉장시설이나 가공시설을 공동으로 갖추어 생산지 단계에서 가공처리 함으로써 수산물의 안전성을 제고하는 한편, 조리 및 뒤처리의 간편함에 대한 소비자 측의 요구에 대응할 수 있도록 노력해야 할 것이다.

제3장 어업 제도

1절. 면허어업

어업권이란 구획된 일정한 수면에 대해 면허를 받아 어업을 경영할 수 있는 권리로서, 이에 따라 당해 수면에 대한 배타독점적 이용이 이루어지게 된다. 그러므로 어업권을 설정하여 면허하는 일은 어장의 이용권을 어업인에게 배분하는 일이다. 수면의 종합적 이용을 위해서는 당해 수면에 어업권을 설정함이 타당한지, 그리고 어업권을 설정한다면 어떠한 내용의 어업을 영위하게 할 것인지가 사전에 충분히 검토되어야 하는데, 이러한 일은 어장이용개발계획에 의해 이루어지게 된다.

한편, 특정한 내용의 어업권을 설정하기로 하였다면, 실제로 어업권을 어떠한 어업인에게 부여하는 것이 수산업법의 목적인 수면의 종합적 이용과 생산성 향상, 그리고 어업의 민주화를 도모하는 일이 될 것인지를 판단하여 어업권자를 정하게 된다. 우리나라의 어업권제도는 면허에 의해 재산권적 성격의 권리를 거의 무상으로 부여하는 것인 만큼, 어업권자의 선정 기준을 수산업법상의 우선순위규정 등을 통해 사전에 구체적으로 정해 두고 있다.

그런데 어업의 종류에 따라서 어장 이용의 방법이나 다른 어업에 미치는 영향, 어촌에 미치는 사회적 · 경제적 영향, 필요한 자본이나 기술, 경영능력 등이 다르므로, 이러한 점들을 감안하여 우선 어업권어업을 구분해 두는 일이 필요하게 된다. 어업권제도는 어업권어업에 대한 제도적 구분에서부터 출발된다고 할 수 있다.

1. 어업권어업의 제도적 구분과 문제점

어업권어업은 크게 마을어업과 정치망어업 그리고 양식어업으로 구분되는데, 마을어업과 정치망어업은 생산의 대상이 자연물인 데에 비해, 양식어업은 인공물이라는 차이가 있다. 한편, 어업권어업으로 제도화한 이유에 있어서, 정치망어업과 양식어업은 기술적 측면에서 특정 어장의 고정적 · 지속적 이용이 확보되지 않는다면 경영의 성립 · 발전이 어렵기 때문이라고 한다면, 마을어업의 경우는 인접한 어촌의 경제적 기반을 제공하기 위하여 다른 지역 어업인들의 이용을 배제시키고자 한 데에 있다고 할 수 있다.

양식어업은 다시 양식 대상물의 성격과 어장이용 형태, 어장의 위치 등 복합적인 기준에 따라 해조류양식어업, 패류양식어업, 어류등양식어업, 복합양식어업, 협동양식어업의 5종으로 구분해 두고 있다. 그런데 이러한 양식어업의 구분은 어업 종류마다의 특성을 반영하여 어업권자를 정하는 기준을 차별적으로 규정하여 적용하고자 한 데에 주된 목적이 있다고 할 것이다.

양식어업을 양식물의 종류에 따라 해조류, 패류, 어류 등으로 구분한 것에 대해서는, 이들 양식 대상에 따라 시설투자의 규모나 기술의 난이도, 요구되는 경영능력 등에 차이가 있기 때문이라고 이해된다. 하지만, 양식 대상보다는 양식방법에 따른 구분이 그러한 차이를 보다 명확하게 해 준다는 점을 생각할 때, 양식 대상에 따른 구분은 그 목적에 비추어 적절하지 못하다. 이러한 사실은 양식 대상에 따른 업종 구분에 더해서, 다시 수면의 바닥을 이용하는 것(바닥식 양식)과 수중에 필요한 시설을 하는 것(수하식 양식)으로 구분하고 있는 점을 보더라도 알 수 있다.

표 5-1. 어업권어업의 제도적 구분

수산업법		수산업법시행령	면허 및 어장관리 규칙
정치망 어업		대형정치망(10ha이상) 중형정치망(5~10ha) 소형정치망(5ha미만)	대형정치망 중형정치망 소형정치망
마을어업		마을어업	마을어업
양식어업	해조류양식어업	수하식 바닥식	건홍식(지주망홍, 부류망홍), 연승식, 투석식(천해)
	패류양식어업	수하식 바닥식	간이식, 연승식, 뗏목식 살포식(간석지, 천해) 투석식(간석지, 천해)
	어류등양식어업	수하식 바닥식 가두리식 축제식	연승식 살포식(간석지, 천해) 가두리식 축제식
	복합양식어업	수하식 바닥식 혼합	연승식, 건홍식 · 연승식 살포식, 살포식 · 투석식 건홍식 · 살포식, 연승식 · 투석식 침하식 · 연승식, 가두리식 · 연승식
	협동양식어업	위의 모든 종류	위의 모든 종류

한편, 양식어업의 종류로서는 이들 3 종류 외에 복합양식어업을 두고 있는데, 앞의 3 종류의 양식어업은 양식 품종이 한 가지에 국한되는 데에 비해, 복합양식어업은 수하식 및 바닥식 양식의 경우에 각각 2 품종 이상을 복합적으로 양식하거나 또는 수하식과 바닥식 양식방법을 혼합하여 2 품종 이상을 양식할 수 있는 어업이다.

본래 양식어업권은 권리의 내용이 특정 품종을 특정한 방법으로 양식하는 것을 전제로 하여 일정한 수면을 배타적으로 이용하는 것이며, 양식 품종이나 양식방법은 어업권 자체의 내용에 속하는 것이므로 이를 어업권자가 임의로 변경하게 해서는 안 된다. 그리고 이를 변경하는 경우에는 종래의 어업권과는 별개로 새로운 면허를 받아야만 가능한 것이다. 그럼에도 불구하고, 수면의 종합적 이용을 도모한다는 취지에서 면허받은 범위 내에서 어업권자가 2 품종 이상을 임의로 선택하여 양식할 수 있게 한다거나 또는 복수의 양식방법을 아울러서 사용할 수도 있게 한 것이 복합양식어업이다.

그러나 면허받은 범위 내에서라고는 하지만, 어업권자가 양식 품종이나 양식방법을 임의로 선택할 수 있게 한 것은, 특정인의 양식활동이 인근 양식어장에 직접적인 영향을 끼친다는 점을 생각할 때, 수면의 종합적 이용이라는 관점에서도 결코 긍정적인 일로 생각되지 않으며, 또한 품종별 생산 조절을 어렵게 만드는 결과를 초래하게 된다.

특정한 양식어장이 어떠한 품종의 양식에 이용되는 것이 바람직한 것인지, 또한 어떠한 양식방법에 의해 양식이 이루어지는 것이 바람직한 것인지를 어장이용개발계획을 수립하는 과정에서 면밀히 검토하여 확정하도록 해야 한다. 그리고 기술적 여건이나 경제적 여건의 변화에 따라 이를 변경할 필요가 있을 때에는 어업권의 유효기간이 만료되는 시점에서 새로이 어장이용개발계획을 수립하여 그러한 변화를 수용하면 된다. 또한 특정한 양식어장에 여러 품종이나 복수의 양식방법에 의한 양식을 동시에 하도록 할 필요가 있는 경우에는 그 각각에 대해 별개의 어업권을 부여하는 것이 바람직하다.

현행제도상 복합양식어업은 원래 별개의 어업권으로 관리되어야 할 것을 동일한 어장구역이고 어업권 보유주체가 동일인이라는 이유를 들어서 어업권자에게 어장이용상 과다한 자의적 선택권을 부여하고 있다고 생각된다.

이러한 복합양식어업과 더불어 협동양식어업이 양식어업의 제도적 종류에 포함되어 있는데, 협동양식어업이란 전술한 4종의 양식어업 가운데에서 일정한 수심의 범위 안에서 (최간조시 평균수심 5~10m. 강원도, 경상북도 및 제주도는 7~15m) 이루어지는 것을 말한다. 1995년 수산업법 개정 이전의 제1종 공동어업 어장구역 가운데에서 수산업법 개정에 따라 마을어업의 어장에 포함되지 못한 바깥쪽 어장구역이 협동양식어업의 대상수역이 되는 셈이다. 이러한 수역에서 이루어지는 양식어업에 대해서는 종래에 당해 수역 이용의 권리를 가지고 있었던 인접 어촌의 어업인들에게 한정하여 양식어업의 면허를 부여하고자 한 취지에서 제도화된 것이 협동양식어업이다.

그러나 협동양식어업이 제도화되기 이전에도 이미 1975년의 수산업법 개정에 의하여 제1종 공동어업의 어장구역 내에 위치한 어업권의 면허는 인접 어촌계에 우선적으로 면허하다는 것이 면허우선순위 규정에 정해져 있었다. 다만 제1종 공동어업이 마을어업으로 변경되면서 어장의 범위가 축소되고, 마을어업의 어장구역에서 벗어나게 된 기존의 제1종 공동어업 어장을 인접한 어촌에 거주하는 어업인들에 의해 양식어업으로 활용되는 것을 촉진시키기 위해서 이를 협동양식어업의 어장으로 제도화한 것이라 생각된다.

그러한 정책적 의도에 대해서는 다소 수긍할 수 있지만, 그렇다고 해서 협동양식어업을 양식어업의 종류로서 제도화한 것은 업종 구분의 제도적 목적에 부합되는 일이라고 생각되지 않는다. 오히려 종래와 같이 면허우선순위나 어업권자의 적격성에 관한 규정을 통해 인접한 어촌에 거주하는 어업인들의 양식어장 이용을 촉진 · 보장 하는 것이 적절할 것이다. 현행 수산업법상 어업권어업, 특히 양식어업은 복합적인 기준에 따라 제도적으로 구분되어 있기 때문에 어업권제도 자체를 이해하기가 매우 어렵고, 또한 어업권어업의 종류별로 차별적으로 적용되는 세부관리규정도 체계성을 결여하게 되어 어업인들을 혼란스럽게 만드는 측면이 있다.

2. 어장이용개발계획과 어업권자의 선정

1) 어장이용개발계획

수면의 종합적 고도이용이라는 제도적 목표를 달성하기 위해서는 우선 이를 어떻게 이용하는 것이 합리적인지가 생각되어야 하는데, 어떻게 이용할 것인가와 관련해서는 먼저 어업권을 설정하여 이용시킬 것인가, 혹은 어가어업이나 신고어업 등이 이용하게 할 것인가의 문제부터 고려되어야 한다. 어업권을 설정하는 경우에는 당해수역에서의 허가어업이나 신고어업 등의 어업활동은 자연히 제한을 받기 때문이며, 따라서 어업권을 설정하는 것이 제도적 목적에 더욱 합치되는 것이라는 판단이 이루어진 다음에라야 비로소 어장이용개발계획 수립에 착수하게 되는 것이다. 당해수면에서 허가어업 등의 조업이 활발하게 이루어지고 있고, 이들 어업에 대한 어업인들의 경제적 의존도가 크다는 등의 이유에서 어업권을 설정하는 것이 합리적이지 않다고 판단되는 경우라면 어장이용개발계획 자체가 수립될 여지는 없다.

어업권을 설정하는 것이 합리적인지 어떤지에 관해서는 당해수면에서 이루어질 어업의 종류를 미리 파악하고, 그러한 업종의 어업권이 설정되는 경우에 초래될 다른 어업의 손실이나 이들과의 마찰, 어업권 획득을 둘러싼 지역간 · 계층간 갈등, 당해 어업권어업의 발전 가능성, 어촌경제에 미치는 파급효과 등을 종합적으로 검토해야 한다. 그런 다음에 어업의 종류와 어업권을 설정할 어장의 범위, 개개 어업권의 어장면적 등이 계획으로서 확정되는데, 이러한 어장이용개발계획은 시장 · 군수가 관할수면에 대해 수립하도록 되어 있다. 다만, 시장 · 군수는 계획 수립에 즈음해서 도지사로부터 송부되어 온 세부지침에 따르도록 하고 있으며, 또한 도지사는 농림수산식품부 장관에 의한 기본지침에 따라서 세부지침을 작성하도록 하고 있다. 그리고 계획을 수립하는 경우에는 수산조정위원회의 심의를 거치도록 함으로써 지역 어업인의 의견을 반영하도록 하고 있다.

어장이용개발계획 기본지침의 내용은 계획수립의 기본방향과 지역별 어업의 특성에 따른 어장 개발에 관한 사항, 어장 이용개발의 제한, 조건 또는 금지에 관한 사항이 되며, 세부지침은 기본지침의 세부사항과 함께, 어장 이용개발의 제한 수역 및 제한 품종에 관한 사항 등을 내용으로 한다.

어장이용개발계획이 제도화되기 이전의 어업 면허는 소위 선원주의(先願主義)라 하여, 어업인이 개별적으로 특정 어장에 대해 특정 어업의 면허 신청을 하면 행정이 이를 검토한 다음 면허하는 방식으로 이루어졌다. 따라서 이러한 방식에 의하면, 면허가 무분별하게 남발될 우려가 있고, 더욱이 수면의 종합적 이용이라는 측면이 고려될 여지가 없었다.

어장이용개발계획이 제도화됨으로써 특정한 어장을 어떻게 이용하는 것이 수면의 종합적 이용을 위해 합리적인지가 먼저 고려되고, 이에 따라 어업의 종류와 어장의 범위 등이 정해진다, 그런 다음, 이를 일정기간 어업인들에게 공고하여 면허 신청을 받고, 신청자 가운데 면허 받을 자를 법에서 정한 기준에 따라 정하게 되는 것이다. 따라서 어떠한 어업의 면허를 할 것인지와 어장의 범위 등이 정해진다면 어업권자는 자동적으로 정해지게 되므로, 어장 이용자의 결정에 있어서 어장이용개발계획이 가지는 중요성은 매우 크다고 할 수 있다.

2) 어업권자의 선정

어장이용개발계획이 공고되고 다수의 어업면허 신청자가 나타나게 되면, 면허우선순위를 적용하기에 앞서서 어업권자로 될 자격 여부인 적격성을 검토하여 부적격자를 추려내게 된다.

수산업법에서는 어업권자로서의 결격사유로서, ① 어업을 목적으로 하지 않는 법인이나 단체, ② 일정한 면적 이상의 어업권을 가지고 있는 자, ③ 대규모 기업 및 그 계열기업, ④ 법령 위반으로 실형 등을 받고 일정 기간이 경과되지 않은 자, ⑤ 부정한 방법으로 면허를 받거나 법령 위반 등으로 인해 면허가 취소되어 일정기간이 경과되지 않은 자 등을 들고 있다.

어업권은 스스로 어업을 영위하는 자에게 부여한다는 원칙에 입각하여 어업을 목적으로 하지 않는 자 등을 부적격자로 규정한 것은 당연한 일이며, 또한 영세한 어업인들이 생계유지의 기반으로 하고 있는 해조류 양식어업이나 바닥식의 패류 및 어류 등 양식어업에 대해 대규모 기업이나 그 계열기업에 의한 어업권 취득을 제한하는 일도 타당하다. 그리고 재산권적 성격을 가진 어업권이 특정한 어업인이나 단체 등에 과도하게 집중됨으로써 초래되는 폐단을 막기 위해서, 특정 어업인에게 면허할 때에 그가 보유한 어장 면적의 합계가 60ha 이상이 되거나 또는 어업권어업의 업종별로 어장면적 합계가 30ha 이상이 되는 경우에도 부적격자로 처리하도록 하고 있다.

면허 신청자 가운데 어업권자로서 부적격자를 추려낸 다음, 적격자 가운데에서 어업권자를 선정하는 일은, 행정의 자의적 판단이 개입될 여지를 없애고 객관성 · 공정성을 기할 수 있도록, 사전에 법에서 정해둔 우선순위에 따라서 이루어지도록 하고 있다.

수산업법상의 면허 우선순위 규정을 간략히 요약하여 순위별로 나타내면 다음과 같다.

① 면허 신청 당시, 당해 어장에 설정되어 유효기간이 만료되는 어

업권의 보유자

② 면허 하려는 업종에 대해 당해 어장에서 경영하였거나 이에 종사한 경험이 5년 이상인 자

③ 면허 하려는 업종을 경영하였거나 이에 종사한 경험이 5년 이상인 자

④ 연안어업이나 구획어업을 경영하였거나 이에 종사한 경험이 5년 이상인 자

이러한 면허 우선순위에 따르면, 당해 어장에서의 기존 어업권자가 최우선의 순위를 부여받도록 되어 있으며, 더욱이 종래에 면허되었던 업종이 새로이 면허하려는 업종과 일치하는지의 여부도 거의 문제시되지 않는다. 따라서 기존의 어업권자가 어업권을 계속 보유하려는 의사를 가진 경우라면, 그 외의 자가 당해 어장에 대해 어업권을 획득하는 일은 불가능하다. 그런데 어업권이 재산적 가치를 가지고 양도되고 있는 현실에 비추어 볼 때, 기존의 어업권자가 어업권의 보유를 스스로 포기하는 일은 상상하기 어려울 것이다.

따라서 면허 우선순위상 2번째 이하인 자가 면허를 받게 되는 경우란 현실적으로는 면허신청 당시에 어업권이 설정되어 있지 않던 어장에 한정되는데, 그 순위는 신청자의 어업 경험이 면허하려는 업종에 대한 경험과 얼마나 유사한 것인지에 따라 정해지게 된다. 그리고 경험의 정도는 5년 이상일 것을 요하는데, 수산업법에서는 '수산기술자'에 대해서 이와 동등한 자격을 부여하고 있으며, '수산기술자'의 자격 요건에 관해서는 수산업법 시행령에서 이를 정해두고 있다.

한편, 특별한 경우에 있어서는 앞에서 언급한 면허 우선순위와는 별도로 어업권자를 정하도록 하고 있는데, 마을어업은 어촌계와 지구별수협, 해조류 양식어업은 어촌계와 영어조합법인, 지구별수협의 순으로 이들에 한해서만 면허하도록 하고 있다. 그리고 마을어업의 어장구

역 내이거나 해안에서 500미터 이내의 수면, 또는 대단위 개발수면 내에 어업권을 가지고 있던 자가 당해 어업권을 포기할 조건으로 면허신청 당시에 어업권이 설정되어 있지 않던 어장에 대해 동종의 면허를 신청한 때에는 최우선순위를 부여하도록 하고 있다.

그런데 마을어업이나 해조류 양식어업의 면허 우선순위에 관한 것은 어업권자로 될 수 있는 자의 적격성 규정에 의해 처리되는 것이 적절하다고 생각된다. 어촌계나 지구별 수협, 영어조합법인에 대해서도 무조건적으로 적격성을 인정할 것이 아니라, 일정한 자격요건을 갖춘 경우에 한해 적격성을 인정하도록 함으로써 이들 간에 면허를 둘러싼 경쟁이 자동적으로 해소될 수 있도록 유도하는 것이 바람직하다. 그리고 마을어장 등의 구역 내에 어업권을 가지고 있던 자가 당해 어업권의 포기를 조건으로 신규 어장에 대해 면허를 신청한 경우에 있어서는, 어장이용상의 갈등을 해소하기 위해서 기득 어업권의 포기를 유도하고자 한 제도의 취지는 인정되지만, 그렇다고 해서 수산업법의 우선순위 규정으로써 그에 대한 보상을 보장한다는 것은 적절하지 못하다.

우리나라 수산업법은 어촌에 있어서 최소한의 경제적 기반이 되는 마을어업과 해조류 양식어업의 어장 이용에 대해서는 인접 어촌에 거주하는 어업인 단체에 독점적인 이용권을 부여하고 있지만, 여타 어업에 대해서는 우선순위 규정을 통해 당해 어장의 이용과 당해 업종에 있어서의 경험을 기준으로 해서 어업권을 부여하고 있다. 그런데 여기서 말하는 경험이란 수면의 종합적 이용이라는 관점에서 당해 어장에 대한 종전까지의 경제적 의존도를 의미하는 것일 뿐 아니라, 당해 어장을 효율적으로 이용할 수 있는 능력을 의미하는 것이기도 하다. 따라서 이러한 우선순위 규정은 어장 이용에 있어서 사회적인 측면과 경제적 측면을 동시에 고려한 기준이라고 할 수 있지만, 한편으로는 어장이용상 기득권을 지나치게 보호하게 되고 이로 인해 초래되는 폐단도 많다.

3. 어업권제도의 운용

특정 어장의 어업권적 이용을 위해서 어업의 종류와 어업권자가 결정되었으면, 다음으로는 그러한 결정을 어느 정도의 기간 단위로 재검토할 것인지와, 어업권에 의한 배타적 이용권의 범위를 어떻게 정할 것인지, 그리고 수면의 종합적 이용을 위해 어장 이용방법에 대해서 어떻게 통제할 것인지가 어업권제도의 중요한 내용이 된다.

1) 어업 면허의 유효기간

어업 면허에 대해 유효기간을 두고 있는 이유는 수면의 종합적 이용을 달성하기 위해 당해 어장에 어떤 종류의 어업이 이루어지는 것이 바람직한 것인지가 어장의 자연적 성격이나 업종마다의 경제적 사정, 그리고 어업기술의 발달 등에 따라 변화하기 때문에 면허 후 일정기간이 경과한 다음에는 이러한 변화를 수용하여 어장 이용방법을 변경하고자 함에 있다. 또한 어업 종류의 변경이나 어장 이용을 둘러싼 사회경제적 여건이 변하게 된다면, 자연히 어장 이용 주체에도 변화가 요구되는 것이므로, 어업권의 권리적 성격을 한시적으로 제한해 둘 필요가 생겨나게 되는 것이다.

우리나라 어업권제도에서는 모든 어업권에 대해 유효기간을 일률적으로 10년으로 정하고 있으며, 어업권자의 요청에 따라 10년의 범위 내에서 유효기간의 연장을 허가하는 것으로 하고 있다. 따라서 어업권자에 의한 유효기간 연장의 요청이 당연한 것이라고 생각할 때, 유효기간은 실질적으로는 20년이 되는 셈이며, 면허 후 20년이 경과하는 시점에서 기존의 어업권은 소멸하게 되는 것이다.

어업권의 유효기간을 어느 정도로 하는 것이 적절한 것인지에 관해서 생각해 보면, 어장 이용과 관련한 제반 여건의 변화에 탄력적으로 대응하기 위해서는 짧을수록 좋겠지만, 그렇게 하는 경우에는 어장 이용에 대한 안정성이 결여되어 건전한 어업경영의 발전을 기할 수 없게 된다. 어업경영의 발전을 위해서는 기술의 개발이나 습득에 따른 경영 이익을 상당기간 안정적으로 획득하고 또한 투자자금의 회수에 충분한 기간을 확보할 수 있도록 경영 기반이 마련되어야 하는데, 어업권어업에 있어서 가장 중요한 경영 기반은 다름 아닌 어장의 안정적 이용이다.

따라서 적절한 유효기간을 정하기 위해서는 어장 이용에 관련된 제반 여건의 변화가 어느 정도의 빠르기로 나타나는지와 기술 개발이나 자본 투자가 의욕적으로 이루어지도록 하는 데에는 얼마만큼의 기간이 필요한 것인지가 동시에 고려되어야 한다. 이렇게 생각할 때, 어업권의 유효기간은 어업의 종류에 따라 달라져야 함이 마땅하지만, 어업의 종류마다 적절한 유효기간을 별도로 정하는 것은 제도 운용상의 어려움이나 이를 위한 객관적이 기준이 없다는 점에서 어려운 일이다.

하지만, 그렇다고 해서 모든 어업권어업에 대해 일률적으로 유효기간을 10년으로 정한 것은 어업 종류마다의 특성을 지나치게 간과한 일이다. 그 결과, 어업 종류에 따라서는 유효기간이 너무 장기간이어서 제반 여건의 변화를 제도적으로 수용하지 못하게 되고, 합리적인 어장 이용이 이루어지지 못하게 되는 폐단이 초래되기도 한다.

한편, 어장의 자연적 성격이나 사회경제적 성격을 감안할 때, 일체성을 가진 수면 내에 다수의 어업권이 설정되어 있고, 이들 어업권의 유효기간 만료 시점이 제각각인 경우에는 수면의 종합적 이용을 도모하는 일이 어렵게 된다.

어장이용개발계획은 어업권의 유효기간(연장기간을 포함)이 만료된 어장에 대해 수립하는 것이므로, 여타 어업권은 그대로 둔 채 일부의 어업권에 한정해서 이용방법을 변경한다는 것은 그다지 의미가 없을 뿐 아니라 기득권자의 저항을 받게 될 우려가 크다. 따라서 일본의 경우와 같이 모든 어업권의 유효기간 만료 시점을 같은 시기에 일치시켜 수면의 종합적 이용에 부합되게 어장이용개발계획을 수립하도록 하지는 못하더라도, 적어도 일체성을 가진 수면 내의 어업권에 대해서는 그러한 조정이 이루어지도록 해야 비로소 진정한 의미의 어장이용개발계획 수립이 가능해질 것이다.

2) 어업권의 권리적 성격

어업권은 구체적 물체에 대한 권리 즉 물권으로서, 민법에서의 토지에 관해 정한 규정을 어업권에 대해서도 마찬가지로 적용하도록 하고 있다. 그리고 토지의 경우에 등기부에 등록함으로써 권리가 발생하는 것과 마찬가지로, 어업권의 권리는 어업권원부에 등록함으로써 비로소 발생된다.

어업 면허에 의해 어업권이라는 형태로 어장 이용이 사적 재산권화되지만, 어장의 상호관련성과 수면의 종합적 이용이라는 관점에서 개별 어업권자의 어업권 처분에는 상당한 공적 제약이 가해지게 되므로 권리적 성격은 그 만큼 제한적인 것이 된다.

수산업법에서는 마을어업권은 이전이나 분할 또는 변경할 수 없도록 하였는데, 다만 마을어업권 이외의 어업권에 대해서는 등록 후 3년이 경과되면 시장 · 군수의 인가를 받으면 가능하도록 하였다.

수면의 종합적 이용이라는 궁극의 목표를 달성하기 위해서, 어장이용개발계획에서 수면을 적정한 크기로 구획하고 각각의 구획된 수면에서 이루어질 어업의 내용을 정하고 있으며, 어장 이용과 관련된 제반여건이 변화하여 이를 변경할 필요가 있을 때에는 어업권 유효기간의 만료를 기다려서 새로이 어장이용개발계획을 수립하게 하고 있다. 따라서 어업권 유효기간 중에 어업권을 변경하거나 분할하는 일은 마땅히 금지되어야 함에도 불구하고, 마을어업권 이외의 어업권에 대해 어업의 종류를 비롯하여 어업 내용의 변경이나 분할을 "등록 후 3년이 경과되고 또한 시장 · 군수의 인가를 받는다"는 조건하에 이를 인정한 일은 전술한 어장이용개발계획의 의의 자체를 무색하게 하는 것이다.

어장이용개발계획에 따라 어장의 이용방법 등이 정해진 다음에 실제의 어업권자 결정은 수면의 종합적 이용의 관점에서 정한 우선순위에 따라 이루어진 것인데, 이렇게 해서 어업권을 부여받은 자가 어업권 등록 후 3년이 경과되면 누구에게나 (다만, 적격성은 갖추고 있어야 함) 어업권을 양도 · 분할할 수 있도록 한 점도 우선순위 규정의 의의를 퇴색시켜 버리는 일이라 하겠다. 즉, 우선순위에 따라 어업권을 거의 무상으로 면허받은 자가 3년간을 기다린 다음에 상당한 대가를 받고 이를 다른 사람에게 양도하는 경우에는, 가령 양도 받는 자가 양도한 사람 때문에 우선순위에서 밀려서 면허 받지 못하였다면, 결국 양도자로서는 우선순위 자체가 불로소득의 원천이 되었다고 밖에 할 수 없다. 그리고 이 경우에, 과연 면허를 취득한 후 3년간의 어업활동이 그러한 보상을 받을 만한 것인지에 대해서도 납득할 수 없다.

한편, 어촌계나 지구별수협이 보유하고 있는 것 외의 어업권은 언제라도 담보에 제공할 수 있도록 되어 있다. 그리고 저당권자가 채권 회수를 위해서 어업권을 경매에 붙이게 되는 경우, 어업권을 경락받아서 새로운 어업권자로 되는 자에 대해서는 자격 유무를 검토하지 않는다는 사실도 어업권제도의 취지에 비추어 많은 문제를 내포하고 있다.

수산업법은 어업권자에 대해 당해 어업경영이 사실상 타인에 의해 지배되도록 해서는 안 된다고 하고, 최초 면허 시 적격성 및 우선순위 규정에 의해서 어업권자로서 적합하다고 인정된 자가 아니면 당해 어업의 실질적인 경영자가 되지 못하도록 하고 있다. 또한 어업권은 임대차할 수 없도록 함으로써 직접 어업을 경영하는 자만이 어업권을 취득하게 하여, 부재지주격의 어업권자를 배척하고 있다. 그러나 어업경영의 타인지배나 어업권의 임대차를 금지함으로써 수면의 종합적 이용에 적합한 어업인에 의해 어장 이용이 이루어지도록 한 규정들도 어업권의 이전 · 분할 · 변경이 거의 자유롭게 이루어지고 있는 현실에서는 그다지 의미를 갖지 못한다고 할 것이다.

요약하건데, 우리나라 어업권제도는 어촌계 등이 보유하고 있는 어업권을 제외하고는 재산권적인 성격이 지나치게 강화되어 어업권 자체가 재산권화 되어 있는 실정이며, 어업권을 취득할 자금만 있다면 누구라도 거의 제약을 받지 않고 어업권어업을 영위할 수 있도록 되어 있다. 다시 말해서, 어업권어업의 어장 이용은 어장 이용주체로서 개개 어업인의 자질이나 적합성보다는 어업권 취득을 위한 자금의 보유 유무에 따라서 이용자가 정해지게 되는 셈이다.

4. 어장 이용방법에 대한 제한

어업권에 의해 일정한 수면에 대해서 개인에 의한 배타독점적 이용이 이루어질 수 있도록 되었다고는 하지만, 어장은 상호관련성을 가지고 있는 것이므로 어장 이용방법에 대해서는 다소간 제한을 가할 필요가 있다. 그리고 이러한 제한은 여태까지 수산관계법령을 통해 공적으로 이루어져 왔는데, 그 결과 획일적인 규정에 의해 관리가 이루어지게 됨에 따라 지역적 · 어장적 특성이 반영될 여지가 없게 되고, 여건의 변화에 신속히 대응하지 못하게 됨으로써 제도와 현실의 괴리현상이 초래되고 있다. 그리하여 이러한 점을 극복하기 위한 방안의 하나로 관련 어업인들의 자율관리가 강조되고 있다.

어업권자의 어장 이용방법에 대한 제한으로서는, 먼저 어촌계나 수협이 보유한 어업권을 구성원들에게 이용시키는 (이를 행사라고 함) 방법에 관한 것을 들 수 있는데, 어촌계 보유의 어업권은 특별한 경우를 제외하고는 그 계원이 행사하도록 하며, 수협이 보유한 어업권은 당해 어장에 인접한 어촌계의 업무구역 안에 주소를 가진 조합원이 행사하도록 하고 있다. 그리고 이러한 어업권의 구체적인 행사방법이나 관리에 관한 내용을 「어업면허 등에 관한 규칙」에서 정하는 바에 따라 어장관리규약으로 작성하도록 하고 있으며, 어장관리규약이 법령과 배치될 때에는 시장 · 군수가 시정 조치를 취하도록 하고 있다.

마을어업은 자연적으로 서식하는 수산자원의 채포가 중심이 되는 것이므로 채포의 방법에 대해서 법령으로 제한을 가하고 있는데, 원칙적으로는 낫이나 호미 등의 간단한 도구에 의해서만 채포하도록 하고 있다. 다만, 수심이 깊어서 이들 방법에 의해서 채포가 불가능한 때에는 관리선으로 지정 받은 양식장형망선이나 자원관리채취선, 나잠, 사용 승인을 받은 형망어업 및 잠수기어업의 어선에 의한 것도 인정하고 있다.

어업권어업에 있어서도 어장 관리나 생산활동을 수행하기 위해서는 어선의 사용이 불가피하게 되는데, 이러한 어선을 관리선이라 하며, 어업권자의 소유나 임차한 것에 한하여 시장 · 군수의 지정을 받아 사용하도록 하고 있다. 다만, 이러한 관리선을 갖추지 못한 경우에는 시장 · 군수의 승인을 받아서 다른 어업권자의 관리선이나 허가 및 신고 어업의 어선을 사용할 수 있도록 하고 있다.

그리고 양식어업에 대해서는 어장 이용방법과 관련해서 어장 내의 시설 기준을 어장 면적에 대한 시설 비율로써 정해두고 있는데, 이러한 시설 기준은 지역별 · 어장별 특성을 반영한 것이 되지 못함으로써 현실과의 괴리현상을 가져 오고, 불법을 조장하는 결과마저 초래하게 된다. 또한 그러한 시설 기준이 구체성을 결여함에 따라 어장 관리의 목적을 달성하지 못하는 경우도 있는데, 연승수하식의 경우에 수하연의 수나 길이에 대한 내용을 정해 두지 않거나, 가두리식의 경우에도 방양 미수에 관한 내용이 정해져 있지 않다는 점 등이 그것이다.

2절. 허가어업

1. 허가어업의 제도적 구분

우리나라는 자연적으로 서식하는 수서 생물자원의 상업적 이용에 관해서 수산업제도를 통해 국가가 통제를 가하고 있다. 그리고 이러한 통제의 방법은 수산자원의 이용방법이나 이용 주체의 경제적 성격에 따라 차별을 두고 있는데, 이를 위해서 어업을 어업권어업과 허가어업, 그리고 신고어업으로 구분하고 있는 것이다.

어업권어업은 통제의 대상이 수산자원의 이용이라고 하기보다는 어장의 이용이며, 어장의 이용을 통제함으로써 그 곳에 서식하거나 회유해 오는 수산자원의 이용에 대해서는 간접적으로 통제의 효과를 거두고자 하는 관리방식이다. 통제의 방법은 어업 주체별로 일정한 어장구역에 대해서 배타독점적 이용권을 부여하는 것인데, 마을어업의 경우에는 이러한 일에 의해 어획 대상이 되는 수산자원이 대체로 정해지게 되며, 정치망어업의 경우에는 어구의 설치 장소 및 방법이나 어업 주체가 정해지게 됨으로써 어획활동에 대한 통제가 용이하게 되는 것이다. 이에 비해서 양식어업은 생산의 대상이 인위적으로 육성된 수산생물이라는 점에서 다른 어업들과는 통제의 성격이 매우 다르다고 할 수 있으며, 통제의 대상이 어장의 이용에 한정된다.

한편, 신고어업은 수산자원을 어획하는 방법이 소극적이고 비능률적이어서 어획활동이 수산자원에 그다지 영향을 미치지 못하므로 통제의 필요성이 적을 뿐 아니라, 영세한 어업인 계층이 생계유지의 수단으로 영위하고 있는 것이므로, 그러한 범위 내에서 어업인이라면 누구라도 자유롭게 어획할 수 있도록 한 어업이다. 따라서 원래대로라면 신고어업은 자유어업에 해당되는 것이지만, 우리나라의 경우에 신고어업은 허가어업과 거의 마찬가지로 통제가 이루어지고 있는 실정이다.

허가어업은 면허어업이나 신고어업 외의 어업으로, 자연적으로 서식 · 회유하는 수산자원에 대한 일체의 어획 행위를 전면적으로 금지한 위에서, 특정한 방법 및 특정한 자에 대해 그러한 금지를 해제하는 형태로 통제가 가해지는 어업을 말한다. 그리고 제도에 의해 어업의 방법을 특정하고 있으며, 그 외의 방법은 전면적 금지에 포함되어 있으므로 불법이 되는 것이다.

1) 허가 주체에 의한 제도적 구분의 의의 및 문제점

우리나라 허가어업은 허가 주체에 따라 제도적으로 근해어업, 연안어업, 구획어업으로 구분되어 있는데, 이러한 구분은 이들 종류별로 이용하는 어장의 범위가 다르다는 사실에 따른 것이다.

근해어업은 여러 개의 시도 관할수역에 걸쳐서 조업이 이루어지는 것이므로 전국의 수역을 관할하는 농림수산식품부 장관이 관리하도록 한 것이며, 연안어업의 경우에는 대체로 단일 시도 관할수역 내에서 조업이 이루어지는 것이므로 이를 관할하는 도지사 등에 어업을 관리하도록 한 것이다. 또한 구획어업에 있어서는 단일 시군 관할수역 내에서 조업이 이루어지는 것이므로 그러한 수역을 관할하는 시장 · 군수에게 어업을 관리하도록 한 것이다.

그런데 이와 같이 어업마다 어장의 이용 범위에 차이가 나타나게 되는 것은 어선의 규모나 성능, 속력 등의 기술적 요인에 의한 바도 있지만, 조업 일수의 연장이나 어획고의 안정에 대한 경영적인 요구에 의한 바도 크다.

근거지 어항에서 멀리 떨어진 어장을 이용하려면 조업의 안전을 고려하여 어선이 대형화 되어야 하며, 장기간 항해 끝에 어장에 도착한 다음에는 장기간 조업이 계속될 수 있도록 어획물 보관을 위한 선내 저장 공간이 충분해야 하고, 또한 조업기간 동안 사용하기에 충분한 선수품을 적재하고 있어야 하므로 어선이 대형화 되어야 한다. 그리고 어획 후에는 양륙 시까지 어획물을 신선하게 보관하기 위해서 냉동 · 냉장 시설이 구비되어야 하고, 광활한 수역을 이동하면서 조업하는 것이므로 어선의 위치 확인이나 어군 탐색 등을 위한 어로장비 등이 갖추어져 있어야 한다. 이와 함께, 항해 시간의 절감이나 이동하는 어군에 대한 추적 조업, 어획물의 신속한 운반을 위해서 기관의 고마력화를 통한 속력 증대도 요구되는 것이다.

이와 같이 각종의 어로장비와 고출력 기관을 장착한 대형 어선에 의한 어업은 고정 설비에 다액의 자본이 소요되며, 그런 만큼 어획량 내지 어획고와는 무관하게 지출되는 고정비용을 증대시키게 되는데, 고정비용이 크면 클수록 경영의 안정을 위해서는 어획고의 안정과 조업일수의 연장이 요구된다. 어군이 내유해 오기를 소극적으로 기다리기보다는 넓은 수역을 대상으로 어군을 탐색하고, 일단 어군을 발견한 다음에는 추적하면서 어획하는 등의 적극적인 조업을 통해 어획고의 안정과 조업일수의 연장이 가능해지게 되는데, 이를 위해서는 이용할 수 있는 어장의 범위가 확대되어야 하는 것이다.

이용하는 어장의 범위를 확대하기 위해서는 어선에 대한 투자를 증대시키는 일이 필요하고, 한편으로는 어선에 대한 투자 확대는 이용 어장의 확대를 필요로 한다고 하는 밀접분가분의 관계가 존재하는 것이다. 그러므로 근해어업은 여타의 허가어업에 비해 어장의 이용 범위가 넓으며 또한 많은 자본이 투하되는 어업이라 할 수 있는데, 우리나라의 경우에는 어선의 규모가 8톤 이상의 것으로 정해 두고 있다.

이러한 근해어업에 비해서 연안어업은 8톤 미만의 어선에 의한 어업으로서, 통상적으로 이용 어장의 범위를 근거지항이 위치한 시도 관할 수역 내로 한정하더라도 경영상 그다지 어려움이 없다고 판단되는 업종이 이에 속한다. 이들 어업은 이용 어장의 협소함이나 소극적인 어법에 연유하여 어획고의 변동이 크고, 조업도 계절적으로 이루어지게 된다. 한편, 노동력의 구성이 가족노동 중심인 어가경영에 의해 영위되는 것이므로 고정비용이 적게 들며, 여러 가지 업종을 아우러거나 농업 등을 겸업함으로써 소득 안정을 기할 수 있는 여지가 크다. 그러므로 지역간 어장 이용을 둘러싼 분쟁을 막고, 어업 관리에 관한 권한과 책임을 명확히 하기 위해서 시도별로 어업을 구분해 두고 있는 것이다.

나아가서 구획어업의 경우는 일정 수역에 대해 배타적 이용을 인정하는 어업권어업의 일종인 종래의 제2종 및 제3종 공동어업이 제도 개정에 의해 허가어업으로 변경된 것으로, 이들 어업의 연혁으로부터도 알 수 있는 바와 같이, 이용 어장이 특정화 되는 어업이다. 따라서 이용 어장의 범위를 시군 관할수역 내로 하더라도 경영상 그다지 어려움이 초래되지 않을 것이라 판단하여, 시장 · 군수의 허가어업으로 한 것이다.

이와 같이 어업마다의 기술적 · 경영적 특성에 따라 어장의 이용 범위를 전국의 해역, 도 관할 해역 및 시군 관할 해역으로 나누어 장관허가어업(근해어업), 도지사허가어업(연안어업), 시장 · 군수허가어업(구획어업)으로 구분하였는데, 문제가 되는 것은 근해어업과 연안어업 간, 연안어업과 구획어업 간의 외연적 어장 경계가 설정되어 있지 않다는 데에 있다.

근해어업과 연안어업 간에는 수산자원관리법 시행령(제7조)에서 대형기선저인망어업 등 주요 근해어업에 대하여 연안측 조업금지구역이 설정되어 있으므로, 이를 외연적 경계로 생각할 수도 있겠지만, 대형기선저인망, 대형트롤, 중형기선저인망, 동해구트롤 이외의 것들은 조업구역이 연안 측에 근접해 있고, 조업금지구역 설정의 목적이 산란번식장의 보호나 정치망어업의 보호에 있다고 할 수 있다. 따라서 근해어업과 연안어업 간 어장의 외연적 경계는 근해 저인망류어업에 한정되어 있을 뿐인데, 연안어장에서의 저인망어업은 제도적으로 허가가 인정되지 않으므로 이는 저인망어업의 조업구역 한계를 정한 것이지 근해어업과 연안어업 간의 어장 경계라고 보기는 어렵다. 한편, 연안어업과 구획어업 간에는 어장의 외연적 경계가 제도상 존재하지 않는다.

이상에서 근해어업과 연안어업 및 구획어업 간에 이용 어장의 외연적 경계는 제도적으로 존재하지 않는다고 할 수 있으며, 다만 횡단적으로 이용 어장의 범위에 차이가 있을 뿐이다. 즉, 근해어업은 원칙적으로 모든 시도 관할의 어장에 걸쳐 조업이 이루어지는 데에 비해, 연안어업은 일개 시도 관할의 어장에, 그리고 구획어업은 시군 관할의 어장에 조업이 한정된다. 그런데 횡단적인 이용 어장의 범위라는 것도 관할수역의 외연적 범위가 정해져 있지 않는 경우에는 매우 불분명하게 된다는 문제가 있다. 가령, 육지에서 상당히 먼 거리의 어장이 특정 시도나 특정 시군의 관할에 속하는지를 판단할 기준이 없다는 것이며, 특히 전라남도와 제주도의 중간에 위치한 어장에 있어서는 그것이 어느 도의 관할에 속하는지, 혹은 도의 관할 범위를 벗어나는지에 대한 판단기준이 없기 때문에 분쟁의 소지가 남겨져 있다.

이러한 문제 외에도 시도 간 또는 시군 간 경계선 인근에 근거지를 둔 연안어업 및 구획어업에 있어서는 어업기술이나 경영 · 경제적인 측면에서 상호간의 입어가 허용되어야 함에도 불구하고, 지역간 이해대립으로 인해 상호입어를 위한 조역구역 조정이 원만히 이루어지지 못함으로써 어업 발전에 걸림돌이 되고 있다.

2) 어법 및 조업구역에 따른 업종 구분의 의의 및 문제

앞에서 언급한 허가 주체에 의한 어업의 구분에 더해서, 다시 어법에 따라서, 또한 근해어업에 있어서는 조업 구역이나 조업 방법, 어선규모에 따라서 어업을 세분하고 있다. 이러한 업종 구분의 이유는 업종마다 기술적 측면이나 경영 · 경제적 측면에서 어장 및 수산자원의 이용 방법이 다르고 또한 다른 업종의 어업에 미치는 영향이 다르기 때문에 그 각각에 적합하도록 정책이나 제도를 차별적으로 적용하고자 한 데에 있다.

수산업법에서는 어법을 2단계로 구분하고 있는데, 대분류에 의한 구분을 어업의 종류라 하고, 다시 소분류에 의한 것을 어업의 명칭이라

칭하여, 아래의 〈표 5-2〉과 같이 업종을 구분하고 있다.

표 5-2. 허가어업의 구분

근해어업		연안어업		구획어업	
어업의 종류	어업의 명칭	어업의 종류	어업의 명칭	어업의 종류	어업의 명칭
대형기선저인망	외끌이대형기저	연안자망	연안자망	정치성구획	지인망
	쌍끌이대형기저	연안안강망	연안개량안강망		선인망
중형기선저인망	동해구기저	연안선망	양조망		호망
	외끌이서남구기저	연안통발	연안통발		건망
	쌍끌이서남구기저	연안들망	연안들망		건간망
근해트롤	대형트롤	연안조망	새우방		주목망
	동해구트롤	연안선인망	연안쌍끌이선인망		승망
근해선망	대형선망	연안복합	연안복합		각망
	소형선망				부망
근해채낚기	근해채낚기				장망
	근해외줄낚시				낭장망
근해자망	근해유자망				해선망
	근해고정자망				안강망
근해안강망	근해안강망			이동성구획	수조망
근해봉수망	근해봉수망				문어단지
	근해자리돔들망				형망
잠수기	잠수기				새우조망
근해통발	장어통발				실뱀장어 안강망
	기타통발				
	문어단지				
근해형망	근해형망				
근해연승	근해연승				
12종	22종	8종	8종	2종	18종

근해어업의 경우, 어법을 12종으로 구분한 다음, 이를 다시 조업 구역이나 조업 방법, 어선 규모에 따라 세분하여 총 22개 업종으로 구분해 두고 있는데, 이는 동일한 어법이라 하더라도 조업 구역에 따라 어장 여건이나 대상 어종 등이 다르게 되므로 조업 방법 및 어선 규모 등도 달라지기 때문에 이에 대한 정책이나 규제관리의 방법 역시 차별적이어야 한다는 사실에 기인한다.

조업 구역과 조업 방법, 어선 규모 등은 상호 밀접한 관련성을 가지고 있는데, 어업이 발달하지 못하였던 때에는 근해어업이라 하더라도 근거지항에 따라서 조업 어장에 지역성이 강하게 나타나고 있었으며, 이에 따라 조업 방법이나 어선의 규모 등이 지역별로 특색을 가지고 있었다. 그러나 어업 발달과 함께 조업 어장의 범위가 광역화 되어 감에 따라 동일한 어법을 사용하는 어업들에 있어서 동질화 경향이 나타나게 되고, 따라서 조업 어장에 따른 어업의 구분은 단순히 어장이용을 둘러싼 지역간 이해 조정이라는 의미만이 두드러지는 것이 되었다.

이러한 사실은 저인망류 어업에 있어서 단적으로 나타나고 있는데, 저인망류 어업은 대형기선저인망과 중형기선저인망, 근해트롤로 구분되고, 다시 조업 방법에 따라 외끌이와 쌍끌이로, 그리고 어장 구역에 따라 동해구와 서남해구 등으로 구분되어 있다. 그러나 이러한 구분의 기준이 다단계로 되어 있고 또한 일관성을 갖지 못함으로써 현실에 나타난 업종간의 이해관계를 표면적으로 조정하는 데에 급급한 제도라는 인식을 불식시키지 못하게 되는 것이다. 그리고 한편으로는, 어업 여건의 변화에 따라 관리 방식의 변경이 요구되고 있음에도 불구하고, 업종간 이해대립 때문에 합리적인 제도 개정을 어렵게 만드는 요인이 되고 있는 것이다.

구획어업의 경우, 어구의 운용성을 기준으로 정치성 구획어업과 이동성 구획어업으로 어업의 종류를 구분한 것은, 전술한 근해어업의 경우를 생각해 본다면, 합리적이라고 생각되지만, 이들을 다시 각각 13종 및 5종으로 세분하여 법령상에 업종을 명시해 둔 점은 적절한 조치라고 생각하기 어렵다.

연안어장은 어장의 자연적 성격이나 그곳에 서식 · 회유하는 수산자원이 부단하게 변화하는 특성을 가지고 있으므로, 이를 대상으로 영위되는 어업도 이에 대응하여 부단히 변화하게 된다. 따라서 연안어장의 이용에 있어서는 지역 마다 독특한 어법이나 기술이 존재하며, 새로운 어법 및 기술이 부단하게 개발 · 채택되는 것이므로, 제도는 이러한 기술적 · 경제적 변화를 수용할 수 있도록 되어야 한다.

현행 제도가 구획어업의 종류를 세분하여 확정해 두는 것은 어업 여건의 변화에 대응한 새로운 어법 및 기술의 개발 · 도입을 저해하는 결과를 초래할 뿐 아니라, 결국은 제도와 현실의 괴리를 초래하여 어업질서의 해이를 조장하는 요인이 된다. 연안어업이나 구획어업의 구체적인 종류에 대해서는 법령으로 정할 것이 아니라 지방자치정부의 자체 규정으로 정하게 함으로써 제도 운용에 있어서 유연성을 가지게 하는 일이 필요할 것이다.

2. 어획노력에 대한 제한

1) 허가의 방법

허가제도란 허가 건수에 의해 어선의 척수 등 어획노력량을 조절함으로써 수산자원의 유지 · 보전과 어업경영의 발전을 도모하는 어업관리 방식이다.

앞에서 언급한 바와 같이, 허가할 어업의 종류를 어법에 따라 구분하고, 다시 이를 조업수역 등에 따라 세분하여 어업의 구체적인 종류를 정한 다음, 업종별로 어선의 규모나 기관의 마력 등에 제한을 덧붙여서 허가정수의 범위 내에서 어업의 허가를 하게 된다.

허가의 신청은 어선이나 어구 또는 시설에 대하여 하며, 어선의 구조나 성능에 비추어 동일한 어선으로 2개 이상의 업종을 영위할 수 있는 경우에는 3개 업종까지 어업 허가가 가능하도록 하고 있다.

어업 허가의 중요 사항으로는 어선의 규모나 기관, 선질 등의 어선에 관한 것 외에도 어업의 시기, 어획물의 종류, 양륙항 등에 관한 것이 있으며, 이들 내용을 변경하고자 하는 경우에는 행정관청의 허가를 받도록 하고 있다. 그리고 어업의 허가에 즈음하여 행정관청은 허가에 제한이나 조건을 부과할 수 있도록 하고 있다.

어업의 허가는 허가 신청자의 능력이나 자질을 기준으로 하는 것이라기보다는 어선이나 어구의 적합성을 기준으로 이루어진다고 볼 수 있다. 이러한 사실은 허가제도가 어선이나 어구의 실소유자 외에 이를 임차한 자에 대해서도 허가할 수 있도록 하며, 허가 신청이 있는 어선이나 어구에 대해 신청자 외의 다른 사람에게 유효한 허가가 있는지의 여부를 확인하여 허가하도록 한 점, 그리고 허가 받은 어선을 다른 어선으로 대체하는 경우에는 새로운 허가를 받도록 한 점으로부터 알 수 있다. 그러므로 어업의 허가는 허가 받은 사람에 귀속된다고 하기보다는 허가 받은 어선에 귀속되는 것이라고 할 수 있으며, 따라서 어선의 매매나 임대차는 일반적으로 어선에 대한 어업 허가를 수반하는 것이 된다.

행정관청은 이러한 어업허가제도를 적절히 운용함으로써 수산자원의 유지·보전과 어업경영의 건전성을 확보하기에 적당한 수준에서 어획노력의 투입이 이루어지도록 어업을 관리하게 된다. 먼저, 수산자원의 유지 · 보전을 위한 간접적인 방법으로서 어획노력량의 관리는 허가정수를 정하여 어선의 척수를 제한하는 일과 함께, 허가할 업종별로 어선의 규모나 기관의 마력 등에 대한 제한을 둠으로써 척당 실질적인 어획노력량을 제한하는 방법으로 수행하게 된다.

그리고 어업경영의 건전성 확보를 위해서는 과도한 어획경쟁에 기인한 과잉 투자와 이로 인한 채산성 악화를 방지하고, 어장 및 수산자원의 이용에 있어서 공정성이 유지될 수 있도록 함으로써 경영의 안정과 건전한 경영 의욕을 고취하는 일이 필요하다. 따라서 행정관청은 업종별로 어선의 규모나 기관의 마력, 기타 시설의 기준을 정하여 과잉투자를 미연에 방지함은 물론, 조업 수역이나 조업 방법 등에 대해서도 허가의 제한이나 조건을 부과한다거나 어업 조정을 위한 행정명령 등을 통해 어업을 관리할 수 있도록 제도적 장치를 마련해 두고 있다.

그러나 이러한 각종 제한은 경영적 선택의 범위를 제한함으로써 건전한 경쟁과 경영자의 창의력 발휘를 억제하는 부정적인 측면도 가지게 된다.

2) 허가의 정수

허가 건수를 일정한 한도 내에 묶어 둠으로써 수산자원에 대한 어획압력을 줄이고, 동일한 어장 및 수산자원을 이용하는 어업경영 간의 경쟁 완화와 생산성 증대를 통해 경영적 발전을 도모하고자 하는 것이 허가정수의 제도이다.

이 제도는 어장의 외연적 확대가 이루어지던 80년대 초까지만 하더라도 그다지 중요성이 인식되지 못하였지만, 80년대 중반 이후 어장 확대가 한계에 이르게 되어 어획 압력의 증대를 어장 확대로 완화시키지 못하게 됨에 따라 급격한 자원 감소가 나타나게 되자 본격적으로 실시되었다.

허가정수 제도가 없다고 하더라도 허가 건수를 행정의 재량에 의해 조절하는 일은 가능하지만, 이미 허가가 이루어지고 난 다음에 허가건수를 줄이는 일은 어업자들로부터 커다란 저항을 받게 되는 것이므로, 어업자가 자진해서 허가를 포기하지 않는 한, 매우 어렵게 된다. 특히 어업의 수익성이 좋은 경우라면, 그러한 일은 더욱 어렵게 될 뿐 아니라, 경우에 따라서는 행정에 의한 허가의 남발이 이루어지게 되기도 한다. 따라서 법령에 의해 허가 건수의 최고 한도를 미리 정해 두고, 그 범위 내에서 허가가 이루어지도록 제도화할 필요가 나타나게 되는데, 허가 정수의 산정 기준에 관한 것이 이 제도를 이해하는 데에 있어서 무엇보다도 중요하다.

허가 정수란 가장 이상적인 허가 건수를 의미하는 것이 아니라, 그 상한선이다. 업종별로 어느 정도의 허가 건수가 자원의 유지 · 보전이나 경제적인 관점에서 가장 이상적인지는 그때그때의 어업 여건에 따라 부단히 변화한다. 따라서 허가 정수가 관리의 기준이 되기 위해서는 객관성 · 보편성을 가져야 하며, 이 때문에 허가 정수는 자원생물학적 근거로서 MSY(Maximum Sustainable Yield)에 대응하는 것으로 된다.

그러나 이와 같은 허가정수 제도도 어선 성능이나 기술 향상에 따른 실질적인 어획노력 증대를 억제하는 데에는 충분하지 못하며, 다만 허가제도상 지켜져야 할 최소한의 기준으로서 의미를 가진다고 할 것이다. 우리나라 허가제도가 수산자원의 유지 · 보전에 효과적이지 못한 것으로 평가되는 것은 허가건수만으로써는 실질적인 어획노력 증대를 억제하기 어렵다는 사실에 기인된다.

그러므로 어획노력의 제한은 허가정수 제도를 기본으로 해서 허가제도 전반의 종합적 운용을 통해 이루어져야 한다. 더불어 이러한 허가

정수 제도가 어업으로의 신규 참가를 제한함으로써 기존 어업자들의 이익 보호를 위한 수단으로 이용되는 일에 대해서는 많은 주의가 요구된다고 하겠다.

3) 어선의 규모 등에 대한 제한

앞에서 설명한 바와 같이, 자원에 대해 가해지는 어획노력을 적절하게 유지하기 위해 허가 건수를 조절한다고 하더라도, 어선 성능이나 기술 향상에 의한 어획노력 증대는 효과적으로 억제하기 어렵게 되고, 그 결과 자원의 유지 · 보전을 기하지 못하게 된다. 경제적인 관점에서 자원의 감소는 생산성을 저하시킴으로써 경영의 수익성 저하를 초래함은 물론이거니와, 어획 성능을 증대시키려는 행위를 그대로 방치하는 경우에는 어획 경쟁에 따라 과도한 투자나 어업 경비의 과다 지출이 이루어지게 되어 수익성 악화와 함께 국민경제적 차원에서 낭비가 초래되는 것이다.

따라서 자원의 유지 · 보존을 위한 어획노력의 관리를 위해서, 그리고 무분별한 어획 경쟁에 기인한 과잉 투자를 억제하여 경영의 채산성을 확보하도록 하기 위해서도 어선의 규모나 기관의 마력 등에 대해 제한을 가하게 되는 것이다. 오징어 채낚기어업에서의 예를 들면, 집어등의 광력을 높임으로써 최초에는 인근에서 조업하는 다른 어선에 비해 어획량을 증대시킬 수 있지만, 곧이어 다른 어선들도 그렇게 하게 됨으로써 어획량 증대 효과는 없어지게 된다. 그 결과는 집어등의 광력을 높임으로써 비용이 증대하게 되고, 선원들은 화상이나 안질환에 시달리게 되는 등, 부정적인 결과만이 고스란히 남겨지게 되는 것이다. 이러한 경우에 제도에 의한 집어등 광력의 제한은 어업인들의 무분별한 경쟁을 억제시키는 합리적인 규제가 된다.

이와 같은 취지에서 업종별로 어선의 규모나 기관의 마력을 제한하고 있으며, 선단조업을 하는 업종에 대해서는 부속선의 척수나 규모에 대해서도 제한하고 있다. 또한 어업 허가 시에 부과하는 제한 및 조건에 의해서 어구나 조업방법에 대해서도 제한하고 있는데, 이러한 제한은 주로 형망어업과 잠수기어업, 조망어업 등과 같이 자원에 미치는 어획 압력이 크고, 또한 자원이용에 있어서 다른 어업과의 분쟁의 우려가 큰 어업에 집중되어 있다.

이러한 각종의 제한들은, 자원의 유지 · 보전이나 과도한 어획경쟁의 억제에 있어서 그 필요성이 인정되지만, 동시에 어업경영에 대해서 적극적이고 창의적인 노력을 제약하는 요인으로 작용할 수도 있다는 점도 인식되어야 할 것이다.

3. 질적 규제 및 어획량 제한

어획노력 제한은 수산자원의 유지 · 보전과 경영의 건전성 확보에 목적을 둔 것으로, 우리나라의 경우에는 후자에 치중된 것이라고 할 수 있다. 이에 비해, 질적 규제나 어획량 제한은 수산자원의 유지 · 보전을 주된 목적으로 한 것이라 할 수 있다. 그러나 질적 규제나 어획량 제한과 같은 관리방식은 관리대상 어종을 어획하는 어업경영에 직접적으로 영향을 미치게 되므로, 관리의 내용을 정함에 있어서는 경영에 대한 영향이 충분히 고려되어야 한다.

1) 질적 규제

질적 규제란 허가된 어업이 허가 내용에 따라 적법하게 어획활동을 수행하더라도, 수산자원의 합리적 이용을 위해 생산활동의 과정에서 지켜야 할 사항을 부가적으로 정하여 어업인에게 강제하는 것으로, 어획량 제한을 제외한 대부분의 규제가 여기에 포함된다.

수산자원의 합리적 이용은 자원량을 적정 수준에 유지함으로써 자원 수준에 따라 정해지는 자연증가량, 즉 지속적 어획량을 증대시키는 일과 함께, 자원의 질적 구성을 개선함으로써 일정 자원량 수준으로부터 자연증가량을 증대시키는 일을 통해서 달성된다. 전자의 적정 자원량 수준의 유지는 주로 어획량의 조절을 통해 이루어지는데, 어획량의 조절은 직접적 방법인 어획량 제한이나 간접적 방법인 어획노력량 제한에 의해 이루어진다. 이에 비해서 일정 자원량 수준에서의 자연증가량 증대를 도모하거나 어획물의 가치를 증대시키기 위하여 어획활동상 지켜야 할 내용을 정하고 이를 준수하게 하는 것이 질적 규제이다.

자연증가량의 증대를 도모하기 위해서는 산란기에 주된 산란장에서의 어획 금지, 산란장에서 어획성능이 높은 어구 및 어법의 사용 금지, 어란이나 치어 포획의 금지, 어도 차단의 금지 등의 조치가 이루어지게 된다. 또한 이것은 자원의 질적 구성을 개선함으로써도 가능한데, 자원의 질적 구성이란 어장 내에 서식하는 자원의 어종별 · 싸이즈별 조성을 가리킨다. 즉, 성장 속도가 빠르고, 상품적 가치가 적은 미성숙어의 어획을 억제함으로써 일정 자원량 수준에서의 자연증가량 증대를 도모할 수 있을 뿐 아니라 경제적 관점에서 어획물의 가치를 제고시킬 수 있는데, 망목 제한이나 어획물의 체장 제한 등이 이것에 해당한다.

그런데 수산자원의 양적 증대와 질적 구성의 개선은 상호 밀접한 관련성을 가지고 있으며, 또한 이를 위해 강구되는 규제의 효과도 일반적으로 양쪽에 걸쳐 있는 경우가 많기 때문에, 일반적으로는 이들 두 가지를 별도로 구분하지 않고 있다.

질적 규제에 관한 내용은 대부분 수산자원관리법에서 정하고 있는데, 그 내용을 분류하여 소개하면 다음과 같다.

가. 어법에 대한 규제

a. 특정 어법의 일반적인 사용 금지

◦ 폭발물 · 유독물, 전류 (수산자원관리법 제25조)

◦ 2중 이상의 자망 (수산자원관리법 제23조)

b. 특정 구역 내 어획성능이 높은 어법의 금지 (수산자원관리법 시행령 제4조)

◦ 연안측 특정 구역에 있어서 기선저인망 및 트롤어업 외 3종의 조업 금지

◦ 특정 구역에서 서남해구 기선저인망

◦ 특정 구역에 있어서 집어등을 사용한 근해 및 연안선망

◦ 제주도 연안 수역에서의 근해통발 및 근해문어단지

c. 특정 구역에서 특정 어종에 대한 특정 어법의 사용 금지 (수산자원관리법 시행령 제4조)

◦ 특정 구역에서 삼치 포획을 위한 근해선망, 연안선망, 들망

◦ 특정 구역에서 멸치 포획을 위한 근해선망, 연안선망, 근해자망, 들망

◦ 특정 구역에서 대게 포획을 위한 근해통발

◦ 경상남도 해역에서 멸치 포획을 위한 근해 자리돔들망

d. 특정 구역에서 특정 기간에 특정 어법의 사용 금지 (수산자원관리법 시행령 제4조)

◦ 강원도 해역에서 5월에 동해구 기선저인망

◦ 충청남도 및 전라북도 해역에서 10월~익년 4월에 연안조망

◦ 경남의 특정구역에서 10월~ 익년 4월에 새우조망(새우 포획의 경우에만 사용 가능)

◦ 전남의 특정구역에서 9월~익년 6월에 새우조망(새우 포획의 경우에만 사용 가능)

e. 특정 구역에서 특정 기간에 특정 어종에 대한 특정 어법의 사용금지 (수산자원관리법 시행령 제4조)

◦ 경상남도 특정 구역에서 4월~6월에 멸치 포획을 위한 기선권현망

◦ 경상남도 특정 구역에서 12월~익년 2월에 삼치 포획을 위한 근해선망

◦ 경상남도 특정 구역에서 4월~6월에 멸치 포획을 위한 근해선망

◦ 특정 구역에서 4월~6월에 멸치 포획을 위한 근해자망 및 연안자망

◦ 특정 구역에서 4월~ 7월 및 10월~익년 1월에 게 포획을 위한 근해통발 및 연안통발

◦ 특정 구역에서 7~8월에 새우 포획을 위한 모든 근해어업

◦ 특정 구역에서 3~6월에 멸치 포획을 위한 모든 근해어업

나. 포획 · 채취 금지구역 및 기간 (수산자원관리법 시행령 제6조)

a. 특정 구역에서 모든 수산자원의 포획 · 채취의 금지

◦ 특정 구역에서 4월~10월에 모든 수산자원

b. 특정 기간에 특정 어종의 포획 · 채취금지

◦ 28종의 수산자원(어류 7종, 갑각류 7종, 패류 5종, 해조류 8종, 기타 1종)에 대해 금어기를 설정

c. 특정 구역에서 특정 기간에 특정 어종의 포획 · 채취금지

◦ 경상북도 영일만 특정 구역에서 3월~6월에 가리비

◦ 강원도 및 경상북도 해역에서 4월~7월에 코끼리조개

◦ 경상남도(부산 및 울산 포함) 해역에서 1월에 대구

◦ 제주도 해역에서 9월~11월에 넓미역

◦ 강원도 해역에서 9월~10월에 북쪽말똥성게

다. 포획 금지 체장 (수산자원관리법 시행령 제6조)

◦ 32종의 수산자원(어류 20종, 갑각류 5종, 패류 5종, 기타 2종)에 대해 포획 체장을 제한

라. 기타의 포획 금지 (수산자원관리법 제14조)

◦ 수중에 방란된 어란

◦ 대게 및 붉은대게의 암컷 (수산자원관리법 시행령 제6조)

마. 그물코의 제한 (수산자원관리법 시행령 제10조)

◦ 업종별의 그물코 제한

◦ 업종별 및 포획 대상 어종별의 그물코 제한

바. 보호수면의 지정 · 관리 (수산자원관리법 제46조 및 제47조)

◦ 수산자원의 산란 · 번식 · 성장에 중요한 수역에 대해 농림수산식품부 장관이 보호수면으로 지정하여 환경을 악회시키는 행위를 방지하고 일체의 포획 · 채취를 금지

2) 어획량 제한

수산자원은 자원량 수준에 의해 정해지는 자연증가량과 어획량에

따라 변동되는데, 자연증가량에 비해 어획량이 많다면 자원은 감소되고, 그 반대의 경우에는 자원이 증가한다. 자원이 매우 감소되어 있는 경우에는 자연증가량은 매우 적기 때문에 어획을 상당히 줄이더라도 자원이 증가되기는커녕 더욱 감소되어 멸종의 우려조차 나타나게 되는데, 이와 같은 극단적인 경우에는 전면적으로 어획을 금지하는 조치가 취해지기도 한다. 1986년부터 IWC(국제포경위원회)에 의해 포경어업에 대해 취해진 전면적인 포획 금지조치(모라토리움)가 바로 이에 해당된다고 할 수 있다.

수산자원의 관리는 수산자원을 바람직한 수준에 유지하면서 어획이 이루어지도록 하는 노력인데, 이를 위한 인위적 수단은 결국 어획량을 조절하는 것으로 귀착된다. 그리고 어획량을 조절하는 방법으로서는, 허가제도에서 보는 바와 같이, 어획노력량 조절을 통해 간접적으로 어획량을 조절하는 방법과 함께, 어획량을 직접 제한하는 방법이 최근 우리나라에서도 채택되기 시작하였다.

자원량이 바람직한 수준보다 낮은 수준이라면, 어획량을 자연증가량보다 낮은 수준에서 제한하여 자원을 회복시키게 되며, 적정 수준에 도달한 다음에는 자원 수준의 유지를 위해 어획량을 자연증가량 만큼 되도록 제한하게 된다. 그리고 여기서 말하는 적정 수준이란 자원관리의 기준이 되는 것을 말하는데, 국가에 따라서 또한 사회경제적 여건의 변화에 따라서 가변적인 성질의 기준이 있는가 하면, 생물학적이나 양적인 의미에서 객관적 성격을 갖는 것도 있다. 전자의 기준으로서는 최대경제적생산 (MEY ; Maximum Economic Yield)이나 최적지속적생산 (OSY ; Optimum Sustainable Yield) 등을 들 수 있으며, 후자의 기준으로서는 최대지속적생산 (MSY ; Maximum Sustainable Yield)을 들 수 있다.

특정 국가의 수산자원 관리는 MSY를 중심으로 하면서도 사회경제적 여건을 감안하여 관리 기준을 탄력적으로 채택하는 데에 비해서, 국제적인 수산자원 관리의 기준으로서는 MSY가 거의 절대적인 것이 된다. UN해양법에서 정하고 있는 연안국들의 수산자원 관리도 기본적으로는 이러한 MSY를 기준으로 TAC를 설정 · 운용함으로써 수행하도록 하고 있다.

TAC(Total Allowable Catch : 총허용어획량)란 수산자원 관리를 위해 적절하다고 판단되는 어획량을 정하여 그 한도 내에서 어획이 이루어지도록 하는 관리방식인데, 이는 이미 1930년대에 들어서 태평양 큰 넙치(Halibut) 자원의 관리를 위해 미국과 캐나다에 의해 실시된 바 있었다. 그런데 당시의 경험에 의하면, 자원의 회복에는 상당한 효과가 있었지만, 경제적인 측면에서 많은 문제점이 노출되었으므로 결코 성공적인 자원관리방법이라고 평가 받지는 못했다.

당시의 이러한 관리방식이 갖는 문제점은 어획 한도에 이르기 전에 남들보다 조금이라도 더 많이 어획하고자 하는 어업인들의 어획 경쟁을 억제하지 못한 데에 기인하는 것이었다. 관리가 시작되자 어선에 대한 과잉 투자가 이루어지고, 어기 개시와 함께 어획활동이 집중됨으로써 어기(漁期)가 대폭 단축되었다. 그 결과, 어선 등 생산시설이 장기간 유휴상태로 방치됨으로써 투자 효율이 저하되고, 단기간 내에 어획물의 양륙이 집중됨에 따라 어가가 폭락하게 되어 경영이 악화되었다. 그 위에 어획물의 주년 소비를 위해서 장기간 보관해야 함으로써 보관비가 과중하게 소요되고, 소비자로서도 신선도가 떨어진 수산물을 비싼 가격에 소비할 수밖에 없는 불합리가 초래된 것이다.

TAC에 의한 수산자원 관리는, 이러한 경험에서 알 수 있듯이, 어업인 간의 과도한 어획 경쟁을 부추기게 되어 경제적 측면에서 많은 문제를 초래하게 되는 것이다. 특히, 우리나라와 같이 전국의 연안에 어촌 · 어항이 산재해 있는 경우라면, 어획량이 TAC에 도달된 다음에 불법적으로 이루어지는 어획을 감시 · 단속하는 일이 매우 어렵다는 점도 이러한 관리방식을 채택하는 데에 큰 걸림돌이 된다.

앞에서 언급한 TAC에 의한 관리에 따른 과당 어획 경쟁의 문제를 해소하는 방안으로서 TAC를 어업인들에게 개별적으로 할당해 주는 IQ (Individual Quota : 개별할당)방식이 강구되었다. 이에 의하면, 어업인 각자는 자신이 일정 기간 내에 어획할 수 있는 양이 정해져 있기 때문에 자신의 어업 사정이나 가격 여건을 감안하여 어획량을 임의로 조절하게 되므로 종전과 같은 과도한 어획 경쟁은 나타나지 않는다.

하지만 개별할당 방식도 누구에게, 그리고 얼마만큼을 할당해 줄 것인지와 관련한 복잡한 문제가 가로놓여 있는 것이다. 할당해 줄 대상을 제한하여 정해 두지 않는다면, 이들 자원을 대상으로 하는 어업이 수익성을 가지고 있는 한, 새로운 어업인의 참가가 계속 이루어지게 될 것이고, 그 결과 어업인 마다의 할당량이 줄게 되어 경영의 존립이 위협받게 될 것이다.

한편, 어업인 마다 어선의 규모나 성능, 기술, 성실성 및 의욕 등이 다를 것이고, 또한 관리대상 자원에 대한 경제의 의존도 역시 다를 것이므로 할당량도 이에 따라서 달라져야 할 것이지만, 이를 객관적으로 판단할 기준이 없다. 따라서 어업인 마다에 적정량을 할당하는 일은 매우 어렵게 되며, 그 결과 어업인에 따라서는 할당량의 과부족이 나타나게 된다는 것이다. 그리고 이러한 일은 어기의 만료 시점에서 실제 어획량이 TAC에 미치지 못함으로써 수산자원의 합리적 이용을 저해하게 됨은 물론, 경영 의욕의 저하라는 결과를 초래하게 될 우려가 크다.

우리나라에서도 TAC에 의한 관리가 이루어지는 어업에 있어서는 허가 어선에 대한 개별할당 방식이 채택되고 있는데, 어선별 할당량의 책정은 관련 수협을 중심으로 자율적으로 하도록 하고 있으나, 실제로는 모든 어선에 균등하게 배분하고 있는 실정이다.

이러한 개별할당이 가지는 문제를 극복하기 위하여 제안된 방식이 ITQ (Idividual Transferable Quota : 양도가능한 개별할당) 방식인데, 개별 어업인들이 자신의 할당량을 다른 어업인들에게 대가를 받고 양도할 수 있도록 한 것이다. 어업인이 각자의 어업 사정에 따라 할당량을 소진할 수 없다고 판단되거나, 혹은 자신이 직접 어획하는 것보다 일정한 가격으로 다른 어업인에게 양도하는 것이 낫다고 판단될 경우에는 할당량을 양도할 수 있게 한다. 그렇게 함으로써 어업인 전체에 의해 이루어진 어획 실적이 TAC에 근접하도록 함과 동시에, 보다 능률적이고 의욕적인 어업인에 의해 어획이 이루어지도록 유도할 수 있게 된다는 것이다.

그러나 이 방식 역시 개별할당과 마찬가지로 신규 참가에 대한 제한이 이루어지지 않는다면 수익성을 유지하기가 어렵게 된다는 문제를 여전히 가지고 있으며, 최초의 개별할당이 무엇을 근거로 이루어질 것인가에 있어서 객관적인 기준을 마련하기 어렵다. 특히, 자신의 할당량을 다른 어업인에게 판매할 수 있다는 점에서 할당량 자체가 재산화 된다는 사실을 생각한다면, 이러한 문제들은 심각성을 갖게 되는 것이다.

우리나라는 2000년대에 들어서 TAC에 의한 수산자원 관리에 착수하게 되었는데, 이를 위해 1996년의 수산관계법령 개정을 통해서 수산업법과 관련법령에 규정을 마련하였고, 이어서 1998년에는 「총허용어획량의 관리에 관한 규칙」을 제정하여 제도적 기반을 갖추게 되었다.

수산업법에서는 대상 어종의 자원 상태를 우선적으로 고려하고, 또한 이를 어획하는 어선세력과 기타 자연적 · 사회적 여건을 참작하여

TAC를 정하도록 하고 있다. 한편, 수산자원보호령(2000년에 수산자원관리법으로 제도 개정이 이루어졌다)을 통해 TAC의 업종별 · 조업수역별 · 조업기간별 허용어획량을 정하도록 하였으며, TAC의 적용대상 업종과 어선의 규모 등은 대상 자원을 어획하는 업종의 범위 내에서 어업여건 과 종사자의 수, 자원상태, 업종별 적정 어선 규모 등을 종합적으로 고려하여 정하도록 하였다. 그리고 TAC에 의한 관리를 실시함에 있어서 어획량이 할당량을 초과할 우려가 있다고 판단될 때는 어획을 정지하거나 기타 필요한 조치를 취할 수 있게 하였다.

또한 TAC는 어업자별로 할당할 수 있게 하고 있는데, 이러한 할당은 관련 업종의 수산업협동조합 조합장 내지 관련 단체장으로부터 제출된 할당계획에 근거해서 하도록 「수산자원보호규칙」에서 정하였으며, 어업자별로 할당한 경우에는 '배분량 할당증명서'를 교부하도록 하였다. 그리고 TAC에 의한 관리를 위해서 어업인에 대해서는 어획물 양륙 시에 일정한 경로를 통해 어획 실적을 행정관청에 보고할 의무를 부과하였다.

2010년 현재, TAC 관리의 대상 어종은 고등어, 전갱이, 정어리, 붉은대게, 대게, 키조개, 개조개, 소라(제주도)의 8개 어종이며, 향후 오징어, 참조기 등 7개 어종을 추가할 계획으로 있다.

그러나 앞에서도 언급한 바와 같이, TAC 내지 할당량을 초과한 불법어획을 감시 · 단속하기가 매우 어렵고, 어획 실적 보고에 대한 어업인의 인식 결여, TAC를 합리적으로 결정할 수 있는 과학적 지식이나 의사결정시스템의 미비, 혼획 문제의 처리 등 해결해야 할 과제가 산적해 있으므로, TAC관리의 본격적인 실시를 위해서는 상당기간 시행착오를 거쳐야 할 것으로 생각된다.

제4장 수산경영

1절. 수산경영의 형태

생산활동이 이루어지기 위해서는 노동과 각종 생산수단이 결합되어야 하는데, 생산수단들은 돈을 주고 구입해야 하는 것이므로 이를 통틀어서 자본이라고 한다. 그리고 생산을 위해 노동과 자본이 결합된 조직체를 경영이라고 하며, 이들 생산요소를 제공하는 자의 관계에 따라 경영 형태를 구분한다. 수산경영의 형태는 기업경영과 조합경영, 그리고 어가경영의 세 가지로 크게 나눌 수 있다.

기업경영이란 생산요소인 노동과 자본의 제공자가 노동자와 자본가로 서로 별개이며, 경영의 주도권이 자본가 측에 있는 경영 형태이다. 자본가는, 자본을 가지고 각종의 물적 생산수단을 구입하는 것과 마찬가지로, 노동 시장에서 노동을 구입하게 되며, 따라서 자본 측으로서는 노동 역시 일정한 가격이 매겨진 경영의 대상에 불과하다. 노동자들에게 지급되는 임금은 노동 시장에서 정해진 일정한 금액이 되는데, 이는 임금 책정 과정에서 평가된 노동자 개개인의 기능이나 능력, 노동 의욕 등에 의해 결정된다.

기술의 진보에 따라 생산의 자동화, 기계화가 진전되어 노동자 개개인의 기능이나 능력 등이 생산 결과에 미치는 영향은 점차 줄어들게 되며, 그 결과 특정 기업에 고용된 노동자들 간의 임금 차이도 줄어들게 될 것으로 생각할 수 있다. 하지만, 현재의 기술 수준하에서는 노동자 개개인의 자질에 따라 각자의 생산에 대한 공헌도는 차이를 나타내게 될 것이지만, 고용 전에 이루어지는 임금 책정 과정에서 그러한 차이를 정확하게 평가한다는 것은 매우 어렵다. 따라서 노동에 대한 대가로서의 임금은 노동자마다의 직무나 경력, 직위 등에 따라 정해지는 고정급과 함께, 생산활동의 결과에 따라 정해지는 성과급을 병용하게 되는 것이다.

또한 기업경영에서는 인건비 절감을 통한 이익 증대를 추구하게 되는데, 자동화된 기계 설비를 도입함으로써 필요한 노동력을 줄이고자 '생력화 투자'에 노력하게 된다. 이러한 '생력화 투자'는 노동자의 수를 줄이는 것 외에도, 노동을 보다 편하게 하거나 특수한 기능노동을 기계 설비로 대체하는 일 등을 통해서 노동력의 조달을 용이하게 하고, 전체적으로는 임금 수준을 낮추는 결과를 가져오게 된다.

수산경영으로서의 기업경영은 수산업의 특수성에 기인하여 업종이나 지역에 따라 특수한 기능노동이 필요하게 되며, 경영활동이 지역성을 강하게 가지기 때문에 노동력 조달을 위한 노동시장이 매우 협소하다. 또한, 어구어법이나 그 운용 기술이 어장의 지리적 여건이나 기상, 계절, 수산자원의 종류, 어획물 이용 형태 등 많은 요인에 따라 매우 다양하게 되므로 작업체계의 매뉴얼화가 어렵게 되고, 노동을 자동화 · 기계화하는 일이 크게 제한을 받게 된다. 그 결과, 어업 노동은 수노동(手勞動) 체계를 일반적인 특성으로 가지게 되며, 이에 따라 자본이 노동을 주도하는(객체화하는) 정도는 여타 산업부문에 비해서 낮게 된다. 어업이 수익분배제(짓가림제)라는 특수한 임금체제를 가지게 되는 이유이다.

이러한 기업경영에 비해서, 자본과 노동의 제공자가 동일하며, 경영의 목적을 자가노동(기능을 포함)의 활용과 이를 통한 소득 확보에 중점을 두고 있는 경영 형태를 자영(自營)이라 하는데, 어업에 있어서는 어가경영이 이에 해당하며, 우리나라 어업경영체 수의 90% 이상이 이에 속한다.

어가경영에 있어서 노동은 어업자(어업경영자) 자신을 비롯한 가족노동을 중심으로 이루어지며, 노동을 사용한 대가로서의 인건비는, 특별한 경우를 제외하고는, 별도로 지출되지 않는다. 따라서 어획량을 증대시키기 위해 조업시간을 연장하거나 조업 여건이 나쁠 때에 조업을 강행하더라도 비용이 그다지 추가되지 않으므로 이들 간에 과도한 어획 경쟁이 야기되기 쉽다. 한편, 어업에 대한 투자는 가족노동의 활용도를 높임으로써 소득 증대를 도모한다거나 노동의 강도를 경감시키는 데에 목적을 두고 이루어지는 것이며, 기업경영에서와 같이 선원 수를 줄이거나 특수한 기능노동을 기계로 대체하는 일을 통해 인건비를 줄임으로써 이익 증대를 도모하고자 하는 것은 아니다.

어가경영에 있어서는 경영과 가계, 생산활동과 생활이 명확히 구분되지 않은 상태로, 경영 성과인 어업수익은 그대로 어가소득으로 되어버리며, 가계비는 가족노동에 대한 인건비로서의 성격을 가지게 된다.

기업경영에 있어서 인건비는 고용된 선원에 대해 실제로 지출되며, 총 어획고에서 인건비를 포함한 제반 비용을 공제한 잔액이 이익으로 되어 경영 측에 남겨진다. 그리고 선원 각자의 생계는 그들이 받는 임금의 한도 내에서 이루어질 뿐, 어업이익과는 무관하다. 이에 비하여 어가경영의 경우, 어가의 생계는 어업수익(인건비를 공제한 잔액이 아니므로 어업이익과는 다르다)에 좌우되며, 경영성과 여하에 따라 가계비 지출(소비생활의 풍족도)이 좌우된다. 따라서 경영이 악화될 때에는 가계 소비를 줄임으로써 경영난을 극복하는 등, 경영 여건의 변화에 대한 대응력을 어가경영 내부에 어느 정도 가질 수 있다.

어가경영에 있어서는 어업소득(어업수익) 가운데 가계비를 충당하고 남은 잔액이 잉여소득이 되는데, 이것은 어업경영의 성과인 어업 이익과 가계비의 절약분을 포함하는 것이다. 이에 비해 기업경영에 있어서는 어업 이익(이윤) 가운데 자본에 대한 배당을 제외한 나머지가 경영 이윤(순 이윤)이 되는 셈이며, 이는 어업경영에 재투자하기 위해 경영 내부에 남겨지게 된다.

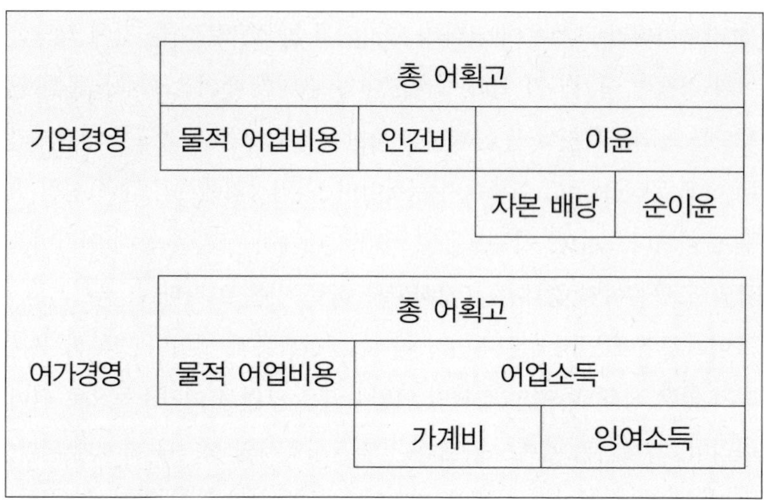

그림 5-2. 어가경영과 기업경영의 비용 및 수익

경영 규모를 확대하거나 새로운 설비 투자를 하는 경우에, 기업경영은 경영 내부에 축적되어 있는 경영 이윤을 사용하며, 이는 종사자들의 가계와는 전혀 관련이 없다. 그러나 어가경영의 경우에는 축적된 잉여소득을 사용하게 되며, 이 가운데에는 가계비의 절약분, 즉 장래의 가계 지출에 대비하여 적립한 부분도 포함되어 있는 셈이므로, 장래의 가계 지출을 감안하여 투자가 이루어져야 하는 것이다. 예를 들면, 어가의 저축액이 3,000만 원이라 하더라도, 이 가운데 1,000만 원은 몇 년 후에 있을 자녀의 혼사 비용에 충당하기 위해 가계비를 절약한 것이라면, 새로운 설비 투자를 위해 3,000만 원 전액을 사용하는 것은 가계로부터 제한을 받게 될 것이다. 그럼에도 불구하고, 실제에 있어서는 투자가 필요한 경우에 자금의 성격을 따져보지 않고 3,000만 원 전액을 사용하게 된다. 한편, 이와는 정반대의 경우도 나타나게 되는데, 어업경영에 사용할 목적으로 영어자금이나 시설자금을 대출받은 시점에서 불의의 사고 등에 의해 예기치 않은 가계 지출이 필요한 경우에는 그러한 대출금이 가계 지출에 충당되어 버리기도 하는 것이다.

이와 같이, 어가경영은 경영과 가계가 불가분의 관계를 가지고 있기 때문에 어업경영에 관한 것만을 구분하여 관리하는 일은 어렵게 되고, 이 때문에 합리적인 경영관리에 대한 의욕 저하가 초래되는 경향이 많다.

한편, 어가경영은 가족 노동력과 어가가 동원할 수 있는 자금력에 의해 경영 규모가 결정되는 것이므로, 경영 규모의 확대는 매우 제한적이 될 수밖에 없다. 고용 노동력을 사용하여 경영 규모를 확대하고자 하더라도 어촌 내에서는 다른 어가들도 가족노동을 활용하여 각자 어업을 영위하고 있으므로 노동력 조달이 어렵다. 또한 어촌 외부로부터 노동력을 조달하는 일은 어촌의 열악한 생활 여건, 연안어업에 있어서 노동의 불규칙성과 낮은 노동생산성 등에 기인하여 매우 어렵다. 따라서 가족노동의 범위 내에서 경영 규모의 확대를 생각해야 하는데, 그 방법은 시설 규모의 확대와 함께 노동을 절감할 수 있도록 시설을 자동화 · 기계화하는 투자이다.

하지만, 이러한 시설 투자를 위해 어가가 보유하고 있는 자금은 충분하지 못하며, 외부로부터 자금을 차입하고자 하더라도 어가경영의 특성상 많은 제약이 있다. 우선, 어가는 담보로서 제공할 만한 자산을 가지고 있지 않다. 집이나 농토, 토지 등도 벽지 어촌에 소재하는 것이므로 담보력이 미미하며, 어선 · 어구 등은 담보물로서 적격성이 없다.

그 결과, 어촌 내에서 어가경영 간의 상호보증에 의한 차입이 종종 이루어지기도 하지만, 이는 자칫 연쇄적인 도산으로 인해 어촌사회 전체가 존립 위기에 처하게 되는 위험을 가진다.

이와 같은 개별 어가경영이 가지는 제약을 벗어나서 경영 규모를 확대할 수 있는 유력한 방안의 하나는 어가경영이 각자 일정한 자본을 투자하여 개별 어가경영과는 별개의 경영 조직을 설립하는 것인데, 이러한 경영을 조합경영(협업경영)이라 한다. 지역 어업인들이 구성원으로 참여하는 수협이나 어촌계, 영어조합법인 등이 구성원들의 어업과는 독자적으로 어업을 경영하는 것이 이에 해당하는데, 오래 전부터 정책적으로 장려해 왔음에도 불구하고, 우리나라에서는 그다지 활성화되고 있지 못하다.

어가경영의 특성 가운데 중요한 하나는 지역사회, 특히 어촌과의 관련성이 크다는 점을 들 수 있다. 가족노동이 중심이 된다고는 하지만, 어업 시설의 설치 및 관리, 어획물 판매 및 처리, 기상 악화시의 어선 및 어구 관리 등에 있어서 어업인들 간의 협력 없이는 대처할 수 없는 일들이 많다. 또한 어업생산의 기초가 되는 어장 및 수산자원을 관리하는 일이나 어업 기반시설의 유지 및 관리 등과 같이, 어촌을 중심으로 어가경영이 협동하여 노력하지 않고서는 불가능한 일도 많다. 한편, 각자가 독자적으로 경영 발전을 추구하는 일이 전체의 이익과 대립되는 경우도 왕왕 나타난다. 이러한 때에 개별 어가경영은 공동체적 정신에 입각하여 어촌 경제와의 유기적인 관계 속에서 경영의 목표와 방식을 정하도록 해야 한다.

2절. 어가경영과 어촌, 어업인 단체

1. 어촌이란

어촌이란 일반적으로는 '어업에 종사하는 사람들이 모여 사는 촌락'이라고 정의할 수 있지만, 실제로 어떠한 곳이 어촌이냐고 묻는다면, 그렇게 간단하게 대답할 수 없다.

어촌으로서 인식되기 위해서는 몇 가지 조건이 필요한데, 첫째는 바다에 인접해 있다는 것이고, 둘째는 구성원 가운데에 다수의 어가가 포함되어 있어야 한다는 것, 그리고 셋째는 공동체적 성격을 띠고 있으며, 공동체의 규율이 어업을 중심으로 형성되어 있다는 점 등을 들 수 있다.

바다에 인접한 곳에 촌락이 형성된 것은 어업 생산활동을 통해 생계유지의 기반을 확보할 수 있었기 때문이며, 어업 생산활동을 위해서는 일상생활을 통해 해황이나 어황을 관찰하고, 그러한 변화에 즉각적으로 대응할 수 있어야 한다. 왜냐하면, 어업 생산활동의 터전인 바다나 수산자원은 인위적으로 통제가 불가능하므로 어업과 관련된 인간의 활동은 이러한 자연적인 변화에 수동적일 수밖에 없기 때문이고, 또한 신속하고 적절하게 대처하지 않는다면 커다란 경제적 손실을 입게 되기 때문이다.

그러므로 어촌으로서 갖추어야 할 지리적 조건은 풍요로운 어장을 가까이에 두고 있으며, 육안으로써 어장을 용이하게 관찰할 수 있고, 해안까지 도보로 손쉽게 도달할 수 있는 거리 내에 있어야 한다.

한편, 이러한 이유로 특정 어촌에 거주하는 사람들이 이용할 수 있는 어장의 범위는 한정되며, 그러한 어장이 제공하는 생산력도 제한적이기 때문에 당해 어장이 가지는 생산력의 크기에 따라 어촌의 규모도 정해진다고 할 수 있다.

둘째의 조건은 주민의 취업형태에 관한 것으로 지리적 조건과도 관련성이 있다.

도서지역을 비롯하여 바다에 인접한 지역은 지리적 특성상 농업 기반이 일반적으로 취약하므로, 어업이 중요한 경제적 기반이 되어 왔다. 시장경제가 발전하지 못했던 시대에 있어서 어촌지역은 농산물의 자급이 어려웠으므로 부족한 먹거리의 상당 부분을 수산물로 보완해 왔다. 그리고 시장경제의 발달에 따라 수산물은 농산물을 비롯한 생활필수품을 외부로부터 조달하는 중요한 수단이 되었다. 농경 위주의 시대에 농업 여건이 열악한 벽지의 해안지역에 정착하여 촌락을 형성하게 된 것은 어업을 중심으로 한 생계유지의 기반이 있었기 때문이며, 따라서 해안에 위치한 촌락의 주민들은 어떤 형태로던지 경제적으로 어업에 대한 의존도가 높았다고 할 것이다.

산업화가 진행되는 과정에서 해안지역에 공업이나 상업 등이 입지하게 되고 또한 도시가 형성됨으로써 어업이 가지는 경제적 중요성이 현저하게 감소된 곳이 있는가 하면, 간척이나 매립에 의해 어업기반 자체가 붕괴되어 버린 곳도 있다. 하지만 아직도 해안지역 곳곳에는 다수의 구성원이 어업과 관련하여 생계를 유지하고 있고, 어업이 없다면 존립기반을 상실하게 되는 소규모 사회가 공동체 형태로 존재하고 있다.

어촌이나 농촌, 산촌 등의 촌락이 경제적인 측면에서 도시와 다른 점은 촌락의 경우는 1차 산업이 중심인 반면, 도시는 2차 내지 3차 산업이 중심이라는 것이다. 그런데 이러한 차이는 구성원 간의 사회적인 결합 형태에 커다란 차이를 가져오게 된다.

1차 산업은 생산이 자연의 영향을 직접적으로 받는 것으로, 생산 여건을 인위적으로 통제할 수 없다. 생산이나 관리활동이 이루어지는 때를 예측할 수 없기 때문에 생산활동이 이루어지는 곳과 멀리 떨어져 생활하는 일은 생각하기 어렵다. 이에 비해서 2차 · 3차 산업은 항상 일정한 생산 여건을 유지할 수 있으므로 정해진 노동시간 외에는 자유로운 일상생활이 가능하며, 따라서 생산활동과는 거의 무관하게 주거 여건이 잘 갖추어진 곳을 선택하여 생활하게 된다.

그리고 촌락은 1차 산업이 경제적 기반이므로 그 규모는 지역 내의 생산 기반인 어장이나 농토 등의 제약을 받아 일정 규모 이내로 한정되지만, 도시는 경제적 기반이 광범한 지역의 다양한 업종이며, 기술이나 투자 등에 의해 생산력을 확대하는 일이 용이하므로 규모에 대한 제약이 그다지 없다. 또한 촌락은 자연적 조건에 규정되어 구성원들이 종사하는 업종이 거의 동일하지만, 도시의 경우는 다양한 업종에 종사하는 사람들로 구성된다.

이러한 차이에 기인하여 구성원 간의 사회적 관계에 있어서도 촌락과 도시는 현격한 차이를 가지게 되는데, 도시는 다양한 직종에 종사하는 사람들이 함께 모여 생활하는 공간이며, 개개인의 자유로운 주거지 이동이 가능하므로 공동체적 유대감이 약하다. 이에 비해 촌락의 경우에는 개개인의 주거지는 삶의 터전인 어장이나 전답의 위치에 따라 결정되므로 자유로운 이동이 불가능하며, 대다수 구성원들이 동일한 업종에 종사하고 있다거나 혈연관계에 얽혀 있다는 사실 등에 기인하여 유대감이 강하다. 또한 그들이 종사하는 1차 산업은 생산활동에 있어서 협동이 매우 중요한 의미를 가지며, 개개인의 발전보다는 구성원 전체의 발전이 우선시되는 특성을 가진 것이어서 구성원들을 공동체적인 형태로 결집시키게 된다.

어촌은 여타의 촌락들에 비해서도 특히 공동체적 유대가 강하게 나타나는데, 이러한 점은 어촌이 고립분산적으로 입지해 있다는 사실과 함께, 어장 및 자원의 공유재산적 성격에 기인하여 생산활동에 있어서 협동이 필수적이라는 사실에 따른 것이다. 어장 및 자원의 이용이 개개인의 자유에 방치되었을 때에는 어촌의 경제적 기반이 상실되어 어촌사회의 붕괴로 이어질 우려가 커지게 된다. 따라서 공동의 재산이며 경제적 기반인 어장 및 자원의 합리적 이용을 위해서는 어업에 관한 공동체적 규율이 필요하게 되며, 어촌에 있어서는 어업 생산활동과 생활이 불가분의 관련성을 갖고 있다는 사실에 기인하여, 이러한 공동체적 규율은 생산활동뿐 아니라 구성원들의 생활에까지 관여하는 것이 된다.

사회가 발전함에 따라 어촌 내에서도 어업에 종사하지 않는 구성원들이 증대하고 있지만, 어촌은 이들에 대해서 생활의 기반을 제공하는 것이므로 어촌사회의 유지를 위한 공동체적 규율은 여전히 중요한 의미를 갖는다. 그리고 이러한 어촌의 공동체적 규율은, 경제적 기반으로서 어업의 비중이나 어업인의 수에 따라 정도에 차이는 있을지언정, 어업을 중심으로 하여 형성되어 있다는 특징을 나타낸다.

2. 어촌의 기능

어업에 종사하는 사람들의 생활공간인 어촌은 어업 생산활동에 필요한 노동을 공급하는 원천이 되는 한편, 어업 기반시설의 조성 · 유지에 있어서도 그 기초가 된다.

어업 노동에 있어서 숙련도나 기능은 단기간의 교육 · 훈련에 의해 습득되는 것이 아니라, 바다에 대한 친숙함이나 오랜 경험에 의해 몸으로 익혀지는 부분이 많다. 어촌에서 자라고 성장하는 과정에서 부모나 이웃 어른들이 어업 생산활동을 수행하는 모습을 일상을 통해 보게 되고, 또 스스로 그러한 일을 흉내 내어 본다거나 심부름 등을 통해 직접 경험해 봄으로써 한사람의 어업인으로서 자질을 배양하게 되는 것이다. 이러한 의미에서 어촌은 어업인 후계 인력을 양성하는 산 교육장인 셈이다.

60, 70년대에 근해어업이나 원양어업이 눈부신 발전을 이룩할 수 있었던 것은 어촌이 배출한 청장년의 숙련된 노동력 덕분이라고 해도 지나친 말은 아니다. 바꾸어 말한다면, 오늘날 어업경영이 인력난에 허덕이고 있는 것은 어촌이 과거와는 달리 노동력 공급원으로서의 기능을 수행하지 못하게 되었다는 점에 중요한 이유가 있다고 할 것이다.

한편, 어업은 대부분이 어선을 필수적인 생산수단으로 하는 것이므로 어선의 운용을 위해서는 호안시설이나 선착장, 계류장, 방파제 등의 항만시설이 필요하며, 저유 및 급유 시설, 어선 수리 시설 등의 부대시설도 필요하다. 그런데 이러한 시설들에 대해서는 끊임없는 보수나 유지 관리가 필수적이며, 만일 파손된 채로 일정 기간 방치된다면 복구하는 일이 거의 불가능하게 된다.

따라서 이러한 시설에 대한 관리는 지속적으로 이루어져야 하는데, 어촌이 있음으로써 그 곳에서 생활하는 어업인들이 이를 자신의 삶의 기반이라 인식하면서 일상을 통해서 관리활동을 하고 있다.

어업 생산활동과 관련해서, 어업은 조업과정에 협동의 필요성이 크게 나타나며, 생산활동의 결과인 어획물의 처리 및 판매에 있어서도 집단적인 대응이 요구된다. 따라서 해안지역에 어업인들이 모여서 생활하는 어촌은 어업 생산활동이 이루어지는 토대가 된다고 할 것이다.

어획방법에 따라서는 다수 어업인들의 협동에 의하지 않고서는 어구를 설치 · 운용할 수 없는 경우라든지, 또는 이를 통하지 않고서는 어획능률을 기대할 수 없는 경우가 많다. 이런 경우에 어촌은 어업인들의 협동을 이끌어내어 힘을 결집시키는 데에 결정적인 역할을 하게 된다. 그리고 원래라면 개개 어업인들이 각자 수행해야 할 어군 탐색, 어획, 운반, 가공 · 판매 등 일련의 생산과정을 구성원들 간에 분담하여 수행함으로써 능률을 제고시키는 일이 가능하게 되는데, 이러한 일에 있어서도 어촌은 그 구심점이 된다.

어획물은 쉽게 상하고 운반 · 처리가 까다롭다는 성질을 가지고 있는 한편, 매일매일 개개 어업인이 생산하는 어획물의 양은 소량이며 또한 소비지는 멀리 떨어져 있다. 그리고 성어기에 있어서 어업인들은 바쁜 어획활동 때문에 스스로 어획물의 판매에 나설 수 있는 시간적 여유가 없다. 이러한 사정에 기인하여, 어획활동이 이루어지는 곳에서 개개 어업인들의 어획물을 모아서 운반하고 또한 판매를 대신해 주는 등의 기능이 필요하게 되는데, 이러한 기능이 어촌을 중심으로 하여 이루어지고 있는 것이다.

3. 어촌계의 의의 및 운영 실태

1962년에 수협법(수산업협동조합법)이 제정되면서 수협의 말단조직으로서 어촌계가 제도적으로 만들어지게 되었다. 어촌 내부에는 이보다 훨씬 이전부터 어업과 관련된 각종의 계(契)가 자생적으로 조직된 곳이 많았고, 이러한 것들이 지역의 어업 발전에 크게 공헌하고 있었지만, 일제시대를 거쳐 오면서 쇠퇴되어 왔다. 현재의 어촌계는 이러한 종래의 어촌 내부의 자생조직들이 수협법에 의해 제도적 조직으로서 소생된 것이라 할 수 있다.

어촌계는 일반적으로 행정 리·동 단위로 조직되며, 실태적으로는 2개 정도의 어촌(자연부락)을 아우르고 있는 지역 단위의 어업인 조직으로, 수협 계통조직으로서는 지구별 수협의 하부조직으로 되어 있다. 그런데 이와 같이 어촌사회 내에 별도로 어촌계를 조직하게 한 정책의 목적은 어업을 단순한 생계유지의 수단에서 독자적인 산업으로 발전시키고자 한 데에 있었다고 할 수 있다.

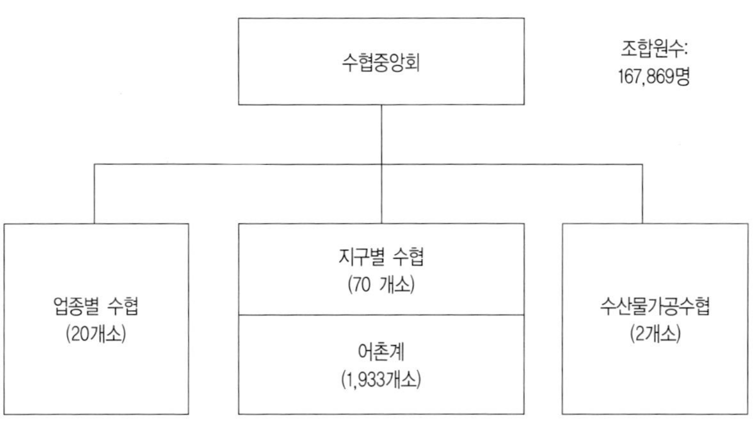

그림 5-3. 수산업협동조합의 계통조직(2010년 현재)

종래 어업 생산활동의 대상인 어장 및 수산자원은 어촌에 거주하는 사람이라면 누구라도 자유롭게 이용할 수 있었고, 개개인의 사정에 따라 어업으로의 취업형태는 매우 다양하였다. 그 결과, 어업에 대한 경제적 의존도에 있어서도 전업, 제1종 겸업, 제2종 겸업과 같이 다양한 형태를 나타내게 되고, 어촌에 속하는 어장이나 수산자원, 제반 어업 기반시설의 관리 의욕에 있어서도 구성원 간에 차이가 나타나게 되었다.

농업을 비롯하여 어업 외의 사업에 더 큰 경제적 비중을 두고 있는 어촌민들로서는 어업이 단순한 겸업의 수단에 불과하므로 어업 기반시설의 확충이나 관리에 그다지 의욕을 가지지 않게 되는 반면, 어업에 전업화한 어촌민들로서는 어업 기반시설은 소득 증대를 위한 필수적인 요소이므로 관리활동에 적극성을 가지게 된다. 또한 어업 생산활동에 대한 관리, 새로운 어업기술의 개발이나 도입 등에 대한 적극성이나 의욕은 어업에 대한 경제적 의존도에 따라 어촌민들 간에도 상당한 차이를 나타내게 되는 것이다.

한편, 어촌에 속한 어장이나 수산자원은 유한한 것이므로, 어업에 대한 경제적 의존도와는 상관없이 어촌민 누구에게나 평등하게 이용이 이루어진다면, 어업만으로써 생계를 유지할 수 있는 가능성은 크게 제한될 것이며, 결국은 어업의 전업화가 저해되고 어업의 산업적 발전이 어렵게 된다. 따라서 어업의 전업화를 촉진시키기 위해서는 어촌민들 가운데 어업에 대한 경제적 의존도가 크고 경영 의욕이 왕성한 자들만을 선별하여 어장 및 수산자원의 이용을 이들에게 한정시키고, 중요 생산 기반시설의 관리 등도 이들을 통해 수행하는 것이 합리적이라는 정책적 판단을 하게 된 것이다. 그리고 이와 같은 정책을 효율적으로 추진하기 위해서 어촌민 가운데에서 선별된 어업인들로 하여금 단체를 조직하게 하였는데, 그것이 바로 어촌계라고 할 수 있다.

어업인들을 구성원으로 하여 시 · 군 단위로 설립되는 지구별 수협 산하에 다시 어촌계를 두게 한 것은 어업생산에 관한 관리에 있어서 수협 기능의 공백을 메우기 위함이었다. 수협의 사업은 크게 지도사업과 경제사업, 금융사업으로 구분할 수 있는데, 수협의 경영기반이 되는 경제사업과 금융사업은 어느 정도 규모를 갖추지 못하면 어렵게 되므로, 이러한 점을 중시하여 지구별 수협의 업무구역을 시 · 군 단위로 광역화하였다. 반면에 어장관리나 어업관리 등은 어촌마다의 구체적 사정을 파악하지 못하면 불가능하게 되므로 업무구역이 광역화 된 수협으로서는 그러한 기능을 원활하게 수행할 수 없다고 판단하여 그러한 기능상의 공백을 메워 줄 하부조직으로서 어촌계가 필요하게 되었다고 할 수 있다.

어장관리나 어업관리에 있어서 어촌계의 역할에 대한 제도적 밑받침은 1970년대 중반에 종래 수협이 보유하고 있던 마을어업권(당시에는 제1종 공동어업권) 등을 어촌계로 이양하게 하는 제도의 개정이 이루어지면서 구체화되었다. 어장에 대한 배타적 이용권인 어업권을 어업에 대한 경제적 의존도가 큰 어업인들로 조직되는 어촌계에 부여함으로써 그 이용을 어촌계원인 어업인들에게만 한정하고, 또한 어촌계를 통해 어장관리 및 어업관리를 수행하게 함으로써 구성원들의 전업화를 촉진하고자 하였다.

그러나 아래의 표에서 보는 바와 같이, 어가경영의 취업형태 추이를 본다면, 그러한 정책수행은 결코 성공적이었다고 말할 수 없다.

표 5-3. 어가경영의 취업형태 추이 (단위 : 개)

	1980	1985	1990	1995	2000	2003
전업	20,811	22,122	28,051	26,016	29,699	25,423
1종겸업	67,901	70,149	55,510	48,455	29,233	29,255
2종겸업	45,395	35,539	37,964	30,009	22,639	18,083

이러한 결과가 초래된 데에는 여러 가지 이유가 있겠지만, 한마디로 말한다면, 어촌계가 어촌민이나 그 구성원에 대해서 리더쉽을 가질 수 없었다는 사실에 기인한다고 할 수 있다.

어업권어업 가운데 어촌계에 우선적인 권리가 주어지는 것은 마을어장과 마을어장 구역 내의 양식어장에 불과한데, 이러한 어업들이 어촌경제에 있어서 점하는 비중은 매우 낮으며, 또한 매년 낮아지고 있다. 경제적 가치가 큰 양식업은 대부분이 개인에게 면허되었고, 마을어업도 종래의 제2종 및 제3종 공동어업이 허가어업으로 되거나 어장의 범위가 축소됨으로써 보잘 것 없는 것이 되었다. 그 결과, 구성원들에게 이용의 권리가 주어지는 어촌계 보유의 어업권어업 자체가 구성원들에게 경제적 기반을 충분히 제공할 만한 것이 되지 못하는 실정이다.

경영 의욕을 가진 어업인들은 어업을 통한 경제적 자립을 위해 개별적으로 양식어업권 등의 취득에 열중하게 됨에 따라 어촌계에 대해서는 관심이 낮아지게 되고, 때로는 어촌계와 이해관계가 대립되는 일도 왕왕 나타난다. 더욱이 이들이 양식업종별로 조직되는 업종별 수협에 가입하게 됨으로써 어촌계는 경영 의욕을 가진 어업인들을 확보하기조차 어렵게 되었다고도 할 수 있다.

한편, 구성원의 자격 요건이 제도적으로는 '1년을 통해서 60일 이상 어업에 종사하는 자'로 너무 느슨하게 되어 있어서, 사실상 어촌민이라면 누구라도 어촌계의 승인을 받아서 가입할 수 있도록 되어 있다. 이러한 점은 어촌계의 중요한 의사결정이 지역의 어업 발전보다는 어촌사회의 유지 · 보전에 중점을 두어 이루어지게 하며, 어촌계가 어촌사회에 종속되어 운영되도록 작용하게 만든다. 그 결과, 어촌민 가운데 어업에 대한 경영 의욕을 가진 자를 선별하고 그들을 통해 지역 어업의 발전을 기한다는 어촌계 본래의 설립 취지가 무색하게 되는 것이다.

덧붙여서 말한다면, 어촌계로서는 구성원들의 어업 생산활동을 통제할 수 있는 수단을 갖고 있지 않다. 구성원인 개개 어업인들에 대한 관리와 통제는 먼저 생산활동의 결과를 파악하는 일로부터 시작되지만, 어획물 판매나 유류 등 선수품의 공급에 직접 관여하지 못함으로써 그러한 일은 매우 어렵다. 또한 어촌계는 영어자금의 배분이나 각종 정책자금의 배분에 있어서도 그다지 관여할 수 있는 여지가 없으므로, 구성원들을 어촌계 활동에 참여하게 하는 유인책을 가지고 있지 못하다.

4. 어가경영과 수협 및 어촌계

협동조합이란 자본주의 사회에 있어서 경제적 약자들이 그들의 사회경제적 지위 향상을 도모하기 위하여 만든 조직이라 할 수 있다. 그리고 우리나라 수산업협동조합법의 목적에서도 수협은 어업인의 사회적 · 경제적 지위 향상을 도모하기 위한 협동조직이라고 하고 있다.

경제발전 과정에서 소비주체이면서 동시에 생산주체인 어가의 사회적 · 경제적 지위가 계속 낮아지게 되는 이유는 기업경영(자본가)들과의 경쟁에서 불리한 입장에 서게 되기 때문이며, 그러한 경쟁이란 생산과정에서의 경쟁에 국한되는 것이 아니라, 구매. 판매, 금융 등의 여러 측면에서 나타나게 된다.

앞에서도 언급하였듯이, 어가경영은 어업생산의 규모를 확대하는 것이 크게 제약을 받기 때문에 대규모 기업경영에 비해 생산의 능률이 낮다. 같은 어장에서 같은 어종을 대상으로 조업경쟁이 벌어진다면, 영세한 어가경영은 도태될 운명에 처하게 된다. 따라서 어가경영 내지 어촌의 사회적 중요성을 인식하여 그 유지 · 발전을 위한 정책적인 노력을 하게 되며, 그러한 정책의 일환으로서 어업인들의 협동조직을 육성 · 장려하여 경영 규모의 확대를 촉진시키는 한편, 어가경영이 주로 이용하는 어장에서는 대규모 경영이 조업할 수 없도록 제도적인 조치가 강구되기도 한다.

한편, 생산활동에 소요되는 각종 물자를 구매하는 과정에서도 어가경영은 구매 물량이 소량이고, 운반이 불편한 지역에 소재해 있는 등의 이유로 대규모 기업경영에 비해 비싸게 구매할 수밖에 없으므로 경쟁에서 불리하게 된다. 이에 대해서는 수협이 개별 어가의 물자 구매를 통합하여 대행함으로써 어가경영의 불리성을 극복하게 된다.

특히, 이러한 개별 어가가 갖는 경쟁상의 불리성을 협동을 통해 극복하는 일은 어획물 판매에 있어서 두드러지게 나타난다. 개개의 어가경영은 매일매일의 어획량이 소량이며, 어획물을 양륙하는 곳이 소비지와 멀리 떨어져 있을 뿐 아니라, 어기 동안에는 여가를 내기 힘든 사정 등에 기인하여 직접 판매활동에 참여하는 것은 매우 어렵다. 더욱이 어획물은 부패되기 쉽고, 어가경영으로서는 통상적으로 출어를 위한 자금의 부족에 시달린다는 사정 때문에 신속한 판매와 어대금 결제가 절실하게 된다. 그 결과, 어가경영이 어획물을 판매하고자 개별적으로 상인들과 거래하게 된다면, 앞에서 언급한 이유로 거래관계에 있어서 매우 불리한 입장에 서게 되어 제값을 받기 어렵게 된다.

이러한 불합리한 점을 시정하고자 한 것이 수협을 통한 공동판매이며, 우리나라의 경우에 대부분이 위탁판매 방식으로 이루어지고 있다. 수협이 개별 어가경영의 어획물을 특정한 장소에 양륙하게 하여 모으고, 어가경영을 대신하여 일괄적으로 판매를 수행한다. 이렇게 수협을 중심으로 판매자인 어가경영의 힘을 결집시킴으로써 구매자(수협위판장 내의 중도매인)들과 대등한 관계에서 가격 교섭이 이루어지게 되는 것이다.

한편, 금융에 있어서도 어가경영은 담보로서 제공하기에 적합한 자산을 가지고 있지 못하며, 어업소득의 변동이 크고 또한 거래 규모가 작기 때문에 금융기관들로서는 어가경영에 대한 대출을 꺼리게 된다.

그 결과, 긴급하게 자금이 필요한 경우, 어가경영으로서는 고율의 이자를 주고서라도 사채에 의존하게 되는데, 이러한 금융조건의 열악성은 경영의 채산성을 떨어뜨리게 함으로써 대규모 기업경영과의 경쟁에서 열세에 빠지게 하는 요인의 하나가 된다.

어가경영이 가지는 금융조건의 열악성을 시정하고자 정부로서는 이들에 대해 재정 융자를 실시하고 있으며, 어업인 스스로도 상호금융을 확대함으로써 이에 대처하고자 하고 있다. 어가경영의 금융 사정을 개선시키는 노력의 일환으로서 수협의 금융사업을 들 수 있는데, 수협은 어업인에 대한 재정 융자를 대행하는 유일한 창구이고, 상호금융의 매개자인 동시에, 그 신용력을 바탕으로 다른 산업부문으로부터 자금을 흡수하여 어가경영에 공급하는 기능을 수행하고 있다.

이상과 같은 경제사업과 금융사업의 효율적 수행을 위해 수협의 업무구역이 시 · 군 단위로 광역화된 결과, 어업 생산과정에서 어가경영 간의 협동을 이끌어내는 데에 있어서 수협의 기능은 자연히 약화되었다. 어업생산에 있어서 개개 어가경영의 협동을 이끌어내기 위해서는 우선 어가경영이 어장 및 수산자원을 이용하는 일에 대해서 조정 능력을 가지고 있어야 하며, 또한 개개 어가경영 간에는 지연 및 혈연 등에 의한 공동체적 결집력이 전제되어 있어야 한다. 그러나 업무구역이 광역화된 수협으로서는 각 어촌의 지선어장에 대한 구체적인 정보를 가지기 어렵고, 개개 어가경영의 사정이나 생산활동을 파악하기 어려울 뿐 아니라, 구성원인 조합원 간에도 지역이나 업종이 서로 달라서 이들 간의 공동체적 결집력을 기대하기도 어렵다. 따라서 수협으로서는 어업생산에 있어서 어가경영 간의 협동이나 공동출자를 통한 협업경영을 이끌어내는 것은 어렵게 되었고, 그 대안으로서 수협의 하부 조직인 어촌계를 통해 이를 추진하고자 한 것이다.

어촌계는 지선어장의 관리 및 이용의 주체이면서, 동시에 어가경영들이 어촌 단위로 그들의 자본이나 노동을 공동으로 출자하여 협업경영을 이루게 하는 제도적 조직이라고 할 수 있다. 하지만, 앞에서도 언급한 바와 같이, 어촌계는 참가 자격의 느슨함으로 인해 구성원 간의 이질성이 크고, 법인격이 없으므로 독자적인 사업 수행이 어려우며, 또한 출자제도를 도입하고 있지 못하다는 점 때문에 협업조직으로서의 기능을 제대로 발휘하고 있지 못하다. 그래서 90년대 후반에 들어서 어촌계와는 별개로 영어조합법인을 제도화하였지만, 이것 역시 협업화를 촉진시키는 데에 있어서 아직 뚜렷한 성과를 거두지 못하고 있다.

5. 어가경영과 지역영어계획

영어라는 말은 영농에서 유래된 것이지만, 어업과 농업의 성격 차이에 기인하여 이 둘 사이에는 커다란 차이가 있다.

영농에 있어서는 지역의 농업 전체를 어떤 방향으로 이끌어 갈 것인지에 대한 지역영농계획도 중요하지만, 어디까지나 개별 농가의 경영개선이나 기술 향상에 관한 것이 중심이 된다. 한편, 영어에서도 개별 어가의 경영기술의 향상은 필요하지만, 개별적으로 이를 추구하는 것은 자원의 남획을 초래하게 되고, 지역의 어업경영 전체를 파탄에 빠뜨리게 할 우려가 있다.

'영농일기'라는 유행어가 있듯이, 농업에 있어서 개별 경영의 개선을 위해서는 영농일기를 작성하는 일이 강조된다. 마찬가지로 영어에 있어서도 영어일기(장부)를 작성하는 일의 중요성이 강조되어 왔으며, 어업인 가운데에는 자신의 수첩에 어장, 어획 어종, 어획량, 당일의 해황, 가격 등에 관해서 장기간에 걸쳐 꼼꼼히 기록하고 있는 사람도 있는데, 이러한 사람은 경영 의욕이 남다르고 또한 경영 실적도 좋다.

그러나 어업에 있어서 개별 경영의 개선은 농업과는 달리 여타의 경영에 직접적으로 영향을 미치는 것이므로 개별 경영의 개선이 곧 영어의 목표나 중심 내용이 될 수는 없다. 개별 어가의 경영 개선은 일시적으로는 소득 증대를 가져오겠지만, 경쟁적인 조업상황하에서는 과잉투자와 비용 증대, 그리고 자원의 남획을 초래하게 되어 어가경영 전체에 부정적인 영향을 끼칠 수도 있기 때문이다.

그러므로 어업에서의 영어는, 어장 및 자원의 이용에 있어서 개별적인 이용을 억제하고 어가경영 간의 협동에 의해, 어떻게 하면 합리적인 이용을 이끌어낼 것인지, 또한 어업 수익을 증대시킬 것인지에 관한 궁리가 우선되어야 한다. 이러한 궁리가 바로 지역영어계획인데, 이는 불특정 어업경영을 대상으로 한 일반적인 내용의 것이 아니라, 특정 지역의 어업경영 전체를 대상으로 하는 구체적이고 실천적인 것이어야 한다.

지역영어계획의 수립 절차는 다음과 같다.

① 어촌계 단위로 이용 가능한 어장이나 수산자원을 감안하여 업종별로 연간 총소득의 목표치를 설정한다.

② 구성원인 어가경영 마다 개별 영어계획을 수립한다.

③ 개별 영어계획을 집적한 것과 지역 단위의 목표치 간에 조정을 도모하여 지역영어계획을 완성한다.

이러한 지역영어계획의 목표는 지역 어업 전체의 소득 증대를 도모하는 데에 있으며, 구체적인 방법은 이용 가능한 어장이나 수산자원을 구성원인 개별 어가경영에 적절하게 배분하고 경쟁을 완화시킴으로써 어업비용을 절감하며, 아울러 협동에 의해 어획물의 가격을 제고시키는 일이다. 또한 필요한 경우에는 개별 어가경영에 맡길 것이 아니라 어촌계가 직접 협업경영을 수행할 수도 있다.

지역영어계획이 합리적으로 수립되어 실행되게 된다면, 개별 어가경영으로서는 독자적인 경영 대응의 여지가 대폭 줄어들게 될 것이다. 그 결과, 업종별로 조업방식이나 생산성 등의 측면에서 표준화가 나타나게 되며, 이러한 변화는 구성원인 어가경영 간의 협동을 더욱 촉진시키는 요인이 된다.

6. 어가경영이 당면한 문제와 대책

90년대 이후 어촌 · 어가의 인구는 한층 빠른 속도로 감소되고 있는데, 이러한 인구 감소는 고령화된 어업인구의 자연감소에 따른 것이다. 80년대 이후 젊은 후계인력의 유입이 거의 단절되다시피 됨으로써, 90년대 이후부터 기존 어업인의 사망이나 은퇴로 인한 어업인구의 자연감소가 두드러지게 나타난 것이다. 또한 어가 자체도 가장이 고령화됨에 따라 가족 수가 점차 줄게 되었다는 점도 어가 인구의 감소를 초래한 중요 요인이다.

그런데 이러한 어촌사회의 고령화나 인구 감소가 재차 그러한 변화를 더욱 가속시키는 작용을 하고 있다. 어촌 · 어가 인구의 감소는 교통이 불편한 어촌지역의 생활 여건을 더욱 악화시키게 된다. 어촌지역의 중요 교통시설인 선박 등의 운항횟수가 줄어든다거나, 학교나 보건소, 관공서 등의 공적 서비스가 줄어들게 됨은 물론, 각종 상점 등의 서비스업도 위축됨으로써 어촌민들의 생활 여건은 한층 더 악화된다. 그 결과, 청장년층 어업인을 중심으로 어촌을 떠나서 다른 산업으로 전업하는 사태가 초래되고, 학교를 졸업하고 취업 연령에 도달한 자녀들은 애초부터 다른 산업에 취업해 버림으로써 어촌을 떠나는 현상이 나타나게 되는 것이다. 특히, 도서지역 등지에서의 소규모 학교의 폐교 정책은 취학아동을 자녀로 두고 있는 청장년층 어업인들이 어촌을 떠나게 되는 결정적인 계기가 되고 있다.

70년대까지만 하더라도 어촌의 문제는 제한된 어장 및 수산자원에 비해 인구가 너무 많기 때문에 경제적으로 빈곤하게 된다는 것이었지만, 오늘날에 있어서는 인구의 과소화와 고령화로 인한 활력 상실이 더 큰 문제가 되고 있다. 어촌은 젊고 의욕적인 어업인을 확보하지 못함으로써 어업 발전을 선도해 나갈 원동력을 갖지 못하고 있다. 또한, 후계자를 확보하지 못한 채 고령화되고 있는 어가경영은 미래지향적으로 어업에 투자한다거나 어촌의 유지 · 발전에 열의를 가지지 않게 된다. 그리고 이와 같이 전반적으로 침체되어 있는 어촌사회의 분위기는 그나마 어촌에 남은 소수의 청장년 어업인들이 의욕을 가지고 변화를 모색하고자 하는 시도조차도 어렵게 만들고 있는 것이다.

개개 어가경영의 발전은 혼자만 노력한다고 가능한 일이 아니며, 어촌경제의 발전 속에서 더불어 실현될 수 있는 것이다. 어가경영의 발전을 도모하기 위해서는 의욕적인 청장년 어업인 집단이 지역 어업을 선도해 갈 수 있도록 여건이 조성되어야 한다. 이를 위해서는 경영 의욕을 가지지 못한 고령자들에 대해서 사회복지적 관점에서 생계 수단을 확보해 주는 등의 배려가 이루어진 위에서, 이들의 존재가 더 이상 청장년 어가경영의 발전에 장애요인으로 작용하지 않도록 어촌사회 내부의 합의를 유도하고, 정책적인 유인책을 강구해야 할 것이다.

현재 어가 인구에 있어서 60대 이상의 고령자들이 차지하는 비율이 압도적으로 높으며, 이들이 모두 은퇴할 것으로 예상되는 2020년경이 되면 우리나라는 어가경영, 연안어업경영의 주체를 확보하지 못하게 되어 어촌 및 연안어업이 존폐의 위기에 처하게 될 것이다. 앞으로 젊은 후계 인력을 확보하기 위한 정책적 노력이 절실한 실정이라 하겠으며, 한편으로는 연안어업에 있어서도 생력화를 위한 기술 개발과 함께, 노동 조건의 개선을 위한 기술 개발 및 경영구조의 개선, 어업제도의 개선 등이 시급히 추진되어야 할 것이다.

3절. 기업경영

1. 수산경영의 규모

경영 규모란 일반적으로 년간 생산량 또는 매출액, 자산액, 종사자수 등을 기준으로 판단되며, 상대적인 것이다. 즉, 경영 규모를 영세 규모, 중소 규모, 대규모로 구분하는 경우, 산업에 따라서 그 기준은 각각 다르게 되는데, 우리나라의 경우, 수산업은 공업에 비해서는 작고, 농업에 비해서는 다소 크다고 할 수 있다.

실제로 어느 정도의 규모로 수산경영을 영위하는 것이 적절한 것인지는 어획의 대상이 되는 수산자원의 성격이나 조업하는 어장의 여건, 사용하고 있는 어구 · 어법 등의 기술적 요인과 함께, 자본의 조달이나 경영 능력 등의 경영적 요인에 의해 결정된다. 기술적 요인의 제약에 따라 경영 규모를 소규모로 하는 것이 적절한 종류의 어업을 경영하는 경우에 있어서, 가령 많은 자본을 조달할 수 있고 또 그것을 운용할 경영 능력을 가지고 있는 수산경영이 경영 규모 확대를 도모하려고 한다면, 단일 업종에 있어서 여러 척의 소규모 어선을 보유하여 어업을 경영하던지 또는 여러 종류의 소규모 어업을 아울러 경영함으로써 경영 규모에 대한 기술적 요인의 제약을 벗어나려고 할 것이다. 그러나 현실에 있어서 이와 같은 형태로의 경영 규모 확대는 매우 예외적인 경우라 할 수 있으며, 자본을 조달할 수 있고 또한 경영 능력이 있는 어업자의 경우에는 보다 대규모 경영에 적합한 종류의 어업으로 전환함으로써 경영 규모를 확대하는 것이 일반적이다.

한편, 자본의 조달 능력이나 경영 능력이 부족한 어업자가 대규모 경영에 적합한 종류의 어업에 참여하고자 하는 경우라면, 이러한 어업자 다수가 공동으로 출자하여 새로운 경영을 조직하고, 전문경영인을 고용함으로써 어업을 경영하게 될 것이다.

이와 같이, 실제로 운영되고 있는 수산경영의 규모는 기술적 요인과 경영적 요인이 복합적으로 작용하여 나타난 결과라 할 수 있는데, 여기서는 먼저 수산경영의 규모에 관해 기술적 요인을 중심으로 살펴보기로 한다.

1) 중소 규모 경영

수산경영의 규모가 아무리 작더라도 가족 단위로 영위되는 어가경영 이하의 것은 생각할 수 없다. 그런데 우리나라에 있어서 수산경영의 절대 다수가 어가경영이라는 사실과 관련해서 문제가 되는 것은 '이들이 어떤 이유로 어가경영의 단계에 머물러 있는가'라는 것이다.

그 이유로서 우선 생각할 수 있는 것은 현재 어가가 영위하고 있는 어업 종류에 있어서는 경영 규모를 확대하더라도 그다지 소득이 증대되지 않기 때문이라는 사실과, 또 한편으로는 어업 종류의 변경을 고려하는 경우, 이에 적합한 규모의 경영을 조직 · 운영할 능력이 없다는 사실이다.

현재 어가경영이 영위하고 있는 어업들은 어선의 규모나 양식 시설 면적을 늘리는 경우에 추가적인 노동력이 필요하게 되는데, 어가로서는 가족 가운데에서 추가적으로 노동력을 끄집어내는 것이 어렵다. 또한 다른 사람을 고용하는 것을 생각하는 경우, 규모 확대를 통해 증대되는 수입이 인건비를 포함한 추가적인 비용 보다 크지 않기 때문에 경영 규모를 확대하지 않고 현재의 수준을 유지하고 있다고 할 수 있다.

한편, 가족 노동력을 전제로 해서 보다 수익이 큰 다른 업종으로의 전환을 생각하는 경우에는 이를 위해서 더 많은 자본이 필요하게 되는데, 어가경영으로서는 그러한 자본을 조달할 능력이 없으며, 업종 전환에 따라 필요하게 되는 새로운 기술이나 경영기법을 습득할 능력도 갖추지 못하였으므로 이것 역시 어렵다.

하지만, 어가경영 가운데에는 앞에서 언급한 경영 규모 확대의 한계를 돌파할 수 있게 된 소수의 어업자들에 의해 가족 외의 다른 사람을 고용하는 형태의 수산경영이 나타나게 된다. 투자를 증대시킴으로써 어선의 규모나 양식 시설 면적을 증대시킴과 동시에 어로장비나 시설 확충에 의해 생력화 기술을 도입함으로써 인건비 절감이나 생산성 향상을 통해서 이익 증대를 실현하게 되는 것이다. 또 다른 형태로서는 투자 증대와 경영 능력의 함양을 통해 종래에는 영위할 수 없었던 새로운 종류의 어업으로 전환함으로써 이익 증대를 실현하는 어업자들도 나타나게 된다.

어가경영으로부터 중소 규모 경영으로 전환된 초기 단계에서는 경영자 자신이 가지고 있는 어업생산에 관한 기능이나 경험이 이익 증대의 중요한 요인이므로 직접 생산활동을 담당하게 된다. 그러나 경영 규모가 더욱 확대된다면 생산 이외에 선수품 구매나 노동력 조달, 어획물 판매, 재무 등에 대한 경영관리의 중요성이 점차 커지게 되고, 그 결과 경영자 자신은 생산활동 보다 여타의 경영관리활동에 더욱 치중하게 된다. 그래서 해상에서의 직접적인 생산활동의 관리는 선장 등을 고용하여 일임하고, 자신은 육상에서의 경영관리활동에만 전념하게 되는 것이다.

초기 단계의 중소 규모 경영은 다음과 같은 일반적인 성격을 가진다.

① 선주가 직접 어선에 승선하여 해상에서의 생산활동을 관리한다. – 사공선주경영

② 대부분의 어선원들은 선주와의 지연 · 혈연관계를 통해 조달된다.

③ 주로 1척 경영이며, 비법인의 개인경영이다.

④ 어가경영의 단계를 벗어나는 과정에서 부채를 많이 가지게 되고, 또한 고정자산의 비중이 상대적으로 높다.

⑤ 어가경영에 비해서는 원거리의 어장에서 조업하지만, 어장 이용에 있어서 어가경영과의 경쟁적 관계가 여전히 상존한다.

2) 대규모 경영

중소 규모 경영은 노동력의 조달이나 어장, 생산물 판매 등의 측면에서 지역성을 강하게 가지는데, 이러한 지역성으로 인해 자본 조달이나 경영 규모의 확대는 많은 제약을 가지게 된다.

어가경영에 비해 발전된 기술을 사용하고 있다고는 하지만, 중소 규모 경영은 여전히 어획 성과에 있어서 어선원들이 가지고 있는 기능이나 경험, 성실성 등이 중요한 요소이므로, 어선원을 고용함에 있어서 어업 경영의 근거지 주변에 거주하는 자들을 지연이나 혈연관계를 통해서 고용하게 된다. 따라서 노동의 공급은 상대적으로 제한되고 인건비는 많이 들게 된다. 또한 어장 역시 제한적이기 때문에 어획량의 변

동이 클 뿐 아니라 지속적으로 어획량을 증대시키는 것이 어려운데, 이러한 점은 인근에서 조업하는 어가경영과의 경쟁적 관계로 말미암아 더욱 그렇게 된다. 그리고 어획물의 판매가 지역 시장을 대상으로 하므로 어획량이 증대되는 경우에 가격이 크게 하락하기 때문에 어획량 증대에 대한 의욕도 약해진다.

그러므로 중소 규모 경영이 한층 더 경영 규모를 확대하고자 한다면, 종전과는 다른 어장이나 어획 대상을 모색해야 하고, 어선원 개인이 가진 기능이나 경험 등을 자본 설비로 대체함으로써 보다 광범한 지역으로부터 노동력을 공급 받을 수 있도록 되어야 한다. 그리고 어획물의 판매에 있어서도 지역의 수요에 따른 제한을 벗어나기 위해서 보다 광범한 지역을 대상으로 판매할 수 있도록 되어야 한다.

이러한 조건이 충족되었을 때 비로소 중소 규모 경영은 대규모 경영으로의 도약을 성취할 수 있게 된다. 이와 같이 생각할 때, 대규모 경영은 중소 규모 경영에 비해서 일반적으로 다음과 같은 특성을 가지게 된다.

① 자원 변동이나 어장 형성에 있어서 계절의 영향을 적게 받는다.
② 주년 조업이 가능할 정도로 광범한 어장을 대상으로 어획활동을 전개한다.
③ 자원의 단기적 변동이 크지 않는 어종을 주된 어획대상으로 한다.
④ 어선 및 어구의 규모 확대에 대한 제도적 제한이 상대적으로 적은 업종이다.
⑤ 어가경영이 조업하는 연안측 수역에서 조업하는 일이 제도적으로 제한된다.

2. 경영의 방식

수산경영의 방식이란 수산업을 경영함에 있어서 자본이나 노동을 어업의 종류나 어선별로 어떻게 배분하여 관리하는가에 관한 일로서, 먼저 종사하는 어업의 종류가 단일 종류인지 여러 종류인지에 따라 단일 경영과 복합 경영으로, 또 단일 경영인 경우에도 한 척의 어선을 사용하는지 여러 척의 어선을 사용하는 지에 따라 단선 경영과 복수 어선 경영, 선단 경영으로 구분할 수 있다.

단일 경영은 한 가지 종류의 어업에 한정하여 어업을 경영하는 것인데, 여기서 어업의 종류란 수산업법령에서 정하고 있는 각 종류의 면허어업과 허가어업, 신고어업을 말한다. 그리고 양식업의 경우라면 양식 방법에 따라 수하식과 바닥식, 가두리식, 축제식 등으로 구분하는 정도이며, 더 구체적인 양식 방법별로, 혹은 양식 품종별로 구분하는 것은 적절하지 않다.

허가어업에 있어서 1척의 어선에 대해 3종류까지 어업의 허가를 받을 수 있도록 하고 있는데, 이러한 경우는 어업의 종류에 따라 사용하는 어구가 다르고, 어업 기술이나 어장, 대상 어종도 다르기 때문에 복합 경영에 해당한다. 하지만 수하식의 방법으로 김을 양식하는 것이나 파래 등의 여타 해조류를 양식하는 것은 품종이 다르긴 하지만 어장이나 양식 시설, 기술 등의 측면에서 유사성이 크므로 복합 경영이라고 하는 것은 적절하지 않다. 정치망어업에 있어서 여러 개의 어업권을 가지고 어업을 하는 경우는 어선어업에서의 복수 어선 경영과 마찬가지로 단일 경영에 해당한다.

수산경영이 복합 경영의 방식을 채택하는 이유는 여러 종류의 어업을 겸함으로써 수입의 안정을 기하기 위한 경우가 대부분이지만, 미역이나 다시마 등의 해조류 양식과 전복 양식의 복합 경영에서와 같이, 서로 보완적인 관계를 가진 것을 겸함으로써 수입의 증대를 도모하고자 하는 경우도 있다. 한편 멸치를 어획하는 허가어업이나 정치망어업이 어획물을 직접 가공하여 마른멸치 형태로 생산하는 경우는 어업활동의 연장으로서 가공을 겸하는 것이라 할 수 있으므로 단일 경영으로 보는 것이 적절할 것이다. 김이나 미역 등을 양식하는 어업인들이 직접 가공하여 판매하는 경우에도 마찬가지이다.

수산경영은 1척의 어선을 사용하는 경우가 많지만, 어가경영에서 보는 바와 같이 어선을 사용하지 않는 경우도 있는 반면에, 여러 척의 어선을 사용하는 경우도 있다. 여러 척의 어선을 사용하는 이유는 경영의 규모를 확대함으로써 경영의 효율을 향상시키고, 이를 통해 이익 증대를 도모하고자 한 데에 있다. 경영 규모의 확대는 일반적으로는 어선의 규모 확대에 의해서 이루어지는 것이 일반적이지만, 그렇게 하는 경우에는 새로운 기술이 요구된다거나 제도적인 제약을 직접 받게 되거나, 혹은 이 때문에 이용할 수 있는 어장의 제약을 받게 되는 등의 이유로 어선 척수의 증대를 통해 경영 규모의 확대를 도모하기도 한다.

여러 척의 어선을 사용한다고는 하지만, 쌍끌이 저인망어업이나 기선권현망어업, 선망어업 등에서 보는 것과 같이 기술적인 측면에서 여러 척이 협력해야지만 조업이 가능한 경우에는 이를 선단 경영이라고 부른다. 한편, 오징어를 어획하기 위해 채낚기 어선이 집어등을 이용해서 오징어를 집어해 두면 이를 트롤 어선이 어획하는 형태는, 가령 두 어선이 모두 동일한 수산경영에 속해 있다고 하더라도, 이러한 조업방식 자체가 불법이므로 선단 경영이라고 할 수 없다. 그리고 하나의 수산경영이 복수의 선단을 경영하는 경우는 이들의 어업 종류가 같은 것이라면 선단 경영이면서 동시에 복수 어선 경영이 되며, 선단별로 어업의 종류가 다르다면, 선단 경영이면서 동시에 복합 경영이 된다.

3. 어업 임금제도

1) 어업 임금제도의 특성과 형태

어업을 포함한 1차 산업은 자연을 직접적인 대상을 하여 생산이 이루어지는 산업으로, 자연에 가해지는 작용력의 크기는 노동과 그들이 사용하는 물적 생산수단에 의해 정해진다.

원시 단계에서의 생산은 인간의 노동을 중심으로 이루어졌으며, 도구(물적 생산수단)를 사용하지만 보잘 것 없는 정도여서, 이들이 생산에 있어서 가지는 기여도는 노동에 비해 무시될 만큼이었다. 그러나 생산 능률 향상을 위한 지혜가 축적됨에 따라 기술의 개발이 이루어지게 되었는데, 그러한 기술이란 인간의 노동을 보다 효율적인 것으로 만드는 도구의 개발이었으며, 동시에 노동과 도구의 결합방법에 관한 것이었다고 할 수 있다. 어업 기술을 대신하는 용어로서 어구어법이라는 용어를 사용하는데, 여기서 어구란 도구를, 그리고 어법이란 노동과 어구를 결합하는 방법을 의미하는 것이다.

시장경제가 발달하지 못하였던 시대에는 생산을 위한 각종의 도구(물적 생산수단)들을 노동의 주체인 생산자들이 직접 생산하여 자급해 왔지만, 시장 및 화폐경제의 발달과 함께 사회적 분업이 진전되면서 이러한 도구들은 자금을 가지고 시장에서 구입하여 조달하게 되었으므로 이들을 통틀어서 자본이라는 말로 대신하게 되었다. 그리고 생산을 위해 노동하는(노동을 제공하는) 사람들과는 별개로 자본을 제공하는 사람들이 등장하게 되고, 전자를 노동자, 후자를 자본가라고 부르게 되었다. 동시에 생산에 있어서 노동에 비해 자본이 가지는 중요성이 증대된 결과, 생산체제가 자본 중심으로 짜여지게 된 것을 '자본주의 경제체제'라고 한다.

어가경영은 어가(가장을 중심으로 한 가족)가 노동의 주체인 동시에 물적 생산수단을 보유하여 제공하므로 어가는 노동자이면서 자본가인 셈이며, 이러한 경영 형태를 자영이라 한다. 따라서 자영인 어가경영은 자본주의 생산체제로 이행되기 이전 단계의 경영 형태이며, 개념적으로 노동과 자본 간에는 지배 · 피지배의 관계도 존재하지 않으며, 자본 측이 생산에 기여한 대가로서 노동 측에 지불하는 임금도 존재하지 않는다.

따라서 어업 임금제도는 자본가와 노동자가 개념적으로 분리되어 있는 기업경영에 있어서 나타나는 것이라 할 수 있는데, 생산에 있어서의 주도권이 어느 측에 있는지에 따라 임금제도는 다양하게 된다. 그리고 생산에 있어서 주도권의 향방은 노동과 자본을 결합하는 방식, 즉 어업이 사용하고 있는 기술에 좌우된다.

어업에 있어서 임금제도는 대부분이 수익분배제(짓가림제)라는 독특한 방식을 취하고 있는데, 이는 어업생산의 특성에 기인하는 것으로, 어업이라 하더라도 업종이나 어선의 규모, 어획 대상, 지역 등에 따라서 구체적인 방식은 각각 다르다.

어업에서의 수익분배제는 다음과 같은 성격을 가진 임금제도이다.

첫째, 어획고의 많고 적음에 따라 어부 측이 분배 받는 금액이 정해진다. 조업을 하였음에도 어획 실적이 없다거나 또는 출어 준비를 위해 노동하였음에도 해황이나 어황 때문에 조업 자체가 이루어지지 않은 경우, 어부들은 임금을 분배받지 못하게 된다.

둘째, 어획고의 변동에 따른 경영의 불안정에 대해서 선주뿐 아니라 어부들도 인건비 증감을 통해서 경영의 부담을 경감시키는 데에 동참하게 된다. 수익분배제에 있어서 대부분의 경우, 어획고에서 조업에 소요된 경비를 먼저 공제하고, 잔액을 선주와 어부 측이 분배하게 되므로, 어황이 나쁘더라도 선주는 소요된 경비를 우선적으로 회수함으로써 경영의 부담을 경감시킬 수 있는 것이다.

셋째, 어부 측의 임금 총액을 분배받는 단체임금제이다. 어획고에서 당해 조업에 소요된 비용을 공제한 나머지를 선주와 어부 측이 일정비율로 서로 분배한 다음 어부 측이 분배받은 몫(어부 측의 단체 임금)을 다시 어부들 간에 분배하게 된다.

넷째, 해상에서의 노무관리를 자동화하는 임금체제이다. 해상에서의 조업은 어부들의 적극적이고 능동적인 노동을 요구하게 되고, 어획 성과도 어부들의 조업에 임하는 자세에 따라 크게 좌우되게 되는데, 어획 성과에 따라 어부들의 임금액이 정해지므로 선주가 조업을 독려하지 않더라도 어부들 스스로 열심히 노동 하게 된다. 또한 어부들 간에도 어획 성과를 높이기 위해서 서로 격려하고 감독하는 상호관계가 이루어지도록 한다.

1960년대 이후 우리나라 어업에서 나타난 임금제도를 정리해 보면, 다음의 그림과 같다.

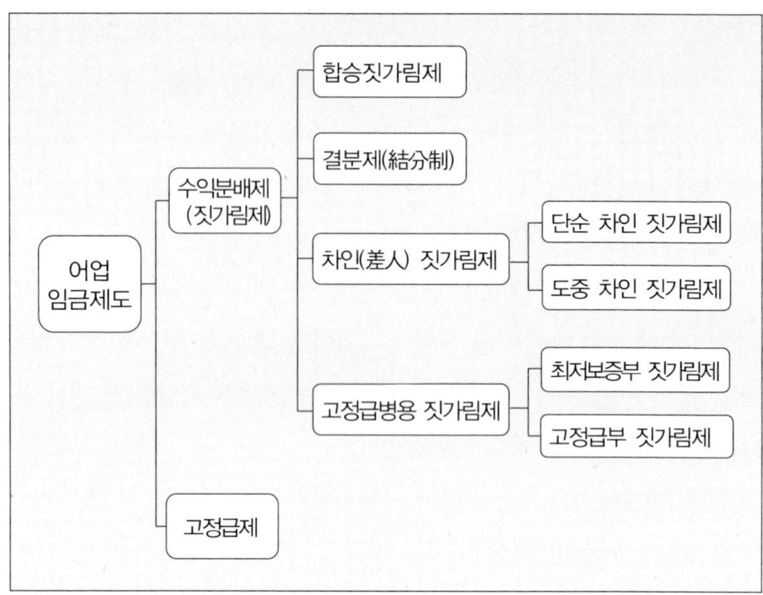

그림 5-4. 우리나라 어업 임금제도의 유형

어업 임금제도는 어업생산의 자본제화(資本制化) 정도, 즉 자본 중심의 생산체제가 진전된 정도에 따라 변화되며, 이는 자본과 노동을 결합하는 기술의 발달과도 밀접한 관련성을 가진다. 일반적으로 생산의 자본제화가 진전될수록 임금제도는, 앞의 그림에서 나타낸 바와 같이, 합승짓가림제, 결분제, 차인짓가림제, 고정급병용 짓가림제, 고정급제의 순으로 변화된다고 할 수 있다.

수익분배제 또는 짓가림제(일본식 용어를 그대로 사용해서 보합제라고도 함)는, 엄밀하게 말하자면, 임금제도라고 하기보다는 노동을 제공한 선원 측과 자본을 제공한 선주 측이 서로 대등한 관계에서 협동하여 생산활동을 하고, 그 성과를 각자의 생산에 대한 공헌도에 따라 분배하는 형태라고 할 수 있다. 따라서 자본가인 선주가 수익의 일부분을 노동에 대한 대가로서 지불하는 것이 아니므로 현대적인 의미에서의 임금과는 그 성격이 다르다.

이하에서는 수익분배제의 형태별로 임금의 산정 방식과 의의 등에 대해서 간단히 알아보기로 한다.

2) 합승짓가림제

수익분배제의 초기 형태인 합승짓가림제는 생산에 있어서 자본에 비해 노동이 우위를 점하는(생산의 성과에 결정적인 영향력을 가지는) 경우에 나타나는 임금제도인데, 1970년대까지 동해안의 오징어 채낚기어업에서 채택되고 있었다. 선주는 어선(어선을 운항할 어선원과 집어를 위한 설비를 포함)을 제공하며, 어부들은 각자 자신의 낚시도구를 지참하여 승선해서 어획한다. 어획의 성과는 어부 각자의 노력과 능력에 결정적으로 좌우되며, 어부들은 각자의 어획물 가운데 사전에 정한 일정 비율의 어획물을 어선을 제공해 준 대가로서 선주에게 분배해 주는 방식이다. 따라서 이 방식은 외관상으로는 노동을 제공하는 어부들이 어획물의 일부를 자본을 제공한 선주에게 할애해 주는 것으로, 오늘날의 일반적인 노사관계와 비교하면 주객이 전도된 형태라고 할 수 있다.

3) 결분제

어획 성과를 선주와 어부 측이 분배함에 있어서 선주의 몫에 대해서는 선주가 제공한 물적 생산요소를 기준으로 하여 각각의 분배 비율을 정하고, 이들 분배 몫의 합계 금액을 선주의 몫으로 계산하는 방식이다.

어업의 발달 정도가 낮은 단계에서는 어획을 위해 사용되는 어선이나 어구, 기관 등이 소규모이고 또 성능이 그리 높지 않는 것이어서 어획 성과에 대한 공헌도 역시 어부 1인의 노동과 견줄 수 있을 정도였다. 따라서 선주가 제공한 각각의 물적 요소들이 어획 성과에 대해 가지는 공헌도를 어부 1인의 공헌도를 기준으로 해서 사전에 정해 두고, 각각의 물적 요소와 어부들이 동시에 분배에 참가하도록 한 것이다.

결분제의 초기 형태는 어획 성과에 대한 어부 1인의 공헌도를 1짓이라 할 때, 이것과 동일한 공헌도를 가진 것으로 물적 요소들을 구분하여 어획 성과를 분배하게 된다. 즉, 선주가 제공한 물적 요소를 어선, 어구, 기관, 선체 등과 같이 1짓의 공헌도를 가지게 되는 단위로 세분한다. 가령, 이와 같이 세분된 물적 요소의 수가 총 5단위라면, 선주는 5짓만큼 공헌한 것이 되고, 따라서 어부 5인분의 몫을 자본을 제공한 자의 자격으로 분배받게 되는 것이다. 물론, 선주 자신도 승선하여 어부로서 조업하는 경우에는 어부로서의 몫인 1짓이 추가된다.

구체적인 계산방법(선주가 직접 승선하는 경우)은 다음과 같다.

총어획금액 - 어로 직접경비 = 잔액 (어획 성과)

잔액 / (어부 수 + 물적 요소의 분배단위 수) = 짓당 금액

선주 몫 = (1 + 물적 요소의 분배단위 수) × 짓당 금액

어부 각자의 몫 = 짓당 금액

이러한 방식의 결분제를 특히 단순(평등) 결분제라 하는데, 어업 발달과 더불어 물적 요소가 고도화 되는 경우에는 물적 요소를 어부 1인의 공헌도와 같은 단위로 세분하는 일이 어렵게 되므로, 물적 요소에 대해서는 공헌도의 가중치를 부여하는 방법으로 분배에 참여시키게 된다. 예를 들어서, 어선 4짓, 어구 3짓, 기관 3짓 등이 그것이다. 또한 어업 기술의 발달과 함께, 어부들의 기능 역시 다양화될 것이므로, 어부 각자에 대해서도, 예를 들어서, 선장 3짓, 기관장 2.5짓, 갑판장 2짓, 1급 어부 1.5짓, 일반 어부 1짓 등과 같이 가중치를 부여하여 분배하게 되는데, 이를 가중 결분제라고 한다.

가중 결분제의 구체적인 계산방법(선주가 선장인 경우)은 다음과 같다.

총어획금액 − 어로 직접경비 = 잔액 (어획 성과)
잔액 / (어부 총 분배 짓수 + 물적 요소의 총 분배 짓수) = 짓당 금액
선주 몫 = (선장의 분배 짓수 + 물적 요소의 총 분배 짓수) × 짓당 금액
어부 각자의 몫 = 각자의 분배 짓수 × 짓당 금액

4) 차인 짓가림제

어업의 발달과 물적 요소의 고도화에 따라 물적 요소를 제공한 선주는 자본가로서의 성격을 강화하게 되며, 어획 관리활동 외에 판매나 구매, 재무 등에 관한 관리활동의 중요성이 증대되면서, 선주는 승선하지 않고 육상에서 관리기능을 전담하게 된다. 이러한 단계에 이르게 되면, 어획 성과의 분배에 있어서도 자본과 노동을 제공한 양측에 우선 분배가 이루어지고, 자본가는 자신의 분배 몫을 가지고 경영에 소요되는 비용을 지불하고 나머지를 경영 이윤으로 하게 되며, 어부 측은 그 대표자인 선장 혹은 어로장을 중심으로 어부 측의 몫을 서로 협의한 방식으로 어부 각자에게 분배하게 된다. 그리고 어부 측의 분배에 관해서 선주는 관여하지 않는다.

차인 짓가림제에 있어서 자본가인 선주와 어부 측의 분배 비율을 차수(差數)라고 하는데, 어로 직접경비를 선주와 어부 측의 공동 부담으로 하느냐, 혹은 선주가 단독으로 부담하느냐에 따라 단순 차인 짓가림제와 도중 차인 짓가림제로 다시 구분된다.

단순 차인 짓가림제는 총 어획금액을 차수에 따라 선주와 어부 측이 분배하고, 선주는 자신의 분배 몫을 가지고 어로 직접경비와 제반 관리비를 지불하게 되며, 그 나머지를 경영 이윤으로 하게 된다. 한편, 어

부 측의 총 분배금액은 사전에 정해진 어부 각자의 분배 짓수에 따라 분배하게 되는 것이다.

이에 비해서 도중 차인 짓가림제의 경우에는 총 어획금액에서 먼저 어로 직접경비를 공제하고, 그 잔액을 차수에 따라 선주와 어부 측이 분배하는 것인데, 이와 같이 하는 경우에는 어로 직접경비를 선주와 어부 측이 공동으로 부담하는 결과가 되며, 선주는 자신의 분배 몫을 가지고 여타의 관리비를 공제한 나머지를 경영 이윤으로 하게 된다.

도중 차인 짓가림제의 구체적인 계산방법은 다음과 같다.

총 어획금액 − 어로 직접경비 = 잔액

선주의 몫 = 잔액 × 선주 차수

어부 측의 몫 = 잔액 × 어부 측 차수

어부 각자의 임금 =

(어부 측의 몫 / 어부 총 짓수)× 어부 각자의 분배 짓수

5) 고정급 병용 짓가림제

어획 성과의 분배를 짓가림제에 전적으로 의존하는 경우에는 어부들로서는 어황 변동이나 어획의 불확실성, 어획물 가격 변동 등에 따라 임금이 불안정하게 되어 안정된 생계 유지가 어렵게 된다. 그 결과, 어선원으로의 취업을 기피하게 되는 경향이 나타나고, 이러한 일은 선주로서도 어선원 확보가 불안정하게 되어 결코 바람직한 일이 아니다. 또한 경제가 발전된 오늘날의 사회는 노동자들에 대해서 최저한의 경제적 생활을 보장하도록 요구하고 있는데. 이러한 일은 어업 임금제도에도 영향을 미치게 되어 임금을 어느 정도의 수준에서 안정시킬 수 있는 방안을 임금제도 내에 갖추게 하고 있다.

고정급 병용 짓가림제는 어선원에 대해 일정 수준의 임금을 보장하는 것으로, 그 형태는 최저보증부 짓가림제와 고정급부 짓가림제로 개념상 구분할 수 있다. 실제의 임금 지불방법에 있어서 두 가지가 모두 고정급과 짓가림 임금을 병용한다는 점에서는 같지만, 임금 총액 가운데 고정급과 짓가림급의 비중이 어떠한지에 차이가 있다.

전자는 짓가림급을 중심으로 하며, 최저 한도의 생계 안정을 위해서 일정 금액의 임금을 보증한다는 것이다. 구체적인 방법은 매월 일정한 임금을 지불한 다음, 어기 만료후에 계산된 짓가림급이 이미 지불한 임금에 미달하는 경우에는 짓가림급을 별도로 지급하지 않으며, 짓가림급이 지불된 임금을 상회하는 경우에는 그 차액을 짓가림급으로 정산하여 지불하게 된다.

이에 비해서 후자인 고정급부 짓가림제는 고정급 자체가 어선원들의 기준 임금이며, 이것에 대해서 어획 장려수당의 성격을 갖는 짓가림급을 추가로 지불하는 것으로, 이는 일반 산업의 임금제도와 크게 다르지 않다.

6) 어로 직접경비

어업 특유의 임금제도인 수익분배제에 있어서는 어로 직접경비를 선주와 어부 측의 수익분배에 앞서서 공제하는 것이 일반적이라 할 수 있는데, 이는 어로 직접경비를 선주와 어부 측이 공동으로 부담한다는 의미를 가진다. 노동자인 어부들의 임금이란 자신의 노동을 재생산하기 위해 사용된 비용을 보상한다는 의의를 갖는 것이므로 자신과 가족을 위한 생계비를 충당하는 데에 사용된다. 한편, 자본가로서 선주가 분배받은 수익은 물적 요소의 가치 감모분을 충당(감가상각 충당)하는 데에 우선 사용되고, 경영자로서의 자신의 보수와 사무직원의 급료,

그 외에 경영에 소요된 제반 경비를 충당하고서도 나머지가 있다면, 이는 이윤으로서 경영 내부에 유보될 것이다.

여기서 문제가 되는 것은 자본가로서 선주 자신이 응당 부담하여야 할 고유의 비용과 어부들과 공동으로 부담하는 어로 직접비용의 구분이 명확하지 않으며, 어업 여건이나 어업의 규모, 어업 종류, 지역에 따라서 다양한 양상을 나타내고 있다는 것이다. 선주와 어부 측이 공동으로 부담하는 어로 직접비용의 항목을 어떻게 정할 것인지는 그 여하에 따라 선주와 어부 측의 분배가 달라지므로 양측 모두에게 커다란 관심사가 된다.

일반적으로, 판매수수료나 연료비, 윤활유비, 어상자대, 얼음대, 이료비, 주부식비를 어로 직접경비에 포함시키는 것에는 문제가 없지만, 어구비나 선구비, 소모품비, 수선 및 수리비, 의료비, 복리후생비 등의 비용은 구체적인 내용에 따라서는 판단이 어려운 경우가 종종 나타나게 된다. 예를 들어서, 어구비라 하더라도 내구년수가 장기인 것이나 어업 시설에 속하는 보조어구라면, 그리고 수선 및 수리비의 경우에도 정기적인 수선 및 수리라면, 어로 직접경비에 포함시키는 것이 적절하지 않는 등이다.

이러한 일에 대처해서 선주와 어부 측이 '취업규칙서'를 통해 어로 직접경비에 관해서 상호 협의하여 정해 두고는 있지만, 사안 자체가 워낙 다양하기 때문에 이를 모두 감안할 수 없으며, 따라서 어로 직접경비를 둘러싼 갈등이 종종 나타난다. 또한 어부들은 육상에서의 경영관리활동에 대해 잘 이해하지 못하며, 실제로 어느 정도의 비용이 지출되었는지를 파악하기 어려우므로 어로 직접경비가 계산된 내역을 둘러싸고도 갈등이 초래될 가능성이 상존하고 있다.

• 찾아보기 •

3대 영양소 192
6대 영양소 192
AMP 152
Clostridium botulinum 189
cold shock 188
DHA 194, 202, 203
D형 유생 123
EPA 194, 202, 203
glycogen 150
HDL-콜레스테롤 197, 200, 201, 202
HDL-콜레스테롤량 203
holothruin 149
IMP 154
IQ(Individual Quota : 개별할당) 346
ITQ 347
IWC(국제포경위원회) 344
LDL-콜레스테롤 197, 199, 201, 202
MSG 154
MSY(Maximum Sustainable Yield) 337
mytilotoxin 149
Samonella 189
saponin 149
Staphylococus aureus 189
TAC 345, 346, 347, 348
tetradotoxin 149
tetramine 149
venerupin 149
Vibrio parahaemolyticus 189
VLDL-콜레스테롤 202

ㄱ

가공선 40
가다랑어 94
가두리 양식 127
가루 사료 140
가리비 243
가오리 151
가자미 222
간기에이 234
간유(liver oil) 287
갈조류 255, 256
갈치 215
감성돔 227
감염형 식중독 167
감칠맛 154
갑오징어 238
강굴 118
강부패성 296
개량법 268
개불 253
개조개 245
갤로스(gallows) 79, 80
갯대(張木, spreader) 75
갯대줄(bridle) 75
갯장어 232
건조 사료 140
건현 갑판 43
건현(freeboard) 48
걸그물 68

걸그물어법 38
검 복 231
게 통발 86
결분제 383, 384
겹겹실(cabled yarn) 53
겹실(folded yarn, plied yarn) 53
경쟁매매 297
경하배수량 46
계획만재흘수선 42
고기받이 73
고동류 149
고등어 72, 210
고삐줄 72
고정급 병용 짓가림제 386
고정급부 짓가림제 387
공기동결법(sharp freezing) 271
공식(共食) 현상 118
관리선 325
관통형 망지 58
광어 113
광염성 132
구조적 손상 188
구획어업 327, 329, 330, 333
국립 양어장 111
국립 종묘배양장 112
굴 241
권현망 70
규합총서 251
그물 가두리식 137
그물 차단식 137
그물감(망지) 57, 61
그물목줄(net pendant) 75
그물실 52
그물코 61
근기질 단백질 160
근섬유 158
근소포체 158
근원섬유 158
근원섬유 단백질 160
근육 단백질 159
근절(筋節) 155
근해봉수망어업 35
근해안강망어업 35
근해어업 32, 327, 329, 330
근해연승어업 35
근해자망어업 35
근해채낚기어업 35
근해통발어업 35
근해트롤어업 35
근해형망어업 35
근형질 단백질 160
글루코사민 209
글루타민산(glutamic acid) 152
글리코겐 120
급속동결 184, 273
기계냉동법 181
기계적 수확어법 39
기르는 어업 17
기름담금 통조림 278
기선권현망 70
기선권현망어선 40
기선선망어업 35
기선선인망어업 35
기선저인망 74
기억상실성 패류독 170
기초수온 122
김 257, 258
깊이(depth) 43

까막전복 121
까치복 231
꼬막 245
꼬시래기 257, 285
꼰 그물실(twisted twine) 52
꽁치 213, 69
꽁치 유자망 68
꽁치봉수망 99
꽃게 251
끌그물(底引網) 75
끌그물어법 39
끌줄(曳綱, warp) 76

ㄴ

나비쿨라 인세르타 139
나쁜 콜레스테롤 199
나이아신 207
나팔그물 70
나폴레옹 242
낚기어법 38
날개 70
날개그물 75
납 170
납작 고기 74
내수면 32
내수면어업 32
냉각저장(cold storage)법 179
냉동운반선 41
냉풍 건조법 265
냉훈법 270
너도대게 250
넙치 113, 221
네트 리코더(net recorder) 79, 81
노플리우스 117
녹조류 255, 258
농어 218
누아리 257
능동적 어법 39
니신 213

ㄷ

다가불포화지방산 194, 196
다랑어 선망 94
다랑어 주낙 90
다시마 125, 256
단련상(鍛鍊床) 119
단섬유(cut fiber) 52
단일 섬유(mono filament) 51
단일불포화지방산 194, 196, 203
담륜자기(trochophore stage) 123
담치류 149
대게 250
대구 224
대사적 손상 188
대하 116, 248
대합 122, 129, 245
대형기선저인망어업 35
덮그물어법 39
데니어 55
데니이르 식(denier 식) 55
도다리 222
도모산(domoic acid) 중독 170
독소형 식중독 167
돌가사리 257
돌돔 227
동건품(凍乾品) 266

동결 수리미 273
동결곡선(freezing curve) 183
동결내성 189
동결저장(frozen storage)법 179
동결품 271
두릿그물어법 39
두족류 237
둥근 고기 74
둥근 돌김 123
둥근전복 242
드립 186
들그물어법 38
등선(불배) 72
등세우기법 165
등흘수(等吃水, even keel) 48
땋은 그물실(braided twine) 53
뜬발 130
뜸대 99
뜸줄(浮子綱, head rope) 75
뜸틀 127

ㄹ

라디오 부이(radio buoy) 93, 97
라마르크대합 122
라셀(Rachel) 망지 58
레미(Remy) 111
레토르트 276, 279
렙토세팔루스(leptocephalus) 114
로티퍼 139

ㅁ

마다이 224, 227
마른간법 268
마비성 패류독 169
마비어법 39
마에리스(Maeris) 왕 110
마을어업 34, 311
마을어업권 322, 363
막매듭 58
만각류 139
만재배수량 46
만재흘수선 46
만재흘수선표 48
만조해안선 32
말목식 양식 129
말전복 121, 242
말쥐치 72
망목 138
망사 54
망선(그물배) 72
매듭 그물감 57
매듭없는 그물감 58
매생이 259
맨손어법 38
먹이생물 139
먹장어 85, 233
멍게 252
메리복 231
메이다가레이 222
메틸메르캅탄 151
면허 우선순위 317, 319
면허어업(免許漁業) 34, 310
멸치 70, 211
명태 225
모라토리움 344
모릿줄 90, 92, 93

모무늬 돌김 123
모선 41
몰잇그물어법 38
무기수은 172
무기질 206
무지개송어 115
문어 239
문어 단지 87
물간법(立鹽漬法, brine salting) 268
물돛(sea anchor) 63, 67
물레고둥(골뱅이) 246
미늘 64
미량원소 207
미립자 사료 141
미세 규조류 139
미시스 117
미역 124, 256
미오글로빈 152
미오신(myosin) 158
밀 복 231

ㅂ

바다목장화 306
바다의 보리 210
바다의 오이 253
바다의 우유 241
바다의 인삼 253
바다의 현미 241
바닥 양식 129
바닥식 양식 311
바윗굴 118
바지락 129, 149, 244
반 습사료 140
반디그물 73
반죽 사료 141
발돌 99
발안기 116
발줄(沈子網, ground rope) 75
밧줄식 양식 130
방렴(防簾) 103
방사무늬김 123
방적섬유 52
배분량 할당증명서 348
배세우기법 165
배소법 274
배수량 45
배수톤수(排水噸數) 45
배우체 124
백색육 156
백택화 현상 182
백합 245
뱀장어 114, 232
벗굴 118
보구치 228
보라 216
보리새우 247
보일드 통조림 278
보통육 148, 194
보툴리눔균 167
보행류 247
복어 149
복어독 168
복원 185
복합 섬유(multi filament) 52
복합양식어업 34, 313
본질적 복원 185
봉수망 69

부력 89, 99
부상기 116
부새 72
부세 228
부양력 75
부재지주 324
부착성 동물 118
북방매물고둥 246
분기초망어업 37
분리부성난(分離浮性卵) 113
불가사리 149
불포화 알콜 252
불포화지방산 204
붉은대게 250
붉은살 생선 150
붕장어 85, 232
브라인액 97
비단풀 257, 285
비소 170
비스마르크 242
비타민 A 207
비타민 B1 207
비타민 B12 207
비타민 B2 207
비타민 D 207
비타민 E 207

ㅅ

사멸률 189
사바다 210
사와라 214
사케 235
사후경직 174, 175
살상어법 39
살오징어 237
삼마 213
삼치 214
상면(基線, base line) 43
상어 151
새각류 139
새우 통발 87
새조개 245
색소 세포층 155
색이성 63
생력화 투자 350
생산자 수취가격 298
석묵 257, 285
석방렴 104
석수어(石首魚) 228
석화(石花) 241
선망어선 40
선명 49
선미 트림(trim by the stern) 47
선미흘수(da ; aft draft) 47
선박 번호 49
선수 트림(trim by the head) 47
선수흘수(df ; fore draft) 47
선어운반선 41
선원주의(先願主義) 316
선적항 49
선충류 139
설사성 패류독 170
섬모충류 139
성게 254
성만(成鰻) 115
섶발 130
세균성 식중독 167, 173

세린 207
소건품(素乾品) 266
소라 246
소비자 지불가격 298
소하성 어류 235
송풍동결법(air blast freezing) 271
쇄빙법 182
수동 롤러 채낚시 65
수동적 어법 38
수분활성도 264
수빙법 182
수산 발효식품 280, 285
수산 피혁 288
수산가공품 260
수산경영 349
수산기술자 318
수산업협동조합법 360
수산자원관리법 348
수산자원보호령 348
수상등 99
수선간장(垂線間長) 42
수선장(水線長) 42
수은 170, 172
수익분배제 350, 380, 380, 382, 387
수조기 228
수조식 양성 117
수즈키 218
수하식 양식 129, 311
수해 88, 89
수협 362, 363, 366
수협법 360
수화(水和) 185
순톤수(純噸數) 45
순환여과식 138
순환여과식 양성 115
순환여과식 양식 128
숭어 216
스카톨 151
스케소우다라 225
스켈로토네마 코스타툼 139
스쿠알렌 287
슬립웨이(slipway) 79, 95
습사료 140
시볼트전복 121
식이섬유 255
식이섬유질 255
식해 285
신고어업(申告漁業) 34, 327
신티아놀 252
신티올(cynthiol) 120
신호부자 49
실뱀장어 114, 115
싹새기 257
쌍끌이 74
쌍끌이 기선저인망 75
쌍끌이기선저인망어선 40

ㅇ

아가로즈(agarose) 285
아나고 232
아니사키아스 173
아르테미아 139
아릿줄 91, 92, 93
아연 207
아이소크리시스 갈바나 139
아질산균 128
아포체 124

악마의 고기 239
안강망 88
안강망어선 40
알긴산 286
암해 88, 89
압출드립(expressible drip) 187
압출성형 사료 141
앞잡이배 95
액젓 281
액화가스 동결법(cryogenic freezing) 273
액훈법 271
야코비(Jacobi) 111
양승 92
양식어업 311
양식어업권 312
양식업 109
양어경(養魚經) 110
어가경영 351, 353, 354, 355, 365, 366, 367, 368, 370, 380
어개류(魚介類) 84
어교 288
어구 38, 70
어군탐지기 69, 82, 99
어도(魚道) 104
어두일미(魚頭一味) 228
어로 38
어류 독 168
어류등양식어업 34
어묵 274
어미줄 126, 130
어법 38
어분 287
어상자 164
어업 면허 320
어업 임금제도 379, 380
어업경비선 41
어업경영 307
어업교습선 41
어업권 315, 317, 320, 322
어업권어업 311
어업권원부 322
어업권자 317
어업단속선 41
어업면허 등에 관한 규칙 325
어업소득 351
어업수익 351
어업시험선 41
어업실습선 41
어업조사선 41
어업지도선 41
어유 286, 287
어장이용개발계획 316, 322, 323
어촌 355, 358
어촌계 323, 354, 360, 361, 363, 364, 365, 368
어탐선 71
어획량 제한 339
얽애그물어법 38
에너지 절약형 어업 88
에어레이션(aeration) 127
엑스성분(extractives) 153, 205
엑틴(actin) 158
여과재 138
여자 망지 58
연근해 선망 72
연안선망어업 37
연안안강망어업 37

연안어업 32, 327, 329, 330
연안연승어업 37
연안유자망어업 37
연안조망어업 37
연안채낚기어업 37
연안통발어업 37
연안형망어업 37
연어 235
연제품 273
열풍 건조법 264
염건품(鹽乾品) 266
염장품 267
엽상체 124
영국 번수법 54
영양염류 126, 136
영어 368
영어일기 368
영어조합법인 354
예망력 75
예비 부력 48
오도리 248
오른꼬임 56
오메가-3 194, 195, 196
오메가-6 195, 196
오븐자기 242
오비기 70
오징어 63
오징어 채낚기 63
오징어 채낚시 64
옥돔 227
옥타놀 252
온훈법 270
올리고 펩티드 153
완만동결 184
왕게 251
외끌이 74
외끌이 기선저인망 76
외줄낚기어선 40
외화가득율 22
왼꼬임 56
요각류 139
용골 43, 46
용골흘수 46
용적톤수(容積噸數) 44
용존산소 128, 135
용존산소량 137
용천수 137
용출액 153
우나기 232
우렁쉥이 120
우뭇가사리 257, 285
원생동물 139
원양기선저인망어업 36
원양모선식어업 36
원양봉수망어업 36
원양선망어업 36
원양안강망어업 36
원양어업 32
원양연승어업 36
원양유자망어업 36
원양채낚기어업 36
원양통발어업 36
원양트롤어업 36
유기수은 172
유도등 99, 101
유독종 149
유리아미노산 153, 154
유수식 137

유수식 양성 115
유수식 양식 127
유어 110
유엽 124
유영동물 113
유영류 247
유영성 저서동물 116
유자망어선 40
유주자 124
유출드립(free drip) 187
유통비용 298
유효기간 320
육량 157
윤충류 136
융해잠열 180
은행초 257
의충(螠蟲)동물 253
이노신산(IMP) 152
이매패 169, 173, 244
이크티오헤모톡신 233
인공어초 306
인공종묘 306
인돌 151
입수공 252
입올림 135

ㅈ

자건품(煮乾品) 266
자동 조상기 65
자동 조획기 63
자루 70
자루그물(囊網, bag net) 75
자망 68
자배건품(煮焙乾品) 267
자어 116
자연 동건법 266
자연냉동법 180
자주복 231
자치어 110
잠수기어업 35
잡는 어업 17
장관 멸치 106
장섬유(continuous fiber) 51
장어 통발 85
재첩 244
재화중량톤수(載貨重量噸數) 46
저급 지방산 151
저분자 펩타이드 153
저서 동물 128
저서 어족 74
저서어 221
저층 트롤 78
적산수온 122
적색육 156
전개판 79
전갱이 72
전복 129, 242
전장(全長) 42
전폭(全幅) 43
접착 망지 58
접촉식 동결법(contact freezing) 272
젓갈 281
정균작용(靜菌作用) 267
정미력 155
정수식 못 양성 115
정수식 양식 126
정수식 양어지 135

정어리 72
정치망 101
정치망어업 311, 34
제1종 공동어업권 363
제방식 양성 117
제방식 137
젤라틴 209, 288
조간대 123
조기 228, 72
조미 통조림 278
조에아 117, 139
조피볼락 114
조합경영 354
좋은 콜레스테롤 200
죔줄 73
주광성 63, 68
주낙어선 40
주수량 137
죽방렴 103, 104, 105
죽방렴 멸치 212
중량톤수(重量噸數) 45
중성 포자 124
중앙흘수 47
중층 어족 74
중층 트롤 82
중형기선저인망어업 35
증발잠열 180
증자법 274
지구별수협 323
지방단백 199
지방산 195
지역영어계획 369
직 망지 58
진공동결 건조법 265
진두발 257
진주담치 245
진피 155
질적 규제 339
집어(集魚) 38
집어등 63, 68, 99
집어현 101
짓가림제 350, 380, 382

ㅊ

차인 짓가림제 385
참게 251
참굴 118, 120
참김 123
참돔 227
참매듭 57
참전복 121, 242
참조기 228
참치 연승 90
채그물어법 39
채묘 119, 126
채묘 예보 119
채묘기 119
채묘틀 124
채취어법 39
채취형 산업 17
채포 325
채포어업 109
척색동물 252
천일 건조법 264
천장망(天井網) 75
천해 양식 144
철분 206

청각 258
청어 213
총톤수(總噸數) 44
총허용어획량(TAC) 300
최대경제적생산 (MEY) 344
최대빙결정 생성대 188
최대빙결정융해대 186
최대지속적생산 (MSY) 344
최저보증부 짓가림제 387
최저증식온도 189
최적지속적생산 (OSY) 344
추광성 63
추도어(秋刀魚) 214
출수공 252
취업규칙서 388
치패 119, 122
칠성장어 258
침강력 75, 88, 89, 99
침지식 동결법(immersion freezing) 272

ㅋ

카드뮴 170
카라기난(carrageenan) 257
카르기난 286
카사노바 242
카타쿠치이와시 211
칼슘 206
코노시로 218
코드로이틴 221
콘드로이틴 황산 206
콘코셀리스(Conchocelis) 124
콜라겐 209, 288
콜레스테롤 198
크럼블 사료 141
클로렐라 139
클로로필 258
키구치 228
키조개 245
키토산 208
키틴 208

ㅌ

타우린 205
타치우오 215
탐색등 99
탐어(探魚) 38
탕자법 274
털게 251
털굴 118
테트라민(tetramine) 246
테트로도톡신(tetrodotoxin) 168
텍스(Tex)식 55
토방렴 104
톳 257
통발 84
통발어선 40
통조림 276
퇴적니(뻘) 136
투망 73
투망현 101
투승 92
튀김법 274
트렌스지방산 197
트롤 어구 78
트롤 포스트(trawl post) 80

트롤어선 40
트롤어업 78
트롤윈치(trawl winch) 79, 81
트리메틸아민 151
트리메틸아민옥사이드(TMAO) 151
트림(trim) 47

ㅍ

파래 259
파블로바 루세리 139
패류 241
패류 독 169
패류양식어업 34
펠릿 사료 141
평균값을 평균흘수(dm ; mean draft) 47
포도상구균 167
포배기(bastula stage) 123
포복 동물 129
포복성 동물 121
포화지방산 194, 204
포획 299
표지등 92
표피 155
풀가사리 257
풀치 216
퓨코이단 209
피면자기(veliger stage) 123
피뿔고둥 246
피시 펌프(fish pump) 101
피조개 129, 245
피코비린 258
피하 지방층 155
필름 섬유 52

ㅎ

하모 232
하천수 137
하천어업 32
한천 285
한치 237
함정어법 39
합승짓가림제 383
항장법 55
항중법 54
해동 184
해동속도 186, 187
해동종 온도 186, 187
해면 32
해면어업 32
해삼 129, 149, 253
해수유(blubber oil) 287
해양어업 32
해인초 257
해조 다당류 207
해조류 255
해조류 양식 123
해조류양식어업 34
해중림 306
핵산 관련물질 154
허가어업(許可漁業) 34, 326, 327
허가의 방법 334
허가의 정수 336
헤모글로빈 152
헤모시아닌 152
혀그물(漏斗網) 75
혈합육 148, 149, 155, 156, 194, 205
협동양식어업 34, 314

협업경영 354, 367, 370
협염성 132
형심(型深) 43
형태적 복원 185
형폭(型幅) 43
형흘수 46
호소어업 32
호수 55
호수식 55
호출부호 49
홍다리얼룩새우 118, 248
홍어 151, 234
홍조류 255, 257
홑실(single yarn) 52
화살오징어 238
환수량 137
활어운반선 41
황다랑어 94
회귀율 147
회유어 210
후기 유생 117
후릿그물어법 39
후릿줄 75, 76
훈건품(燻乾品) 267
훈제품 269
흘림발식(부류식) 양식 130
흘수 46
흘수표 47
흡반 239
흰다리새우 117
흰살 생선 150
흰점복 231
히라메 221
히스타민(histamine) 168
히스티딘(histidine) 168
힘줄(力綱, man rope) 75

• 저자 약력 •

김병호

1956년 부산 출생

부산수산대학 수산경영학과 졸업

일본 나가사키대학 학술박사

現 부경대학교 해양산업경영학과 교수

수산경제학 전공

강일권

1952년 경남 통영 출생

부산수산대학 어업학과 졸업

한국해양대학교 공학박사

現 부경대학교 해양생산시스템관리학부 교수

선체운동, 선박조종 전공

조영제

1952년 경남 김해 출생

부산수산대학 식품공학과 졸업

일본 북해도대학 수산학박사

現 부경대학교 식품공학과 교수

수산가공학 전공

오철웅

1966년 전남 영암 출생

목포대학교 생물학과 졸업

영국 리버풀대학교 이학박사

現 부경대학교 자원생물학과 교수

해양생물학 전공